Selbstverpflichtung zum nachhaltigen Publizieren
Nicht nur publizistisch, sondern auch als Unternehmen setzt sich der oekom verlag konsequent für Nachhaltigkeit ein. Bei Ausstattung und Produktion der Publikationen orientieren wir uns an höchsten ökologischen Kriterien.

Dieses Buch wurde auf 100 % Recyclingpapier, zertifiziert mit dem FSC®-Siegel und dem Blauen Engel (RAL-UZ 14), gedruckt. Auch für den Karton des Umschlags wurde ein Papier aus 100% Recyclingmaterial, das FSC®-ausgezeichnet ist, gewählt. Alle durch diese Publikation verursachten CO_2-Emissionen werden durch Investitionen in ein Gold-Standard-Projekt kompensiert. Die Mehrkosten hierfür trägt der Verlag. Mehr Informationen finden Sie unter:
www.oekom.de/nachhaltiger-verlag

Bibliografische Information der Deutschen Nationalbibliothek:
Die Deutsche Nationalbibliothek verzeichnet diese Publikation in der Deutschen Nationalbibliografie; detaillierte bibliografische Daten sind im Internet über http://dnb.d-nb.de abrufbar.

© 2020 oekom verlag München
Gesellschaft für ökologische Kommunikation mbH
Waltherstraße 29, 80337 München

Satz und Layout: Christina Pauls, Designstudio fraupauls
Illustration: Joy Lohmann
Aquarelle: Christina Pauls und Meilin Hofmann
Coverbild: Hongmei Zou
Korrektorat/Lektorat: Susanne Hülsenbeck (Lektorat des Erstmanuskriptes),
Bobby Langer und Maike Specht
Druck: Friedrich Pustet GmbH & Co. KG, Regensburg

Alle Rechte vorbehalten
ISBN 978-3-96238-259-9

Für die Welt, die wir uns wünschen.

Ich lebe mein Leben
in wachsenden Ringen,
die sich über die Dinge zieh'n.
Ich werden den letzten
vielleicht nicht vollbringen,
aber versuchen will ich ihn.

Ich kreise um Gott,
um den uralten Turm,
und ich kreise jahrtausendelang.
Ich weiß nicht:
bin ich ein Falke, ein Sturm
oder ein großer Gesang.

(Rainer Maria Rilke)

Dieses Buch ist für Dich und mich geschrieben.
Für die Wunder in uns.

Vor allem auch für unsere Kinder und Kindeskinder.
Damit sie ein gutes Leben genießen dürfen.

Und für Freya Reiner Wille.
Einen Apfelbaum, gepflanzt am 13. Oktober 2017.

Inhaltsverzeichnis

Einleitung — 10
Lesarten und Gestaltungsmöglichkeiten für MAKE WORLD WONDER — 14

Teil I
Eine Welt voller Wunder - Alles auch anders. Geschichten über uns.

Einer von uns: Eine Betriebsversammlung bei Ocean Syst. Ltd. - inspired by Leonardo DiCaprio und Fridays for Future — 20

JETZT - Wegbereitungen
Wie wir wurden, wer wir sind, damit wir werden, wer wir sein wollen — 26

21 Handlungsräume für das 21. Jahrhundert — 34
1. Gedankenbomben & Rockstars: Die Robin Hoods für den Planeten Erde — 38
2. Welt-Vermessung: Der erschöpfte Planet & neue Lösungswege — 42
3. Von #MeToo bis #MeTwo: Wer bin ich - und wenn ja, wie viele? — 46
4. Spiritualität goes Popkultur: Heulen, Hotten, Hallelujah — 56
5. Von der APO ins Parlament: Die Grünen, Aufstehen, offene Gesellschaft — 62
6. Stadtverwaldung statt Stadtverwaltung: Ein Gesamtkunstwerk, das sich Gesellschaft nennt — 68
7. „Do they know it's Christmas?": Wenn Weltstars sich für die Weltrettung einsetzen — 72
8. Energiewende by desaster: Die Traumata von Tschernobyl und Fukushima — 76
9. Peacemaker: Für eine neue, entschiedene Friedens- und Menschlichkeitsbewegung — 80
10. Fein aufgetischt: Vegetarismus, Veganismus und eine neue Gesundheitsbewegung — 86
11. Neue Heimaten: Von vielfältig-freundlicher Nachbarschaft — 94
12. Gutes Geld: Auf zum Wertschätzungswunder — 100
13. Sinn. Macht. Gewinn. Der Aufbruch von Wirtschaftswissenschaft und Unternehmen — 108
14. Schulen fürs Leben: Wie Lehre und Lernen sich verändern — 118
15. Märkte sind Gespräche: Digitalisierung & Cluetrain — 122
16. Weckruf der Despot*innen: Warnsignal Rechtspopulismus — 126
17. Revolution der Zärtlichkeit: Die neuen Haltungen und Plädoyers der religiösen und spirituellen Strömungen — 130
18. plan b & Perspective Daily: Konstruktiver Journalismus als Wegbereitung — 136
19. Prototypen statt Protest: Handfestes „Einfach. Jetzt. Machen" für ein zukunftsfähiges Morgen — 140
20. Nächste Ausfahrt: Hoffnung - Fridays for Future und Co. — 144
21. All together, now! Next Level - Gemeinsam weitergehen — 150

Inhaltsverzeichnis

Teil II
Welt, wunder Dich noch mehr - Die Kraft des Träumens kultivieren

Wie kann es sich zum Guten wenden?	160
Der 25. September 2015 - Ein Tag für die Geschichtsbücher?	162
Die Kunst des Träumens in unser Leben zurückholen	168
Wie wir leben werden: Ein Zielhorizont für Dich, mich und die Welt	170
Und jetzt? Kommt Dein großer Traum!	192

Inhaltsverzeichnis

Teil III
Die Wunder im WIR - Unsere kollektive Weisheit entfalten

Eine namenlose Bewegung von unglaublicher Tragweite	196
Von Gewinnern, Verlierern und den grauen 08/15 zu den Held*innen für ein neues Morgen	200
Zwölf Held*innen für ein gutes Morgen	210
1. Geschichte von einer, die bereits Geschichte geschrieben hat	210
2. Ein ehemaliger Obdachloser, der zum Bestseller-Autor wurde und jetzt anderen Obdachlosen hilft	212
3. Diese Frau veränderte mit vielen 50-Cent-Stücken die Welt und wurde zum Engel für Afrika	214
4. Von einem, der Reste in ganz großem Stil rettet	216
5. Von einer, die uns unsere Gefühls-Reichtümer und andere Formen von Schätzen (wieder) entdecken lässt	218
6. Migrant unseres Vertrauens, der uns Türen zu neuen Heimaten öffnet	220
7. Von der Zero-Waste-Aktivistin zur preisgekrönten Gründerin des bekanntesten deutschen Unverpackt-Ladens	222
8. Held der Nicht-Arbeit	224
9. Von einer, die eine Branche umwandelt	226
10. Pionier für würdevollere Wirtschaftsweisen	228
11. Das Fearless Girl - anmutig, entschlossen, wahrhaftig Haltung zeigend	230
12. Und der zwölfte Mensch?	232
Der zwölfte Mensch - DU BIST DAS!	234
Die Geschichte von der Schneeflocke	238
Kollektive Weisheit erleben	239
Systemrelevanz 2.0	240
Die Multi-Level-Perspektive: Eine neue Veränderungskultur entwickeln	242
Vom Gruppeninteresse zum Gemeinwohl	244
Agenda 2030 - Orientierungsrahmen zur Erfüllung eines kollektiven Traums	246

Inhaltsverzeichnis

Teil IV
Die Wunder in Dir und mir

Deine Unendliche Geschichte	248
Das Mandala von Morgen	254
Die erste Dimension: Selbstliebe	256
Die zweite Dimension: Die Tatkraft Deiner Visionen und Träume	262
» Inspirationsquellen für große Visionen	264
» Deine Tatkraft: Deiner Vision für eine bessere Welt Gestalt verleihen	270
Die dritte Dimension: Wertvoll und wertebewusst leben	272
Wertebewusst leben: Vier Anregungen	274
» Die drei Siebe des Sokrates	274
» Neue Währung, neues Statussymbol: Dein ökologischer Fußabdruck als Basis	276
» Inspirationsquellen für einen wertebewussten, nachhaltigen Lebensstil für Dich und mich	278
» Deine eigene Ethik als Basis für Deine Handlungen entwickeln	280
Die vierte Dimension: Mit all Deinen Schätzen unterwegs	282
» Körper: Sorge gut für Deinen Tempel, damit Deine Seele gerne in ihm wohnt	284
» Spirit/Seele: Gib Deiner Essenz die Chance, sich Dir zu zeigen	286
» Schatten: Integriere Deine Lernfelder und wachse durch sie	288
» Verstand/Gefühle: Abenteuer Geist-Reich!	290
Die fünfte Dimension: Der Raum der größten Wunder	292
Ein Blick aus der Zukunft: Anekdote zur neuen Arbeitsmoral	296
Nachwort: Anfang? Apfelbäumchen? Zeit für Wunder!	300
Quintessenz: Fünf Elemente für ein gutes Leben voller Wunder	303
Anhang I: 90 Aktionen und Initiativen für die Welt, die wir uns wünschen	304
Anhang II: Weitere Materialien zu MAKE WORLD WONDER	313
Danke	314
Projektteam	316
Bild-/Textnachweise	318

Einleitung

DENN WIR WISSEN NICHT, WAS WIR ZU TUN HABEN?

REALITÄTSSCHOCK

Diesen Titel wählte Sascha Lobo, Spiegel-Kolumnist und „Klassensprecher für das Web 2.0"[1], für sein aktuelles Buch.

„Feinstaub, Stickoxide, Insektensterben, Fahrverbote, Supersommer, CO_2-Fußabdruck, Trockenheit, Plastikmeere, Dieselskandal, Artensterben, Waldbrände, Klimajugend, Extremwetterlagen"[2]

... sind einige der Aspekte, um die das erste Kapitel von „Realitätsschock" kreist und damit unseren zerstörerischen Lebensstil beschreibt[3]. In den Folgeabschnitten skizziert Sascha Lobo sehr prägnant und lesenswert viele der weiteren Themen, die unsere Gesellschaft wahrhaft paralysieren, weil sie so komplex und darum herausfordernd sind - wie etwa

» die massenhaften Migrationsbewegungen, latenten Rassismus, schlampige, mangelhafte Integration sowie den Rechtsruck,

» künstliche Intelligenz und Digitalisierung bis in unsere Körper hinein,

» unser kommunikatives Unvermögen, unsere Tendenzen, Verschwörungsglauben und Fake News zu verfallen, bis hin zu

» „digitalen Ökosystemen"[4] - soziale Netzwerke wie Instagram, Facebook sowie Apps umfassend, die uns mit wenigen Klicks vermeintliche Wohlgefühle verschaffen helfen und uns manipulierende Bilder präsentieren, wie Schönheit und Reichtum von heute sich ausstaffieren und zur Nachahmung gemahnen.

Die Lobo´sche Bestandsaufnahme unseres kollektiven Realitätsschocks wurde im September 2019 veröffentlicht. Jetzt, wenige Monate später, im Frühjahr/Sommer 2020, in den Tagen von Covid-19, in Zeiten von Ausgangsbeschränkungen, Kurzarbeit, Konjunkturprogrammen und einer unwägbaren Zukunft, beschäftigen uns diese Themen nochmals intensiver. Existenzieller. Realitätsschock in Potenz sozusagen. Eine Schippe obendrauf.

Diese kollektive Schockstarre, die Überforderung vieler Millionen Menschen, wurde deutlich spürbar. Sie brach sich Bahn in Hamsterkäufen und Hygienedemos, in hitzigen Grabenkämpfen - besonders hart ausgefochten in den sozialen Netzwerken, noch mal mehr Hardcore als in den vorigen Jahren ohnehin schon. Doch gleichzeitig erlebten wir beispiellose Solidaritätsaktionen: Spenden für Obdachlose, Einkäufe für kranke und alte Menschen, Applaus-Flashmobs für Pflegekräfte von den Balkonen.

Außerdem noch obendrauf im Programm: der würdelose Tod des George Floyd und die Wiederbelebung der #BlackLivesMatter-Bewegung. Weil jedes Leben zählt. Darauffolgend die Erkenntnis, dass allein die unbedachte, vielleicht gar nicht böse gemeinte Frage „Und woher kommst Du?" als Alltagsrassismus begriffen werden kann. Kollektive Lernprozesse sind angestoßen - bis in Redaktionen hinein, die sich eigentlich als emanzipatorisch-progressiv begreifen.[5]
Obendrein die Pandemie in der Pandemie auf deutschen Schlachthöfen, die die Diskussion um die Brutalität der Massentierhaltung und die dort herrschenden unwürdigen Arbeitsbedingungen wieder auf die Tagesordnung brachte.

Denn wir wissen nicht, was wir zu tun haben?

EINLEITUNG

Schließlich versammelten sich am 1.08.2020 Zehntausende Menschen in Berlin, um den „Tag der Freiheit" und das „Ende der Pandemie" zu proklamieren; zu den Hauptorganisatoren gehörten allerdings Wölfe im Schafspelz, die dem neurechten Spektrum zugeordnet werden oder Verschwörungstheorien anhängen.[6]

Und nicht zu vergessen, allerdings wohl nur für Klimaschutz-Aktivist*innen in diesen Tagen wirklich bewegend: eine Bundesregierung, die ein sogenanntes Kohleausstiegsgesetz beschließt, das den Energieriesen nützt und das Ende des fossilen Zeitalters viel weiter hinausschiebt, als der fortschreitende Klimawandel uns zu handeln gebietet.[7]

Diese Zeiten sind in der Tat komplex und bewegt. Wer kommt da noch wirklich hinterher?

MAKE WORLD WONDER möchte weitergehen und Wege aus der Schockstarre aufzeigen, die weite Teile unserer Gesellschaft erfasst hat. Denn die „Soli statt Hamster"-Aktionen und viele ähnliche Initiativen zu Corona-Zeiten waren weder Ausnahmeerscheinungen noch Sisyphos-Jobs.

Auch in den vergangenen Jahrzehnten wurde in zahlreichen weiteren Projekten bereits auf ein gutes Morgen hingearbeitet. Von diesen Geschichten handelt MAKE WORLD WONDER - mit der Intention, dass sie sich mehren mögen.

„Ist das Universum ein freundlicher Ort?"

Auf der letzten Pressekonferenz vor seinem Tod soll Albert Einstein von einem Journalisten gefragt worden sein, welches die wichtigste Frage sei, die wir uns als Menschen stellen können. „Ist das Universum ein freundlicher Ort?" war Einsteins Antwort.

Dass wir Menschen in der Tat so sein können, hat übrigens der Historiker Rutger Bregman in seinem aktuellen Buch „Im Grunde gut" erforscht und untermauert.[8]

MAKE WORLD WONDER ist von dem Glauben durchdrungen, dass diese Welt ein freundlicher Ort ist, viel mehr: dass wir Menschen freundlich und gut sind.

Dieses Buch handelt von der freundlichen Menschheit, die wir sein können, damit diese Erde der wundervolle, von Schönheit überbordende Ort bleiben kann, der sie schon immer war.

Zentrale These dabei ist, dass unser menschliches Bewusstsein erst am Anfang seiner Reise steht. Unsere kollektive Schockstarre ist die Türschwelle, die wir übertreten dürfen, um weiterzugehen. „Eine neue Aufklärung", die uns als ganzen Menschen zu aktivieren versteht, mit Herz, Hirn, Seele und Hand, wird dabei unser zentralstes Werkzeug sein. Die neue Aufklärung, die beispielsweise der „Club of Rome" in seinem Report aus dem Jahr 2018 einfordert.

„Natürlich braucht man den Rationalismus, schon allein um ‚Fake News' und andere hässliche Trends zu entkräften, aber der Rationalismus kann auch gute, nachhaltige Traditionen zerstören, die sich nicht ‚anatomisch' sezieren lassen. Die neue Aufklärung, die Aufklärung 2.0 wird nicht europazentriert sein. Sie muss sich auch an den großartigen Traditionen anderer Zivilisationen orientieren",[9]

skizzieren die Mitglieder des Club of Rome diese neue Aufklärung.

Denn wenn wir in diesem Sinne wieder „ganzer" werden, dann können wir unsere Wunder sein, die diese wundervolle Welt für ihr Überleben, die wir für unser aller Überleben brauchen.

Einleitung

Moment mal: Wunder? Geht es hier um Hokus-Pokus?

Ja, in diesem Buch geht es um Wunder. Und damit meine ich nicht bloße Wünsche ans Universum und auch keine Standalone-Wünschelruten-Rituale.[10] MAKE WORLD WONDER zielt darauf ab, die Disziplinen, die oft fraktal nebeneinander existieren und einander meist mit Vorbehalten beäugen wie völlig unterschiedliche Welten, miteinander zu verbinden. Die Welt der Wissenschaft und die Welten der Kunst und Kultur und - nennen wir sie so - Spiritualität.

Etwas pathetisch formuliert: Die Wunder, die ich meine, entstehen durch das Zusammenwirken von guten, konstruktiven, weiterführenden „Kopfgeburten", gepaart mit den Zutaten aus unseren Herzen und Seelen.

Denn die besten Think Tanks dieser Welt allein reichen offensichtlich nicht, damit wir die Menschen werden, die es braucht, um zukünftigen Generationen ein gutes Leben auf dem Planeten Erde zu ermöglichen. Genauso wenig, wie es uns im Hier und Heute gelingt, viel mehr Menschen an dieser Fülle teilhaben zu lassen, die uns umgibt. Obwohl wir es könnten.

Dabei ist MAKE WORLD WONDER kein philosophisches Buch, denn es zeigt viele Werkzeuge aus der Praxis - und zwar in einer Form, die Dich hoffentlich neugierig machen und ins Handeln bringen. Deswegen heißt das Buch MAKE WORLD WONDER. Deswegen fließen bisweilen erzählerische und poetische Momente ein, Songzitate werden eingewoben. Deswegen ist dieses Buch so reichhaltig illustriert und im Magazinstil gestaltet.

MAKE WORLD WONDER möchte Freude wecken und Lust machen, die Schönheit zum Ausdruck bringen, die in den Themen „Transformation" und „Nachhaltiger Lebensstil" wohnt. Diesen Themen, die wir so oft mit Verzicht, Anstrengung und „daran müssen wir jetzt also auch noch denken" assoziieren. Obwohl sie uns die Erfüllung und das Glück bescheren könnten, nach denen wir uns sehnen.

„Probleme kann man niemals mit derselben Denkweise lösen, durch die sie entstanden sind",
ist ein weiteres geflügeltes Wort des bereits zitierten Albert Einstein. Unsere derzeitigen globalen Herausforderungen nicht allein intellektuell anzugehen, sondern sie ganzheitlicher zu durchdringen - so wenig mess- und greifbar diese Aspekte auch sein mögen - könnte zu Lösungen führen.

Dass wir es mit dem Zeitalter der Vernunft, in dem Rationalismus, das technisch Messbare und die schwarzen Zahlen allein von Bedeutung sind, zwar zumindest auf einigen Gebieten weit gebracht, aber bei Weitem nicht das Ende der Fahnenstange erreicht haben, zeigt nicht nur „unser Haus, das brennt"[11]. Es geht nicht nur um „die anderen", um den globalen Süden, der so weit weg ist, oder den Planeten Erde, von dem sich mit einem Spaceshuttle flüchten ließe, wenn sie verbraucht ist. Es geht auch um uns selbst. Schließlich sind viele „Exemplare" unserer eigenen menschlichen Spezies ausgebrannt, körperlich und psychisch ausgeknockt.[12] Der bisherige Weg endet wohl in einer Sackgasse, dem ultimativen Showdown.

In Zeiten von Fake News die Brücke zwischen Fakten und dem vagen, unbenennbaren „höherem Erleben" - den Referenzerfahrungen, die Kunst, Kultur und auch spirituelle Höhenflüge uns bescheren - bauen zu wollen, ist wahrlich ein Wagnis.

Doch diese Brücke hat zwei tragende Pfeiler.

Der erste Pfeiler, an dem sich viele von uns festhalten können, ist der der konstruktiven Fakten, der Pfeiler unserer heutigen wissensbasierten Welt, der Pfeiler der Wissenschaft wie auch der Initiativen und Aktionen, die bereits Realität geworden sind. Auf diesem Pfeiler lässt

Denn wir wissen nicht, was wir zu tun haben? EINLEITUNG

sich aufbauen, denn er basiert auf vielen Quellen, auf die ich referenziere. Dieser Pfeiler bleibt bestehen. Er wird nicht niedergerissen.

Der zweite Pfeiler ist der der Literatur, der Poesie, des Designs, der Spiritualität und der Mystik. Zu diesem Pfeiler gehören Disziplinen wie die Positive Psychologie, Themen der Persönlichkeitsentwicklung wie auch zahlreiche Therapieformen und alte Traditionen. Diese sind auf ihre Weise ebenfalls bereits intensiv erforscht worden.

Seit Jahrzehnten sind Forscher*innen wie etwa Fritjof Capra oder auch David Bohm unterwegs, ebnen die Pfade, dass Brücken zwischen diesen beiden Pfeilern entstehen. Künstler*innen unterschiedlichster Disziplinen schmücken diese Verbindung mit ihren Werken aus.

Im oekomverlag, dem Verlag, in dem ich MAKE WORLD WONDER veröffentlichen darf, ist bemerkenswerterweise im Frühjahr 2020 das Buch „All you need is less" erschienen, in dem der Postwachstumsökonom Niko Paech und der Taijiquan, Qigong- und Dharma-Lehrer Manfred Folkers jeweils aus ihrem Blickwinkel für einen Bewusstseinswandel, für eine Kultur des Genug, plädieren. Sie bewegen sich schreibend aufeinander zu. Die Sichtweise des Postwachstumsökonomen Paech und des spirituellen Lehrers Manfred Folkers ergänzen und verbinden sich. Manfred Folkers befindet im Interview, das das Buch einläutet:

„Der Mathelehrer in mir errechnet weiterhin erschreckende Zahlen … (…), der Erdkundelehrer in mir kennt die Begrenztheit unseres Heimatplaneten ganz genau. Der Buddhist in mir spürt das Leid, das der gegenwärtige Umgang der Menschheit für die nachfolgenden Generationen beinhaltet. Und wenn ich diese drei Blickwinkel kombiniere, sehe ich die Sackgasse."[13]

MAKE WORLD WONDER möchte einen weiteren, ganz praktischen Beitrag leisten und inspirieren, alternative, integrale wie interdisziplinäre Wege auszuprobieren. Dieses Buch gibt Impulse, wie wir aus der Sackgasse gelangen könnten, in die wir uns manövriert haben.

Dabei ist ganz entscheidend, dass wir nur gemeinsam aus diesem Schlamassel herauskommen. Wir sitzen alle in einem Boot. Deswegen ist dieses Buch nicht über etwas geschrieben, sondern für uns. Für unser aller Erinnerung und Aktivierung.

In diesem Sinne wünsche ich eine inspirierende und ermutigende Lektüre,

Stephanie Ristig-Bresser.

Einleitung

LESARTEN UND GESTALTUNGSMÖGLICHKEITEN FÜR MAKE WORLD WONDER

1* Zur Ansprache

**Es braucht DICH
Deswegen sind wir hier „per Du".
Deswegen wird hier das DU buchstäblich groß-
geschrieben.**

Weil Du wichtig bist, um diese Geschichten weiterzuer-
zählen. Und ich auch. Wir sind übrigens alle gleich wichtig
und auf Augenhöhe. Fühl Dich bitte in jeder Zeile direkt
angesprochen. Es geht um Dich und mich. Wirklich. Um
jede*n Einzelne*n von uns.

Potenziale statt Durchgendern

Eine gendersensible Sprache. Früher war es das große I,
mittlerweile ist der Gender-Doppelpunkt en vogue.

In MAKE WORLD WONDER wimmelt es von Sternchen.
Die Idee: Jeder Stern steht für ein Potenzial - männlich,
weiblich, divers, LGBT*, FLINTA*, queer, Transgender -
sprich: für unsere vielfältigen geschlechtlichen Identitäten
und sexuellen Orientierungen und Ausdrucksformen. Wir
sind alle willkommen. Für die Wunder in uns.

Jede*r von uns ist ein Unikat. Ein Stern. Erinnere Dich
jedes Mal an dieses unendlich große Vermögen, wenn
Du beim Lesen einen Stern entdeckst. 421 sind in diesem
Buch versammelt. Mindestens. Vielleicht habe ich mich
auch verzählt. Ich bin schließlich ein Mensch. Fehlerhaft,
widersprüchlich und wundervoll. Genauso wie DU.

**Danke für Dich und mich.
Für unsere Einzigartigkeit.**

Lesarten und Gestaltungsmöglichkeiten

EINLEITUNG

2* Ein gemeinsames Lernfeld

Der Inhalt von MAKE WORLD WONDER ist umfassend. Es ist gewissermaßen ein Meta-Buch, das gesellschaftliche Entwicklungen und Möglichkeiten mit der individuellen Ebene verbindet.

Zu jedem Buchteil, zu jedem Kapitel, sogar zu vielen Stichworten, die hier fallen, wurden ganze Bücher geschrieben. MAKE WORLD WONDER kann daher weder alle Aspekte in der Tiefe beschreiben, noch erhebt das Buch einen Anspruch auf Vollständigkeit.[14]

Vielmehr geht es darum, einige große Zusammenhänge abzubilden und Möglichkeitsräume aufzuzeigen.

Wir ringen als Gesellschaft auf vielen Gebieten oft noch um Worte und Lösungsansätze, sind noch dabei, diese Themen selbst zu verstehen, uns ihnen zu stellen. Dass beispielsweise unser kollektiver, latenter Rassismus, der durch Kolonialismus und Imperialismus tief verwurzelt ist, u. a. durch die „Black Lives Matter"-Bewegung nun ganz oben auf der Tagesordnung gelandet ist, hätte in dieser Dimension wohl vor wenigen Monaten kaum jemand geahnt. Nicht nur in diesem Kontext lernen wir unser Miteinander neu, finden präzisere Worte, definieren feinere Muster. Vorausgesetzt, wir bleiben wirklich am Ball.

Spirituelle Referenzerfahrungen finden ohnehin oftmals jenseits von Worten statt. Sie sind dennoch ein Teil unseres Erlebens. Auch wenn sie nicht messbar sind, stellen sie eine weitere Facette unserer Wirklichkeit dar - genauso wie Erkenntnisse wissenschaftlicher Forschungen.

Beides steht gleichberechtigt nebeneinander, „wissen" wir doch ohnehin, dass wir nur den geringsten Teil von dem, was wirklich ist, wahrzunehmen imstande sind.[15] Das heißt aber auch, dass ein „Hör auf Dein Herz" nicht als bequeme Ausrede gebraucht werden kann, wenn Fakten gefragt sind. Es geht darum, die Ebenen des Denkens und Fühlens miteinander zu verbinden, sie gemeinsam zu nutzen.[16]

Danke für die Entwicklung einer gemeinsamen Fehler-, Lern- und Debattenkultur

MAKE WORLD WONDER mag neugierig machen, Ermutigung und Zuversicht schenken, Debatten anstoßen, zum Hinterfragen anregen, zu eigenen Erfahrungen einladen. In diesem Sinne bin auch ich gespannt, weiter zu lernen, um immer fundiertere Sichtweisen zu erlangen.

Du stimmst mir sicher zu, dass wir in Sachen konstruktiver Gesprächsführung und Beziehungskultur noch so einiges an Potenzial haben, wenn man sich die Debatten gerade in den sozialen Netzwerken, aber auch leider in so mancher Talkshow zu Gemüte führt.

Was könnten wir gemeinsam erreichen, wenn wir gelingender miteinander kommunizieren würden, anstatt uns verbal niederzumachen?

Wenn wir allerdings lernen, uns kultiviert und respektvoll zu streiten, können wir alle nur gewinnen.

Einleitung

*3 Von der Vision zum Masterplan zur Realität: Ein gemeinsamer Prozess

Geschichten des Gelingens,[17] Visionen und Träume werden nur allzu oft als naiv, unrealistisch, zu substanzlos abgetan. Ihre mangelnde Messbarkeit ist einer der Gründe.

Die Welt der Sehnsüchte ist zudem exzessiv von Werbung, Marketing und Vertrieb vereinnahmt worden. Unsere Verunsicherung darüber reicht bis in unsere intimsten Beziehungen hinein.

Ich habe versucht, dem zu begegnen, indem ich auf viele Quellen verweise und zudem im ersten Buchteil Geschichten aus der Vergangenheit erzähle, die mit Zukunftsbildern gespickt ist.

Eine Vision von einer besseren Welt, um die es im zweiten Buchteil geht, ist und bleibt jedoch eine Vision. Sie davon abhängig zu machen, ob Teile von ihr bereits in der Realität sichtbar sind, würde sie einengen.

Daher möchte ich darum bitten, gerade den Visionsteil auf Dich wirken zu lassen, bevor Du ihn mit einem „Das ist doch vollkommen utopisch!" abtust.

Im zusätzlichen Material auf der Website ergänze ich die Vision mit Quellen, die belegen, dass in der Tat schon einiges von dem erreicht ist, was Teil dieser Vision ist.

Visionen tragen eine ganz eigene, wundervolle Kraft in sich.

In diesem Verständnis habe ich meine Vision im zweiten Buchteil formuliert. Ich lade Dich herzlich ein, Deine eigene Vision zu entwickeln. Denn um diese Inspiration geht es primär in diesem Buchteil. Also: Ich freue mich auf Deine Vision, auf unser aller Visionen. Und darauf, was WIR dann in einem gemeinsamen Prozess daraus machen.

MAKE WORLD WONDER kann nicht den Masterplan für eine bessere Welt liefern, sondern ist eine der Einladungen dafür, dass wir als Menschheit gemeinsam diese Lösungen entwickeln. Denn das ist nicht allein die Aufgabe „der Politik" oder „der Wirtschaft". Da sind wir als gesamte Menschheit gefragt. Nur fühlen sich offensichtlich die meisten noch nicht abgeholt.

Das Buch möchte Lust darauf machen, die Themen weiter zu erforschen, zu hinterfragen, eine eigene Meinung zu entwickeln, den eigenen Beitrag zu finden. Für das, was vor uns liegt, braucht es nämlich viele aufgeweckte Menschen unterschiedlichster Disziplinen.

Lesarten und Gestaltungsmöglichkeiten

*4 Materialien und Möglichkeiten der Aneignung und Ausgestaltung

MAKE WORLD WONDER liefert Dir einerseits einen Gesamtüberblick und bietet Dir andererseits die Möglichkeit, in die Themengebiete, die Dich ganz besonders interessieren, tiefer einzutauchen - Dich zu informieren, zu reflektieren wie auch natürlich ganz konkret loszulegen. Dazu finden sich bereits im Buch bei vielen Abschnitten erste Medientipps.

Darüber hinaus sind auf der Website zum Buch zahlreiche weitere Links, Medientipps und Materialien zusammengestellt. Sie ermöglichen es Dir, mit dem Stoff, der Dich interessiert, weiterzuarbeiten - und von dort ausgehend, eigene Wege zu finden.

Hier nur ein kurzer Überblick:

Fußnoten
Die Fußnoten dieses Buchs sind auf der Buch-Website abgelegt. Das hat einen ganz praktischen Grund. Denn viele der Fußnoten verweisen auf Links, weshalb ich sie in PDF-Dokumenten auf der Website zur Verfügung stelle.

Das Glossar des Wandels und die Karte von morgen
Im gesamten Buch finden sich *farbig und kursiv markierte Schlüsselbegriffe*. Einige davon sind Bestandteil des Glossars des Wandels, das die digitale Plattform *Karte von morgen* entwickelt hat.

90 Aktionen oder Initiativen für die Welt, die wir uns wünschen
... sind im Anhang aufgelistet. Für jedes *globale Nachhaltigkeitsziel* fünf Aktionen oder Initiativen sowie fünf einleitende, übergreifende Links. Auf der Website ist diese Auflistung mit zahlreichen Links versehen.

Realitätsabgleich zur Vision
Im zweiten Buchteil skizziere ich eine große Vision für eine bessere Welt. In einem Dokument auf der Website ergänze ich diese Vision, nehme einen Realitätscheck vor und stelle ihr Erläuterungen zur Seite, in denen ich beschreibe, welche Teile dieser Vision bereits jetzt Realität geworden sind.

Materialien zur eigenen Visionsarbeit
Darüber hinaus findest Du auf der Website zum Buch diverse Materialien, mit denen Du eine eigene Vision für eine bessere Welt entwickeln kannst. Detaillierter findest Du die Materialien in Buchteil 4 auf Seite 269 aufgelistet.

Playlist des Wandels
Viele Kapitel und Abschnitte dieses Buchs werden von Zitaten aus Songtexten eingeläutet. Die Songs habe ich in einer Playlist auf YouTube und auf Spotify zusammengestellt.

Hier findest Du den QR-Code, mit dem Du zur Website gelangst, auf der die Materialien zum Buch abgelegt sind:

BUCHTEIL 1

EINE WELT VOLLER WUNDER

Alles auch anders.
Geschichten über uns.

„Hier ist mein Gebet an diesen Planet.
Der Versuch zu beschreiben, was mir nahegeht.
Solang sich diese Welt noch dreht, werdet ihr meine Stimme hören
und immer wieder Menschen treffen,
die aufs Leben schwören.
Wir alle beten für diesen Planeten,
um jedem neuen Tag in Hoffnung zu begegnen.
Und unser Licht durchbricht die Nacht
in dem Glauben daran:
Dies ist die dunkelste Stunde
vor dem Sonnenaufgang."

(aus: „Gebet an den Planet" von Thomas D)

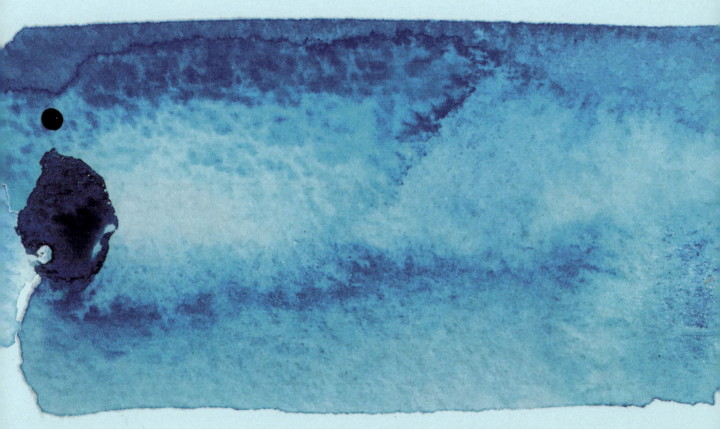

Teil 1   Eine Welt voller Wunder

Eine Betriebsversammlung bei Ocean Syst. Ltd. - inspired by Leonardo DiCaprio und Fridays for Future

Eine Betriebsversammlung bei Ocean Syst. Ltd.

Teil 1

Die folgende Geschichte ist so frei erfunden, wie sie wahr sein könnte. Es liegt an uns, sie einmal zu schreiben.

Immer wieder dieser Leonardo DiCaprio. Gerade heute Morgen hatte er es im Radio gehört: Dieser DiCaprio machte also tatsächlich gemeinsame Sache mit Greta Thunberg. Sie hatten sich getroffen. Und dann auch noch die vielen weiteren Aufsehen erregenden Projekte und Aktionen wie seine Filme „Before the Flood" und „Ice on Fire" oder auch seine Beteiligung daran, ein riesiges Areal der Seychellen zum Meeresschutzgebiet zu machen. DiCaprios emotionale Rede als Klimabotschafter vor den Vereinten Nationen vor einigen Jahren hatte ihn das allererste Mal wachgerüttelt, hatte gezeigt, dass was passieren musste.

Leonardo DiCaprio war wie sein personifiziertes schlechtes Gewissen. Der machte vorbildlich vor, dass er dieses Spiel einfach nicht mehr mitspielte. Jemand, der seine Prominenz nutzte. Welche Möglichkeiten hatte er?

Und heute, heute vor diesem wichtigen Tag, erinnerte ihn dieser DiCaprio einmal mehr daran. Dass es ganz anders gehen könnte. Das erforderte Mut.

Heute, ja heute. Heute war ein großer Tag. Einmal im Jahr - zur Betriebsversammlung - war er der Entertainer seiner Belegschaft. Ocean Systems Ltd. - wir holen Mehr aus dem Meer. „Und wir machen es damit kaputt", fügte er schon seit Langem insgeheim in seinen Gedanken hinzu. Ocean Systems Ltd., das Unternehmen, das er geerbt hatte, trug mit seinen innovativen Fangsystemen dazu bei, dass die Überfischung der Meere immer weiter zunahm.

Er wusste es. ER konnte Weichen stellen - oder Claqueur bleiben wie in den vergangenen Jahren. Dieser denkwürdige Tag war heute. Seit Jahren arbeitete es in ihm. Er hatte es in der Hand …

Diese Reichenspielchen:
Mal eben ein Stück der Seychellen kaufen

„Ach was, dieser DiCaprio. Ein Schauspieler. DER kann sich das ja erlauben. Der ist unabhängig. Welche Verantwortung trägt der eigentlich? Doch nur für sich selbst. Solche Reichenspielchen. Einen Teil der Seychellen kaufen. Dokus drehen, Obama und den Papst treffen. Ja, das kann man ja machen. Aber ob das wirklich was ändert? Was denkt der sich eigentlich, dieser DiCaprio? Und dann schippert er doch wieder an der Côte d'Azur rum mit seiner Luxusjacht. Ist der denn besser als wir…?" Sein innerer Monolog sollte ihn beruhigen, wühlte ihn zugleich aber noch mehr auf.

Teil 1 Eine Welt voller Wunder

Im Westen nicht viel Neues

Denn tief in sich drinnen, da wusste er: Es ging so nicht mehr weiter. Schon lange konnte er nicht mehr in den Spiegel schauen, fühlte sich wie ein Getriebener, arbeitete Tag für Tag gegen seine Überzeugung. Gab Steuerfluchten in Auftrag, damit die schwarzen Zahlen größer wurden. Drückte seinen Personalentwicklern Kündigungsgespräche ab Freitagmittag auf, obwohl er genau wusste, dass man gerade das nicht tun sollte, weil das Personal – ja Menschen, seine Mitarbeiter*innen – so etwas mit ins Wochenende nahmen. Feindliche Übernahmen. Leierte die neuesten Werbekampagnen an, die noch mehr Lust aufs Kaufen dieser Netzfangsysteme machten.

Halt mal, bitte: Status, bleib!

Das war sein Alltag. Dahin hatte er sich hochgearbeitet. Jetzt war er da, wohin er sich während seines BWL-Studiums geträumt hatte. Chef vom Ganzen, Herr über Hunderte Mitarbeiter*innen. Und doch eben nur Rädchen eines weitaus größeren Konzern-Getriebes – einer, der es weiter am Laufen hielt, wie es die Herren vor ihm bereitet hatten. Nein, er hielt es nicht am Laufen, irgendwie war er selbst nur Mitläufer, gebunden an die Tempovorgaben des Gesamten. Und die Geschwindigkeit wurde schneller, immer schneller. Und er musste schauen, dass er da mithielt. Mithalten konnte. Ständig erreichbar war er. Fortwährend darum bemüht, gut zu funktionieren, damit ihm niemand ans Bein pinkeln konnte, um seinen Status, seine Position zu wahren. Zwei Häuser, die SUVs, das Feriendomizil in der Toskana, seine zwei Kinder auf Privatschulen. Das wollte er halten. Und er hatte ja auch noch Verantwortung für all die Menschen, die da mit und für ihn arbeiteten. Die Verantwortung für die anderen. Immer eine gute Ausrede. Doch wohin führte sie?

Same procedure: Und am Abend gab es Champions League …

Ja, im Grunde wusste er, dass er so einfach nicht mehr weiterkonnte, nicht mehr wollte. Und heute diese Betriebsversammlung. Noch eine halbe Stunde. Er linste in das Manuskript, das seine Pressereferentin für ihn vorbereitet hatte. „Danke für Ihren Einsatz, liebe Mitarbeiterinnen und Mitarbeiter. Tolle Arbeit! Trotzdem: Wir sind in einer Rezession. Wir müssen jetzt zusammenhalten und noch härter anpacken, wenn alle an Bord bleiben wollen. Leider können wir die Azubis wieder nicht übernehmen." Die Rede: austauschbar. Es hätte auch die vom letzten Jahr sein können. Diese Durchhalteparolen. Im Grunde hasste er das. Und er mochte auch nicht mehr in diese leeren Gesichter blicken von Menschen, die ihre Bezahlung als Schmerzensgeld betrachteten, die genau wie er im Grunde nicht mehr daran glaubten, dass das alles noch einen Sinn machte. Ausgenommen den, für die Familie, für die Liebsten gut zu sorgen. Innere Kündigung, Fluchtpunkte im Privaten.

Ja, traurig war das Ganze, aber was konnte er schon dagegen tun? Die Seychellen kaufen bestimmt nicht. Und doch war da vor einigen Wochen etwas losgegangen, das die Weichen neu stellen könnte. Was seine Belegschaft wohl dazu sagen würde? 10.08 Uhr schon. Um 10.30 Uhr ging sein Auftritt los. Mut, er brauchte Mut. Heute Abend gab es Champions League. Und vorher wollte er noch den Kindern vorlesen … Schaffte er das heute endlich mal wieder?

„Mach es für Mimi!"

10.33 Uhr. WAAAAS?!? Er erwachte vom Klopfen an der Tür. Seine Pressereferentin rief von draußen: „Herr Dr. Exner, es ist Zeit. Die Belegschaft wartet schon auf Sie!" Schlaftrunken erhob er sich langsam, die Beine schwer wie Blei. Ja, es war Zeit. Er öffnete.

Eine Betriebsversammlung bei Ocean Syst. Ltd.

TEIL 1

Auch wenn ich den Weg nicht weiß ...

„Guten Morgen, Frau Eichmann! Ja, ich habe mich noch ein wenig konzentriert. Danke, dass Sie mir Bescheid gesagt haben. Danke auch für Ihre exzellente Vorbereitung."

Jetzt gingen sie schweigend nebeneinander zur großen Produktionshalle. Schweigen empfing sie auch, als sie die Halle betraten. Keine Begeisterung, höflich grüßendes Köpfenicken. Alles funktionierte, wie es sollte. Zum Rednerpult, einen Moment sammeln. Er räusperte sich… Ja, es war an der Zeit. Innerlich sprach er sich selbst zu: „Robert, jetzt nimm all Deinen Mut zusammen! Mach es für Mimi." Und er fasste in seine Hosentasche und fühlte den glatten Stein, den ihm seine Tochter Mimi beim Frühstück gegeben hatte, um ihm viel Glück für den heutigen, wichtigen Tag zu wünschen.

„Heute mal Klartext …

„Liebe Kolleginnen, liebe Kollegin, liebe Menschen in diesem Unternehmen, ich möchte Sie heute bitten, einmal wirklich zuzuhören. Heute erwartet Sie nicht der gleiche Sermon wie in den vergangenen Jahren. Bitte seien Sie nicht irritiert. Ja, ich weiß, dass Sie so darüber denken. Heute möchte ich mal als der Mensch zu Ihnen sprechen, der ich sein möchte. Als Mensch, der wirklich Verantwortung dafür trägt, was er jeden Tag tut. Heute möchte ich einmal aufrichtig mit Ihnen sprechen … so sprechen, wie wir das schon lange hätten tun sollen.

Vor drei Jahren habe ich voller Elan und Stolz diese neue Position als ihr Vorstandsvorsitzender angetreten. Und natürlich: Auch heute fühle ich mich in der Verantwortung für Sie. Doch heute möchte und muss ich zugeben, was viele von Ihnen und von uns schon wissen und doch niemals aussprechen: In unserem Unternehmen läuft es nicht so, wie die meisten von uns es sich sicherlich wünschen. Weil wir da etwas mitmachen und mittragen, weil andere Konzerne das auch mittragen. Eine Never Ending Story. Vielleicht halten mich einige jetzt für verrückt, bitte tun Sie das.

Ich habe mich dafür entschieden, einmal Klartext zu reden, und meine Tochter hat mir Mut dazu gemacht. Inspiriert haben mich auch unsere Auszubildenden Laura, Ayse und Max, die bei den „Fridays for Future"-Demos mitlaufen und für mehr Klimaschutz demonstrieren.

Denn vor einigen Wochen haben die drei um einen Termin bei mir gebeten, und dafür bin ich ihnen sehr dankbar. Sie meinten, sie wollten nicht nur demonstrieren, sondern auch wirklich dafür einstehen, wofür sie auf die Straße gehen. Sie würden das gerne ganz konkret und praktisch umsetzen, und sie hätten erste Ideen dafür. Ob ich und das Führungsteam vielleicht offen dafür wären, denn man müsste natürlich schauen, ob das auch umsetzbar wäre.

Teil 1 Eine Welt voller Wunder

Eine Betriebsversammlung bei Ocean Syst. Ltd.

Teil 1

Allein für diesen Mut und Tatendrang haben Laura, Ayse und Max erst mal meine Anerkennung verdient. Gemeinsam mit einigen Führungskräften haben wir in den vergangenen Wochen in unserer Freizeit eine Taskforce gegründet. Ich kann Ihnen versichern, die ersten Ansätze sind sehr vielversprechend. Bitte entschuldigen Sie, dass das zunächst mal sehr diskret passiert ist, denn wir wollten nicht allzu viel Staub aufwirbeln. Doch heute ist der Zeitpunkt, da wir Sie mit ins Boot holen. Ayse wird Ihnen gleich allererste Ideen präsentieren.

Im Grunde basieren alle Ansätze auf jenen Gedanken: Wir wünschen, Produkte herzustellen, die die Menschen wirklich brauchen, wir wollen dies integer tun und würdevoll. Wir wünschen uns, dass wir wieder wie eine Mannschaft zusammenhalten.

Und wenn wir schon beim Wünschen sind, dann mag ich noch einige persönliche Wünsche mit Ihnen und Euch teilen: Ich wünsche mir verdammt noch mal die Freude wieder zurück in diese Halle. Ich wünsche mir eine Aufbruchsstimmung, ein Füreinander-Einstehen, unsere gemeinsame Wahrhaftigkeit. Ich wünsche mir, dass wir wieder Produkte herstellen, die unseren Kunden wie auch der Welt wirklich dienen, und dass wir dies möglichst im Einklang mit unserer Umwelt tun - und dass unsere Lieferanten nicht gezwungen sind, ihre Preise immer weiter zu drücken. Ich wünsche mir, dass wir alle wirklich, wirklich hart daran gemeinsam arbeiten, aufrichtig und ehrlich und wertschätzend. Das wünsche ich mir von ganzem Herzen, auch wenn ich den Weg dahin noch nicht ganz genau weiß. Wir finden ihn gemeinsam.

Als Ihr Vorstandsvorsitzender ist es bisher immer meine Rolle gewesen, alles zu wissen, alles besser zu wissen, zu tun, als ob ich es besser wüsste. Sie glauben zu machen, dass ich dieses Spiel mit seinen Regeln, in denen sich alles um Geld und nur um noch mehr Profit dreht, gut finde. Ich kann Ihnen sagen, dass das schon lange nicht mehr so ist. Jetzt bin ich so weit, mir und Ihnen das einzugestehen. Und auch wenn ich drohe, mich lächerlich zu machen.

Ich wünsche mir, dass wir jetzt, heute und hier damit anfangen, diese Firma anders aufzustellen, damit sie wieder uns allen wirklich dient. Natürlich: Das Leben ist kein Wunschkonzert - aber ich kann Ihnen sagen, dass ich so wie bisher nicht mehr weitermachen kann und werde. Ich würde mich selbst belügen. Wenn sich jetzt gerade einige von Ihnen und Euch angesprochen fühlen, diesen neuen Weg mitzugehen, dann ist das eine herzliche Einladung, dass wir gemeinsam die Segel anders setzen. Für ein Ocean Syst. Ltd., für das Mehr im Meer, das diesen Namen verdient. Ich bin zu allem bereit. Wenn jetzt aber die meisten von Ihnen und Euch skeptisch sind und lieber alles beim Alten lassen wollen, dann bin ich auch bereit, unser Schiff zu verlassen. Dann suche ich mir ein neues Schiff, das besser zu dem passt, was ich vorhabe. Das wird die kommende Zeit zeigen. Also - lassen Sie uns loslegen."

Teil 1 Eine Welt voller Wunder

JETZT WEGBEREITUNGEN

> „Kindern erzählt man Geschichten zum Einschlafen. Erwachsenen, damit sie aufwachen."
>
> Jorge Bucay
> (Psychiater, Gestalttherapeut und Autor)

Wie wir wurden, wer wir sind, damit wir werden, wer wir sein wollen.

Ein Quäntchen unserer Wahrheit - und warum diese Geschichte von Dr. Exner typisch für unsere Zeit ist

Diese vorangestellte Geschichte, sie ist doch zu schön, um wahr zu sein? Freilich, diesen Dr. Exner, die Hauptfigur dieser eben erzählten Geschichte, kenne ich zwar gut, doch ist sie zumindest in dieser Version komplett meiner Fantasie entsprungen. Eine Randfigur dieser Geschichte hätte ich jedoch selbst sein können: die Pressereferentin Frau Eichmann, die ihrem Chef so fleißig und ihre Pflicht erfüllend diese beliebige 08/15-Rede geschrieben hat. Die er dann zum Glück doch nicht nutzte, sondern sich für eine freiere Version entschied. Für einige Jahre war das in der Tat mein Job - ich habe gelegentlich für einen der Vorstände eines der größten Konzerne der Welt die Reden vorgeschrieben.

Und ich kann bestätigen: Der Begriff „Schmerzensgeld" und die Floskel „Glaubt der eigentlich selbst noch, was er redet?" fielen nur allzu oft, wenn die Mitarbeiter*innen so unter sich waren. Das war vor 15 Jahren. ==Ich war Teil dieses Systems, das sich unentwegt weitertrug, weil viele es mittrugen - durch ihr Mitmachen, Unterlassen, Hinnehmen, Mitspielen, Nichtfragen, Funktionieren.==
Weil es einfach so war. Es schien keine Alternative zu geben.

Ich war hemmungsvoll dabei: Die pflichtbewusste PR-Frau

Vor dreizehn Jahren dann war es MEINE Konsequenz zu gehen, ich sah keinen anderen Weg. Vor allem hätte ich damals noch gar nicht konkret benennen können, was eigentlich mein Unbehagen verursachte. Es war doch fast alles in Ordnung. Die Bezahlung war super, wenn Du mal halblang machtest, fielst Du in der Masse gar nicht so auf. Und schließlich war das alles ja schon irgendwie wichtig …

Doch ich fühlte mich fehl am Platz. Und ich fühlte mich so leer. Heute weiß ich: Mir fehlte der Sinn, mir fehlte die Wahrhaftigkeit, mir fehlte das Gefühl, etwas Wesentliches zu tun. Mein Dreh- und Angelpunkt war nicht der Profit dieses Unternehmens, dessen Produkte mir schon immer reichlich egal waren, muss ich ja gestehen. Also bin ich gegangen, ohne damals genau zu wissen, was mir gefehlt hätte. Und es sollte auch noch eine ganze Weile dauern, bis ich dahinterkam. Doch das ist eine andere Geschichte …

Jetzt: Wegbereitungen

Teil 1

MUTMACHER*INNEN

Ohn-Macht war gestern: Sind so viele Menschen im Aufbruch.

Wenn wir uns auf die Person des Dr. Exner zurückbesinnen, so wissen wir, dass in der Tat bereits einige Menschen einen ähnlichen Weg gegangen sind: Denken wir an Heini Staudinger mit seinem Unternehmen GEA, Sina Trinkwalder mit ihrer Firma manomama, Götz Werner mit seiner Drogeriemarktkette dm, der sich auch für das *Bedingungslose Grundeinkommen* einsetzt, oder aber an Georg Schweisfurth, der nach dem Verkauf der Wurstfabrik Herta an den Nestlé-Konzern die Hermannsdorfer Landwerkstätten mitgründete.[1]

Denken wir auch an die vielen kleinen und großen Initiativen, die Bürgerinnen und Bürger „EINFACH. JETZT. MACHEN", weil sie nicht mehr warten wollen, bis die Politik Veränderungen anschiebt – wie etwa die *Transition Town-Bewegung*[2]. Nehmen wir die positiven Resonanzen wahr, die viele alternativ-ökonomische Konzepte wie etwa die *Gemeinwohl-Ökonomie* schon jetzt erfahren.[3] Ein alternatives Unternehmen zu führen, den Wandel selbstermächtigt am eigenen Wirkungsort in die Hand nehmen – das machen nicht mehr nur einige wenige Verrückte.

Die Dunkelziffer der SO-Bewegten ist groß. Unfassbar. Das macht Mut.

MENSCHEN UND ORGANISATIONEN IM AUFBRUCH - ZUM BEISPIEL:

GEA - Heini Staudinger
www.gea-waldviertler.de
Film über Heini Staudinger:
» „Das Leben ist keine Generalprobe"

mamomama - Sina Trinkwalder
www.manomama.de
Bücher - Sina Trinwalder:
» „Wunder muss man selber machen. Wie ich die Wirtschaft auf den Kopf stelle"
» „Fairarscht. Wie Wirtschaft und Handel die Kunden für dumm verkaufen"
» „Zukunft ist ein guter Ort. Utopie für eine ungewisse Zeit"

Grundeinkommen - Prof. Dr. Götz Werner
Buch:
» „1000 Euro für jeden. Freiheit. Gleichheit, Grundeinkommen"

Transition Town-Bewegung
www.transitionnetwork.org
www.transition-initiativen.de
Buch - Rob Hopkins:
» „Einfach. Jetzt. Machen. Wie wir unsere Zukunft selbst in die Hand nehmen"

Gemeinwohl-Ökonomie
www.ecogood.org
Buch - Christian Felber:
» „Gemeinwohl-Ökonomie. Eine demokratische Alternative wächst."

---

[1] Alle Fußnoten mit Erläuterungen findest Du auf meiner Website in der Rubrik „Das Buch - Materialien zum Buch".

Teil 1   Eine Welt voller Wunder

ANGSTSCHÜRER*INNEN

Populismus, neuer Nationalismus und Festhalten am System als Alternative?

Auf der anderen Seite erleben wir ebenfalls in diesen Zeiten ein weiteres Extrem: Menschen bedienen sich platter Parolen, errichten mentale und reale Grenzen wieder neu, brandmarken pauschal bestimmte Gruppierungen - ganz beliebt: Flüchtlinge oder Menschen mit anderen kulturellen Wurzeln -, finden Sündenböcke, benutzen manipulative Techniken, streuen *„alternative Fakten"*. Sie erlangen damit beachtliche Aufmerksamkeit und Relevanz, die bis hinein in die Parlamente mit wichtigsten Ämtern und weitere entscheidende Positionen in Wirtschaft und Gesellschaft reichen. Das macht Angst.

Auch die Fakten erdrücken - Du hast sie sicher selbst schon zur Genüge immer wieder erinnert. Nur einige Spiegelstriche zur nochmaligen Rekapitulation genügen sicherlich:

» Zahlreiche Hiobsbotschaften von Klimaforscher*innen und weiteren Naturwissenschaftler*innen, allen voran dem Weltklimarat, dass uns nunmehr noch zehn Jahre bleiben, um das 1,5-Grad-Ziel einzuhalten, ansonsten drohe uns der planetare Knockout.[4]

» die Erkenntnis, dass wir weit über unsere planetarischen Grenzen leben und die Erde ausbeuten.[5]

» Millionen Menschen in den westlichen Ländern, die Burn-out und weitere psychische Erkrankungen erleiden - erkrankt an diesem System.[6]

» eine immer größer werdende Kluft zwischen reichen und armen Menschen.[7]

» während in den Ländern des Südens noch immer Hunderte Millionen Menschen Hunger leiden und sogar sterben,[8] obwohl doch mehr als genügend Nahrung für alle Menschen da ist.[9]

Jetzt: Wegbereitungen

Teil 1

SUMMA SUMMARUM:

WIR SIND TIEF VERSTÖRT ÜBER KRIEGE, SOZIALE UNGLEICHHEITEN UND VIELES MEHR. ÜBER DIE SCHULD UNSERER VORFAHREN. DABEI BEGEHEN WIR DERZEIT ALLE GEMEINSAM EINEN ÖKOZID. VOR ALLEM WIR MENSCHEN IN DEN LÄNDERN DES WESTENS. WIR MACHEN DAS.

Teil 1 Eine Welt voller Wunder

ZAUBERLEHRLINGE WIE WIR:
Factfulness im Selbstbedienungsladen

> Ob „der alte Hexen-Meister", wie Goethe ihn in seinem so symbolischen Gedicht „Der Zauberlehrling" nennt, wohl noch mal kommt, um uns aus der Patsche zu helfen und zu retten?

Auch wenn Hans Rösling und sein Team von der *Gapminder-Foundation* feststellen, dass unser Instinkt unsere Weltsicht trüge, die Welt also eigentlich „faktisch" viel besser sei, als wir sie interpretieren:[10] Es lässt sich doch auch zugleich beobachten, dass wir wie Menschen ohne Sinn und Verstand auf ihr hausen – als wäre diese Welt ein Selbstbedienungsladen, der unendlichen Nachschub liefert: um Dinge zu produzieren, die wir eigentlich nicht benötigen, um ihre Reste dann gedankenlos in den Müll zu werfen, dessen ungeachtet, dass dieser Abfall den Kreislauf des Lebens verstopft und so beispielsweise im pazifischen Müllstrom wieder auftaucht. Wir benehmen uns wie die Kinder, die nach dem Spielen ihren Schrotthaufen einfach liegen lassen.

Doch die Schatten unserer Existenz, dieser Geister, die wir riefen, sie lassen sich nicht abschieben. Sie tauchen doch wieder auf. Wir sind die Zauberlehrlinge, die es noch nicht begriffen haben, unsere Lebens-Aufgaben so zu meistern, dass sie schließlich für uns alle gut ausgehen. Stattdessen beschwören wir Sintfluten über Sintfluten herauf – und dürfen uns von unseren Kindern darauf aufmerksam machen lassen, dass „unser Haus schon längst brennt", wie die junge schwedische Klimaaktivistin Greta Thunberg dies so treffend in ihrer Rede auf dem Weltwirtschaftsforum in Davos im Januar 2019 formulierte.[11]

Die Menschheit steht in der Tat an einem Scheideweg zwischen Untergang und Neuordnung. Die Signale sind nicht mehr zu überhören und werden immer eindringlicher. Werden wir noch mal die Kurve kriegen und zu einer Lebensweise finden, in der wir alle gut miteinander auskommen, oder werden wir unserem Planeten den Garaus machen? Denn schließlich wissen wir das alles nicht erst seit gestern.

Die Grenzen des Wachstums und der große Schlaf …

Einige Wissenschaftler*innen verkündeten doch bereits Anfang der 70er-Jahre die *„Grenzen des Wachstums".*[12]

Sind wir taub? Haben wir es noch immer nicht begriffen?

Wenn diese Botschaften uns innerhalb der letzten 50 Jahre noch immer nicht erreicht haben, sollten wir dann nicht einfach aufgeben, weil es eh nichts mehr bringt? Haben wir als Menschheit komplett versagt?

Jetzt: Wegbereitungen

TEIL 1

APOKALYPSE ...

oder langsames Erwachen aus der kollektiven Trance?

„Und da sitze ich nun in meiner Gartenoase inmitten all dieses grün verkleideten Industriegebiets und seiner lebensfeindlichen Eintönigkeit und frage mich, was aus der Empörung von damals geworden ist. Was haben die Umweltschützer tatsächlich bewirkt? Was haben die vielen Vereine und Parteien mit ihrem Artenschutzprogramm, die ständigen Nachhaltigkeitskongresse, {...} die Unmenge an Büchern und Beiträgen zum Thema Naturschutz und Artenvielfalt verändert?", fragt der Hirnforscher Prof. Dr. Gerald Hüther in seinem Buch „Würde: Was uns stark macht - als Einzelne und als Gesellschaft" dann auch noch.[13]

Das ist wohl natürlich eher als rhetorische Frage zu verstehen. Die erwartete Antwort: Es hat sich fast nichts getan.

Bekommen wir es also nicht hin?

Ja, Du könntest Dich jetzt gemeinsam mit Prof. Dr. Hüther einträchtig unter einen Apfelbaum setzen und feststellen, dass die in den 60er-Jahren gestartete Umweltbewegung für die Katz gewesen ist. Du könntest schön darüber lamentieren und mit ihm vollkommen einer Meinung sein. Ändern wirst Du dadurch: NICHTS, außer dass wir so jammernd der Apokalypse entgegensteuern. Mal ehrlich: Das wäre doch wirklich erbärmlich, oder?

Natürlich können wir die letzten Jahrtausende der Menschheitsgeschichte auch als das Heraufbeschwören einer *„Megamaschine"* betrachten,[14] die uns irgendwann einmal auffrisst, wenn wir nicht den Absprung schaffen und Alternativen dazu etablieren - wie der Autor und Dramaturg Fabian Scheidler dies in seinem gleichnamigen Buch tut. Auch der israelische Historiker Yuval Noah Harari prognostiziert in seinem Weltbestseller „Homo Deus - Eine Geschichte von Morgen" düster, der *„Dataismus"* könne zum neuen Herrscher auf Erden werden und wiederhole mit uns Menschen, was wir mit den Tieren und den Ressourcen auf diesem Planeten anstellten - nämlich dass wir sie uns untertan machen.[15] All das kann passieren.

Ich mag Dich zu einer weiteren möglichen Perspektive einladen - einer, die die vergangenen Jahrzehnte als Lernreise in ein Morgen hinein begreift, in der wir die Welt mit einem neuen Bewusstsein erfassen und deshalb achtsamer mit uns und ihr umzugehen lernen.[16]

Die Anzeichen häufen sich, dass wir diesem neuen Paradigma, das unser Bewusstsein erweitert, entgegensteuern.[17] Und nie waren die Zeichen so deutlich wie in diesen Tagen.

Dazu möchte ich mich auf eine Zeitreise mit Dir begeben und 21 gesellschaftliche Handlungsräume erkunden, in denen sich in den vergangenen Jahrzehnten Verheißungsvolles entwickelt hat.

Doch bevor wir in diese Handlungsräume eintauchen, halten wir zunächst noch einmal inne ...

31

Teil 1 Eine Welt voller Wunder

VON WUNDEN ZU WUNDERN.
VOM SCHATTEN INS LICHT.

Wenn Du auf den kommenden gut 120 Seiten überwiegend inspirierende Geschichten und Zusammenfassungen zu den jeweiligen Handlungsräumen liest, heißt das noch lange nicht, dass überall eitel Sonnenschein herrscht. Wenn wir uns einige Fakten bewusst machen, könnten wir Gerald Hüther recht geben, dass wir in den vergangenen Jahrzehnten wirklich nicht viel erreicht haben. Zugegebenermaßen haben sich unsere Herausforderungen in den vergangenen Jahrzehnten - zumindest in bestimmten Themenbereichen - sogar noch drastischer zugespitzt.

Hier nur drei Aspekte:

» Als im Jahr 1972 der Report „Die Grenzen des Wachstums" veröffentlicht wurde, begann der *Earth Overshoot Day* (auf Deutsch: „Erdüberlastungstag") gerade erst zum Thema zu werden. Denn bis zum Jahr 1970 kam die Menschheit tatsächlich mit einer Erde aus und lebte nicht bei ihr auf Pump. Doch seitdem ist der Earth Overshoot Day von Jahr zu Jahr mehr in die Jahresmitte gerückt, bis er im Jahr 2019 schließlich bereits am 29. Juli erreicht war. Mithin bräuchten wir also insgesamt 1,75 Erden, wenn wir unsere derzeitige Wirtschaftsweise aufrechterhalten würden.[18]

» Es schmerzt unglaublich zu lesen, dass Brasiliens Präsident Bolsonaro die Rodung des Amazonasregenwaldes in den vergangenen Jahren immer weiter forciert hat - ohne Rücksicht darauf, dass dies verheerende Folgen für unser gesamtes Ökosystem wie auch die dort lebenden indigenen Völker haben wird.[19]

» Wusstest Du, dass wir in den letzten 65 Jahren mehr als acht Milliarden Tonnen Kunststoff produziert haben? Nur neun Prozent davon wurden jemals recycelt, zwölf Prozent verbrannt, und der Rest hat seinen Weg zur Deponie - oder, schlimmer noch, ins Meer gefunden.[20] Prognosen zufolge werden bis zum Jahr 2050 ungefähr 99 Prozent aller Seevögel Plastik in ihren Mägen haben.[21]

Jetzt: Wegbereitungen

Doch allein, dass wir diese Fakten benennen, zeugt von unserem Problembewusstsein. Unsere Suche nach einer Alternative hat bereits begonnen. Was sich früher bewährt hat, ist heute nicht mehr hilfreich. Wir werden es nur noch so lange kopieren, bis sich eine bessere Lösung gefunden hat.

Maja Göpel, Generalsekretärin des Wissenschaftlichen Beirats der Bundesregierung Globale Umweltveränderungen (WBGU) und Mitbegründerin der Scientists for Future, schreibt in ihrem im Februar 2020 erschienenen Buch „Die Welt neu denken. Eine Einladung":

„Es ist der Versuch, die großen Linien des heute zu spürenden Zeitenwandels in möglichst zugänglicher Form darzulegen und ein paar Ideen und Sichtweisen anzubieten, die zwischen den scheinbar unauflöslichen Positionen der Bewahrer*innen und Blockierer*innen vermitteln - damit wir Orientierung in den Suchprozess nach einer gemeinsamen nachhaltigen Zukunft bringen können."[22]

Die Geschichten dieser 21 Handlungsräume sind mein Beitrag dazu. Doch glaube mir, auch wenn sie noch so positiv und motivierend geschrieben sind: In jeder Zeile schwingt Schmerz mit - das Wissen um die Ungerechtigkeiten, um die Ausbeutung von Menschen, von Tieren und die Qualen, die wir unserem geliebten Lebensraum und schließlich auch uns selbst zufügen.

Von den Paradoxien unseres Verhaltens hin zum Paradigmenwechsel, der ein gutes Leben in Frieden und Achtsamkeit ermöglicht

Wir Menschen sind schon merkwürdig schizophren. Wir sehnen uns nach einem guten Leben, wir wünschen uns das Beste für unsere Kinder. Doch wenn wir so weitermachen wie bisher, werden unsere Kinder überhaupt keine Zukunft mehr haben.

Sich dies einzugestehen, ist nicht angenehm. Doch immer mehr von uns stellen sich diesen Schatten und werden so zum Teil der Lösung.

2008 appellierte die berühmte Autorin der „Harry Potter"- Romane J. K. Rowling in einer Rede an die Absolvent*innen der Harvard University:

„Wenn Sie sich entscheiden, Ihren Status und Ihren Einfluss zu nutzen, um Ihre Stimme zu erheben für jene, die keine Stimme haben; wenn Sie sich nicht nur mit den Mächtigen auf eine Ebene stellen, sondern auch mit den Machtlosen; wenn Sie die Fähigkeit bewahren, sich kraft Ihrer Fantasie in das Leben jener hineinzuversetzen, die weniger privilegiert sind, dann werden es nicht nur Ihre stolzen Familien sein, die Ihre Existenz feiern, sondern Tausende und Millionen von Menschen, deren Lebensbedingungen Sie geholfen haben zu verändern. Wir brauchen keine Magie, um unsere Welt zu verwandeln; wir tragen alle die Kraft, die wir brauchen, bereits in uns: Wir haben die Kraft, uns Besseres vorzustellen."[23]

Dieser Appell ist für uns geschrieben, die wir das hier lesen. Genau wie die kommenden 120 Seiten.

LASS UNS BEGINNEN ...

Teil 1   Eine Welt voller Wunder

21 Handlungsräume
für das 21. Jahrhundert

„Eine neue Welt entsteht magisch und fließend.
Farbenfroh, strahlend, emphatisch und liebend.
Die Krisen verwandeln sich, formen den Pakt,
als Geschenk hinter Dornen verpackt."

(aus: „Neue Welt" von SEOM)

Teil 1   Eine Welt voller Wunder

21 HANDLUNGSRÄUME
für das 21. Jahrhundert im Überblick

Bevor wir beginnen, bekommst Du hier einen Überblick über alle 21 Handlungsräume.

1.
Gedankenbomben & Rockstars:
Die Robin Hoods für
den Planeten Erde

3.
Von #MeToo bis #MeTwo:
Wer bin ich - und wenn ja,
wie viele?

4.
Spiritualität goes Popkultur:
Heulen, Hotten, Hallelujah

2.
Welt-Vermessung:
Der erschöpfte Planet & neue
Lösungswege

8.
Energiewende by desaster:
Die Traumata von Tschernobyl und
Fukushima

10.
Fein aufgetischt:
Vegetarismus, Veganismus
und eine neue
Gesundheitsbewegung

11.
Neue Heimaten:
Von vielfältig-
freundlicher
Nachbarschaft

9.
Peacemaker:
Für eine neue, entschiedene
Friedens- und
Menschlichkeitsbewegung

17.
Revolution der Zärtlichkeit:
Die neuen Haltung und Plädoyers
der religiösen und spirituellen
Strömungen

16.
Weckruf der Despot*innen:
Warnsignal Rechtspopulismus

15.
Märkte sind Gespräche:
Digitalisierung & Cluetrain

21 Handlungsräume für das 21. Jahrhundert   TEiL 1

5.
Von der APO ins Parlament:
Die Grünen, Aufstehen,
offene Gesellschaft

6.
Stadtverwaldung statt
Stadtverwaltung:
Ein Gesamtkunstwerk,
das sich Gesellschaft nennt

7.
„Do they know it´s Christmas?":
Wenn Weltstars sich für die
Weltrettung einsetzen

12.
Gutes Geld:
Auf zum
Wertschätzungs-Wunder

13.
Sinn. Macht. Gewinn.
Der Aufbruch von Wirtschaftswissen-
schaft und Unternehmen

14.
Schulen fürs Leben:
Wie Lehre und Lernen
sich verändern

19.
Prototypen statt Protest:
Handfestes „Einfach. Jetzt. Machen"
für ein zukunftsfähiges Morgen

20.
Nächste Ausfahrt: Hoffnung:
Fridays for Future & Co.

21.
All together, now!
Next Level -
Gemeinsam weitergehen

18.
plan b &
Perspective Daily:
Konstruktiver
Journalismus als
Wegbereitung

21 Handlungsräume: 1. Gedankenbomben & Rockstars

Die Robin Hoods für den Planeten Erde

Umweltschützer*innen auf dem Weg

Wir befinden uns Anfang der 70er-Jahre. Wenige Monate zuvor haben Hunderttausende Menschen trotz katastrophalen Wetters und teilweise chaotischer Zustände friedlich, freudvoll und ekstatisch auf dem Woodstock-Festival getanzt. Die Studentenbewegung in vielen westlichen Ländern sorgt für eine Aufbruchsstimmung: Teilhabe von Minderheiten, das Entstehen einer neuen partizipativen politischen Kultur und einer „außerparlamentarischen Opposition", die Geschlechterdebatte, das aufkeimende Bewusstsein, dass das Verhalten eines einzelnen Menschen sehr wohl einen Einfluss haben kann und keineswegs egal ist, dass das Private politisch ist.

All dies ist nun auf der Agenda, wird heiß diskutiert und ausprobiert. Die Studentenbewegung markiert den Startpunkt so vieler Entwicklungen der kommenden Jahrzehnte.

Diese ganz besondere Teil-Geschichte unserer Menschheitsgeschichte beginnt am 16. Oktober 1970 im kanadischen Vancouver. An diesem Abend feiern Tausende Pazifisten, Atomwaffengegner, Hippies und weitere gleichgesinnte Menschen im Pacific Coliseum bei einem Benefizkonzert.

» Die drei Dollar, die sie für ihren Eintritt zahlen, kommen einem historischen Ereignis zugute, das die Geburtsstunde einer der größten Non-Profit-Organisationen unserer Zeit markiert: die Geburtsstunde von Greenpeace.¹

EINE LEKTION IN „WIE DIE WELT ZU RETTEN WÄRE"²

Storys, die in ihren Bann ziehen

Zu Zeiten des „Kalten Krieges" - noch befangen von den traumatischen Erlebnissen im Vietnamkrieg - stehen die Ängste vor einem möglichen Atomschlag oder einem nuklearen Super-GAU ganz oben auf der Agenda. Und so richtet sich die erste spektakuläre Protestaktion des damaligen „Don´t Make a Wave Commitee" gegen die unterirdischen Atomtests auf Amchitka, einer Insel im Südwesten Alaskas.³

Die Organisation chartert ein Schiff, das sie „Greenpeace" nennt, und steuert direkt ins Testgelände, das Leben der Besatzung aufs Spiel setzend. Die Mission wird ein voller Erfolg, denn obwohl die mutige Mannschaft nicht verhindern kann, dass der geplante Atomtest stattfindet, gibt es in allen größeren Städten Kanadas viel beachtete Proteste gegen das geplante Vorhaben, was schließlich dazu führt, dass einige Monate später die Entscheidung fällt, keine weiteren Atomtests auf Amchitka mehr durchzuführen.⁴

Mit vielen weiteren spektakulären Aktionen sorgt vor allem Greenpeace auch in den folgenden Jahren dafür, dass Umwelt- und Tierschutz ins Bewusstsein der Bevölkerung rücken, schafft es, Unternehmen und Politik unter Druck zu setzen. Unvergessen etwa die Kampagne um die Ölplattform „Brent Spar", dank der es gelingt, einen solchen gesellschaftlichen Druck auszuüben, dass der Shell-Konzern gezwungen ist, die „Brent Spar" nicht einfach, wie geplant, zu versenken, sondern sie zurückbauen muss, um die Umweltgefährdungen möglichst zu minimieren.⁵

Dass die Aktionen von Greenpeace von Beginn an für eine solche Resonanz sorgen und zu Titelgeschichten vieler Nachrichtenmagazine avancieren, ist mitnichten Zufall.

> „Du musst gute Geschichten und starke Bilder liefern. Du musst eine gute Show bieten, die die Menschen unterhält und in ihren Bann zieht, die sie mitfiebern lässt."⁶

Für das kommunikationserfahrene Team rund um den Journalisten (!) und Gegen-Kultur-Kolumnisten der „Vancouver Sun" Bob Hunter, den Ökologiestudenten und späteren PR-Berater (!) Patrick Moore und den Kommunikationswissenschaftler (!) Paul Watson war dies eine der Grundfesten ihrer Arbeit.

Zwar gab sich der 2005 verstorbene Bob Hunter einmal bescheiden und sah den Grund für den Erfolg von Greenpeace in einer glücklichen Konstellation: „Geschichte besteht zu 90 Prozent daraus, zur richtigen Zeit am richtigen Ort zu sein."⁷ Doch einer DER Erfolgsfaktoren war sicherlich auch, dass die Macher*innen von Greenpeace ganz genau wussten, wie man einen Mythos erschafft.

21 Handlungsräume: 1. Gedankenbomben & Rockstars

==Von Greenpeace können wir uns also jede Menge abschauen, wenn es darum geht, unser Weltwunder Weltrettung wirklich zu schaffen.==

So schrieb der Spiegel in einem Bericht über Greenpeace:

DIE GREENPEACER GLICHEN „EINER ART ROCKBAND, DIE EINEN FRÜHEN HIT GELANDET HAT".[8]

Und wohin geht die Reise in Zukunft?

Greenpeace und Co. ist es in den letzten knapp fünf Jahrzehnten in der Tat gelungen, eine große Lobby für das Thema Umwelt- und auch Tierschutz zu formieren. Die Erfolge und Errungenschaften dieser Organisationen sind nicht zu unterschätzen. Wir sollten so dankbar für diese Bewusstseins-Meilensteine sein, die sie uns bereitet haben. Aber wir dürfen uns nicht auf ihnen ausruhen, sie für selbstverständlich nehmen.

Die Furore rund um den *Hambacher Forst*[9] macht zwar viel Mut, doch insgesamt stagnieren die Spendensummen für Greenpeace in den letzten Jahren.[10] Zu beobachten ist, dass Greenpeace sich noch breiter aufstellt.

==Der Goliath der Umweltschutzbewegung hat mittlerweile erkannt, dass es einen anderen Ansatz braucht, um grundlegend etwas zu verändern. Dazu braucht es „Systemhebel".==

So kam es, dass Greenpeace im Verbund mit *Campact* e. V. zum Initiator*innenkreis der Demos gegen TTIP gehörte und in dem Zuge die Aktion *„TTIP-Leaks"* startete.[11] Außerdem hat Greenpeace im Frühjahr 2018 eine *Gemeinwohl-Bilanz* präsentiert und kooperiert mit der jungen Bewegung, die für eine alternative Wirtschaftsordnung einsteht.[12]

Sehr spannend, wohin sich dies entwickeln wird.

FILMEMPFEHLUNG:
How to change the world

» Weitere Literatur- und Medientipps sowie Links auf make-world-wonder.net

WELTVERMESSUNG

42

Der erschöpfte Planet und neue Lösungswege
Wissenschaftler*innen auf dem Weg

Im Jahr 1972, in etwa zur gleichen Zeit also, als das Schiff „Greenpeace" zu seinem ersten Weltrettungs-Kommando aufbrach, ließ ein Buch die Welt aufhorchen. Es markierte damit wohl den Beginn für das neue Weltbewusstsein: das Bewusstsein dafür, dass die Ressourcen des Planeten Erde begrenzt sind, dass wir Menschen mit unserer ausbeuterischen Wirtschaftsweise unsere Heimat erschöpfen und uns selbst unser eigenes Grab schaufeln werden.

Die Rede ist von der Studie „Die Grenzen des Wachstums".

Mittels der Computersimulation *World3* hatte ein 17-köpfiges Forscherteam um Dennis L. Meadows und Jørgen Randers die Dynamik der Weltentwicklung modelliert. Die zentrale Schlussfolgerung:

> Wenn die gegenwärtige Zunahme der Weltbevölkerung, der Industrialisierung, der Umweltverschmutzung, der Nahrungsmittelproduktion und der Ausbeutung von natürlichen Rohstoffen unverändert anhält, werden die absoluten Wachstumsgrenzen auf der Erde im Laufe der nächsten hundert Jahre erreicht.[1]

Teil 1 Eine Welt voller Wunder

Das Buch zur Studie *„Die Grenzen des Wachstums"*, in Auftrag gegeben vom *Club of Rome*, einem Zusammenschluss von Expert*innen verschiedenster Disziplinen aus mehr als 30 Ländern, die sich für eine nachhaltige Zukunft der Menschheit einsetzen, avancierte zum Bestseller und wurde seither in 30 Sprachen übersetzt und rund 30 Millionen Mal verkauft. 1973 erhielten die Autor*innen für ihr Werk sogar den Friedenspreis des deutschen Buchhandels.[2]

Die Folgeberichte der „Grenzen des Wachstums" aus den Jahren 1992, 2004 und 2012 bestätigten sogar noch dramatischer: Wenn wir unser „business as usual" fortführen, ist ein Kollaps im Laufe der nächsten Jahrzehnte absehbar. „Die Grenzen des Wachstums" sind ein jahrzehntealtes Mahnmal, dass wir einen dringenden Handlungsbedarf in puncto Ressourcenachtsamkeit haben, einer der ersten Weckrufe an die Menschheit, dass wir an unserer Wirtschaftsweise und unserem Miteinander unbedingt etwas ändern müssen, wenn wir das menschenwürdige Überleben unserer folgenden Generationen bewahren wollen. Dieses Forschungsprojekt markiert auch so etwas wie den Beginn der wissenschaftlichen Vermessung der Welt und das Bewusstsein über die Endlichkeit ihrer Ressourcen.

Im Laufe der vergangenen Jahrzehnte haben sich die Simulationsmethoden der Welt-Vermessung immer weiter verfeinert. In seinen Forschungen zu den *planetarischen Grenzen* etwa ermittelte der schwedische Resilienzforscher Johan Rockström die wichtigsten umweltrelevanten Parameter des Planeten Erde und ihre kritischen Grenzwerte.[3]

21 Handlungsräume: 2. Weltvermessung

Von mahnenden Zahlen ins Handeln - aus dem Elfenbeinturm in die reale Welt hinein

Gerade in unserer zahlenfixierten Welt, für die nur das zählt, was gemessen und vermessen werden kann, hat das Forscher*innenteam von „Die Grenzen des Wachstums" eine wichtige Pionierarbeit geleistet, die sichtbar und uns bewusst gemacht hat: Die Erde und ihre Ressourcen sind endlich. Wir dürfen achtsamer mit ihr umgehen.

Doch: Zahlen machen zwar bewusst, allein dadurch verändert sich natürlich erst einmal nichts. Das haben auch die Wissenschaftler*innen erkannt. Und so verbleibt der aktuelle Bericht des Club of Rome „Wir sind dran. Was wir ändern müssen, wenn wir bleiben wollen. Eine neue Aufklärung für eine volle Welt" nicht allein dabei, eine Bestandsaufnahme und Prognose der Entwicklung der Erde zu machen, sondern gibt eine umfassende Einschätzung und Empfehlungen an die Politik, an die Wirtschaft und an alle Menschen ab, was alle Beteiligten beitragen können, um diese Situation zu verbessern.

Forschungsinstitute - wie etwa das Wuppertal Institut für Klima, Umwelt, Energie - sind außerdem schon seit Jahren mit einem transformativen und transdisziplinären Forschungsansatz unterwegs, dessen Ziel es ist, „konkrete Veränderungsprozesse zu katalysieren und dabei Stakeholder aktiv in den Forschungsprozess einzubeziehen".[4] Spätestens seitdem im März 2019 mehr als 26.000 Wissenschaftler*innen unter dem Label „Scientists for Future" eine Stellungnahme unterzeichneten,[5] damit die „Fridays for Future"-Bewegung unterstützten, mit insgesamt 24 Fakten[6] wissenschaftlich untermauerten und sich dauerhaft zu organisieren begannen, ist klar:

Ein Teil der Wissenschaft verbleibt nicht als Beobachterin im Elfenbeinturm. Sie mischt mittendrin mit und ist zum Teil der Wandelbewegungen geworden. Weil die Zeit reif dafür ist.

LESEEMPFEHLUNG:

Ernst Ulrich von Weizsäcker, Anders Wijkman u. a.:
Wir sind dran. Der große Bericht.
Was wir ändern müssen, wenn wir bleiben wollen.
Eine neue Aufklärung für eine volle Welt.

» Weitere Literatur- und Medientipps sowie Links auf make-world-wonder.net

VON METOO BIS METWO

Wer bin ich - und wenn ja, wie viele?!
Emanzipations-Bewegungen auf vielen Ebenen

„Das geht raus an alle Spinner,
denn sie sind die Gewinner.
Wir kennen keine Limits:
ab heute - für immer.
Das geht raus an alle Spinner,
weil alles ohne Sinn wär
ohne Spinner wie dich und mich."

(aus: „Spinner" von Revolverheld)

Der *Feminismus* ist tot und wird nicht mehr gebraucht? Mitnichten: „Obwohl Frauen bei den Bildungsabschlüssen Männer längst eingeholt und teilweise sogar überholt haben, sind die *Gender Gaps* in Führungspositionen in Deutschland noch erheblich", konstatiert etwa das Deutsche Institut für Wirtschaftsforschung in einer aktuellen Studie.[1] Auch in der Medienberichterstattung sind Frauen nach wie vor deutlich unterrepräsentiert.[2] Und obendrein verdienen sie in Deutschland ca. 21 Prozent weniger als Männer in vergleichbaren Positionen.[3]

Spätestens seitdem der Weinstein-Skandal die weltweite *#MeToo-Debatte* auslöste, ist wieder offenbar, dass wir in puncto Gleichstellung der Geschlechter noch immense Hausaufgaben zu machen haben. Bis zur völligen Gleichberechtigung ist es zweifelsohne noch ein sehr weiter Weg.

Doch auch wenn es fast zynisch klingen mag angesichts dessen, dass Frauen noch immer benachteiligt sind und jene, die dies in die Debatten einbringen, auch heute noch oft als „Emanzen" abgetan werden: In den vergangenen Jahrzehnten hat es in dieser Hinsicht immense Entwicklungen gegeben.

Teil 1   Eine Welt voller Wunder

EIN STERNTITEL
UND SEINE FOLGEN

Eine wesentliche Wegmarke in Sachen Emanzipation der Frau war sicherlich die Stern-Ausgabe vom 6. Juni 1971, in der sich insgesamt 374 Frauen dazu bekannten, abgetrieben – oder wenigstens mit dem ernsthaften Gedanken daran gespielt zu haben. Damit repräsentierten sie vermutlich das Innenleben von Millionen von Frauen zu diesem Thema.[4]

» *„Das Thema Abtreibung war noch immer ein totales Tabu. Eine Frau, die abtrieb, tat das meist in totaler Einsamkeit. Sie redete in der Regel weder mit der besten Freundin noch der eigenen Mutter, ja oft noch nicht einmal mit dem eigenen Mann darüber. Eine Frau, die abtrieb, hatte entweder das Geld für die Schweiz – oder sie riskierte ihre Würde und so manches Mal auch ihr Leben bei illegal abtreibenden Ärzten und auf dem Küchentisch von Engelmacherinnen"*,[5] heißt es in der Titelgeschichte zur Stern-Ausgabe von „Wir haben abgetrieben".

Abtreibung bedeutet, ein kleines Wesen töten zu müssen, ein Wesen, das die Frau in sich heranwachsen spürt, um sich ein selbstbestimmteres Leben bewahren zu können. Was für eine Entscheidung! Wie verzweifelt müssen viele dieser Frauen gewesen sein, diesen Schritt zu gehen? Wie viel nicht gezeigte und unausgesprochene Schuld und Scham, wie viel nicht gelebte Trauer dies wohl für viele dieser Frauen bedeutet (haben muss), die sie vor wenigen Jahrzehnten noch allein oder nur mit den engsten Freund*innen teilen konnten und vor dem Partner verbargen? Wie viel Härte und vielleicht sogar Verbitterung dies wohl erzeugt hat? Wie groß und im Grunde nicht verarbeitet ist dieser kollektive Schmerz bis heute?

Dass die Debatte um den Paragraphen 218 eines der initiierenden Leitthemen der Frauenbewegung der frühen 70er-Jahre war, zeigt sehr deutlich:

» wie weit entfernt die beiden Geschlechter noch vor wenigen Jahrzehnten voneinander waren,
» wie wenig sie sich zu sagen hatten,
» wie sehr der Mann über „seine Frau" verfügen konnte.

Kinder, Küche, Kirche und Kosmetik – von diesen Themen war die Lebenswelt der meisten Frauen damals bestimmt.[6] Die Nachwehen sind bis heute spürbar. Und so lässt sich die Emanzipationsbewegung der Frau wahrlich als BefreiungsKAMPF bezeichnen.

21 Handlungsräume: 3. Von #MeToo bis #MeTwo

TEIL 1

Frauen heute? Noch immer auf dem Weg …

Die Nachwehen bekommen wir noch heute zu spüren - siehe Gender Pay Gap und Co. Doch agieren wir als Gesellschaft heute so, als wären diese Geschlechter- und Rollenfragen bereits gelöst?

Mitnichten: *„Frauen sind im 21. Jahrhundert einer Vielzahl von Belastungen ausgesetzt. Sie erklimmen Karriereleitern, schlagen sich alleine durchs Leben oder müssen Familie und Beruf unter einen Hut bringen. Die Hälfte aller Mütter fühlt sich alleinerziehend …"*[9]

Daneben gibt es die reinen „Karrierefrauen" - und eben Frauen, die Mütter wurden und denen es nicht mehr oder nur sehr schwer gelingt, sich nach langjähriger Erziehungszeit wieder beruflich zu integrieren.

In Sachen Gleichberechtigung der Geschlechter ist also noch viel „Luft nach oben". Es ist daher immens wichtig, dass Kampagnen wie beispielsweise *„Wer braucht Feminismus?"*,[10] die Organisation *FEMEN* oder auch die bereits erwähnte *#MeToo-Debatte* dieses Thema kontinuierlich auf die Tagesordnung bringen, damit es einmal eine Selbstverständlichkeit wird, dass jedes Geschlecht gleiche Rechte genießt.

Noch bis 1977: Die Frau ist dem Mann untertan

Hättest Du das gedacht? Noch bis 1957 durften bspw. Frauen ohne Zustimmung ihres Mannes kein eigenes Konto führen.

Bis 1958 konnte der Ehemann sogar eigenmächtig das Arbeitsverhältnis seiner Frau aufkündigen, und noch bis 1977 - das ist gerade einmal etwas über 40 Jahre her - stand im Bürgerlichen Gesetzbuch: *„Die Frau führt den Haushalt in eigener Verantwortung. Sie ist berechtigt, erwerbstätig zu sein, soweit dies mit ihren Pflichten in Ehe und Familie vereinbar ist."*[7]

Erst mit dem „Ersten Gesetz zur Reform des Ehe- und Familienrechts" trat im Jahr 1976 Folgendes in Kraft: *„Die Ehegatten regeln die Haushaltsführung in gegenseitigem Einvernehmen. Beide Ehegatten sind berechtigt, erwerbstätig zu sein."*[8]

> **LESEEMPFEHLUNG:**
> **Chimamanda Ngozi Adichie: Mehr Feminismus. Ein Manifest und vier Stories.**
>
> **PODCAST-TIPP:**
> Interview mit Andrea Lindau, Co-Autorin von „Königin und Samurai. Wenn Frau und Mann erwachen."
>
> » Weitere Literatur- und Medientipps sowie Links auf make-world-wonder.net

MÄNNERSEELEN
WAS ES HEUTE HEISST, EIN MANN ZU SEIN

Auch wenn Männer vermeintlich „besser" dastehen als Frauen und sie momentan noch wie „Sieger" ausschauen: Sie sind ebenfalls zutiefst irritiert und verunsichert. Männer sind auf der Suche nach ihrem „richtigen Platz", denn heute scheinen sie fast alles auf die Kette kriegen zu müssen: erfolgreich im Beruf dastehen, sich als einfühlsamer Partner beweisen, als fürsorglicher Vater umsichtig agieren – all das mit Verstand UND Herz.

Männer haben weitere Päckchen zu tragen. Stichwort *Kriegsenkel*: Viele von ihnen hatten Väter, die keine Vorbilder, sondern allenfalls körperlich vorhanden waren. Vom Krieg gebrochene Väter und Großväter. Menschen, die ihre Gefühle versteckten. Denn sie zu zeigen, bedeutete oft große Schmerzen.[11] Hinschauen zu müssen. Schwäche zuzugeben – nicht gut für jemanden, der doch „seinen Mann zu stehen" hat.

Kein Wunder, dass das Buch „Männerseelen. Ein psychologischer Reiseführer" des Psychologen und Männertherapeuten Björn Süfke zum Bestseller avancierte. Der Autor stellt in seinem Buch fest:

Als ein markantes Beispiel gibt Björn Süfke die Erzählung eines Mannes wieder, der eines seiner Seminare besuchte:

» *„Ich musste 62 Jahre alt werden, davon 35 Jahre ein großes Familienunternehmen, eine große Schlachterei, führen, ich musste die ganze Bude vor die Wand fahren, musste meine Frau vergraulen und dann noch einen Selbstmordversuch überleben, bevor ich endlich, endlich festgestellt habe, dass ich Schlachtereien hasse und lieber mit alten Menschen arbeite. Jetzt lebe ich bei meinem kleinen Bruder, der geschieden ist und der mich übrigens von Herzen liebt – was ich vorher nie wusste. Wir haben einen Heidenspaß zusammen. Und ich arbeite seit drei Jahren ehrenamtlich in einem Hospiz, was mich unglaublich erfüllt."* [13]

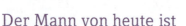

Der Mann von heute ist verunsichert. Das gilt gemeinhin als schlechte Nachricht, als Problem, dem entgegenzuwirken ist. Ich sage, es ist eine gute Nachricht, eine Chance, die genutzt werden will.[12] Und die genutzt wird.

21 Handlungsräume: 3. Von #MeToo bis #MeTwo

Doch sind noch nicht viele Männer bewusst auf dem Weg, ihr neues Selbstverständnis zu finden. Die existierenden Männergruppen werden in der Regel noch als „Spiri-Eso-Kram" etikettiert. Dabei wäre es so wichtig, dass auch die Männer sich in größerem Stil mit den Fragen ihrer Identität auseinandersetzen.

LESEEMPFEHLUNG:
Björn Süfke: Männer. Was es heute heißt, ein Mann zu sein.

» Weitere Literatur- und Medientipps sowie Links auf make-world-wonder.net

Also, Männer, traut Euch, steht dazu, dass auch Ihr in Eurer Rolle unsicher seid. Organisiert Euch, versammelt Euch, probiert und findet gemeinsam Lösungen, findet neue Formen, was Euch als Menschen ausmacht. Neue Formen, die Euch selbst so viel gerechter werden, als die alten Rollen-Schubladen es vermochten.

Teil 1 Eine Welt voller Wunder

So brechen wir langsam, ganz langsam aus den Geschlechter- und Identitätsgefängnissen aus, in die wir uns haben stecken lassen.

Da begeben wir uns doch gleich auf ein weiteres Terrain …

Denn: Warum soll es, bitte schön, nur Mann und Frau geben? Wer hat das eigentlich mal festgelegt?

Erst seit Dezember 2018 besteht die Möglichkeit, dass Menschen, die sich weder dem weiblichen noch dem männlichen Geschlecht zugeordnet fühlen, die Angabe „divers" in ihren/seinen Personalausweis eintragen zu lassen.[14] Facebook gibt sich in dieser Thematik ganz progressiv und bietet seinen Nutzer*innen sogar die Möglichkeit, zwischen 60 Geschlechtern zu wählen.[15]

In indigenen Kulturen war und ist es keine Seltenheit, dass auch das dritte, vierte oder noch mehr Geschlechter anerkannt waren und werden.[16]

LET'S TALK ABOUT

… the diversity of sex & gender!

Nicht nur, was unsere Geschlechterrollen angeht, auch in Sachen unserer sexuellen Neigungen ist in den vergangenen Jahrzehnten einiges aufgebrochen. Sehr gut, dass sich seit dem Beginn der 70er-Jahre nach Veröffentlichung des Films „Nicht der Homosexuelle ist pervers, sondern die Situation, in der er lebt" von Rosa von Praunheim in Hinsicht der Anerkennung der Geschlechtervielfalt und Akzeptanz sexueller Vorlieben so einiges getan hat. Dennoch war es ein langwieriger und zäher Prozess, bis es endlich im Oktober 2017 geltendes Recht wurde, dass gleichgeschlechtliche Paare heiraten dürfen, auch wenn sie damit noch längst nicht gleiche Rechte genießen wie heterosexuelle Paare.[17]

Transgender: Eine große Baustelle bleiben die Anerkennung und Wertschätzung von Menschen und „Zauberwesen",[18] die sich keinem eindeutigen Geschlecht zuordnen mögen oder die sich entscheiden, ihr Geschlecht umzuwandeln. Mehr als ein Geschlecht: Das überfordert viele von uns offenbar. Dabei könnte es uns doch so immens bereichern, uns in unserer Vielfalt zu feiern, anzuerkennen, wer wir fühlen zu sein, und einander darin zu bestärken, anstatt uns in Rollen zu pressen, die uns von unserer Wesentlichkeit abschneiden.

Alles in allem zeigt die Entwicklung der vergangenen Jahrzehnte: Da ist so einiges im Aufbruch, langsam und stetig – mit noch ganz viel Luft nach oben.

21 Handlungsräume: 3. Von #MeToo bis #MeTwo

Teil 1

NEUE HEIMATEN: VIELE WURZELN, BUNTE FLÜGEL

Menschen mit vielfältigen kulturellen Wurzeln im Aufbruch

Nicht nur die Geschlechter sind in den letzten Jahrzehnten „in Wallung" geraten, auch in puncto Menschen mit vielfältigen kulturellen Wurzeln, die unser Leben so bereichern können, ist einiges in Bewegung.

Der Sozialaktivist Ali Can, bekannt geworden als Gründer der *„Hotline für besorgte Bürger"*,[19] griff den Rücktritt von Mesut Özil aus der Fußballnationalmannschaft auf, den Özil u. a. damit begründete, dass er Rassismus ausgesetzt gewesen sei. Diesen medialen Hype nutzte Ali Can gemeinsam mit dem *Online-Magazin Perspective Daily* und rief mit dem Hashtag *#MeTwo* Menschen mit Migrationshintergrund dazu auf, ihre eigene Wahrnehmung von Diskriminierungen im Alltag zu teilen. Innerhalb weniger Tage folgten Zehntausende User*innen dem Aufruf, und alle großen deutschen Leitmedien und die internationale Presse - beispielsweise die New York Times[20] - berichteten über die Kampagne.

Der würdelose Tod George Floyds und die daraus erstarkende *#BlackLivesMatter-Bewegung* haben nochmals sehr deutlich dafür sensibilisiert, dass Rassismus in unserer Gesellschaft tief verwurzelt ist.[21]

 Wie können wir uns aufeinander zubewegen, neu zueinander und miteinander stehen und nicht nebeneinander stehen bleiben?

Auch diesen Fragen dürfen wir uns aktiv stellen und sie als Chance begreifen, denn: Vielfältige kulturelle Wurzeln in einem Land zu beheimaten bedeutet, vielfältige potenzielle Lösungen auf die Herausforderungen unserer Zeit parat zu haben.

LESEEMPFEHLUNGEN:
Ali Can: Mehr als eine Heimat.
Wie ich Deutschsein neu definiere.

Tupoka Ogette:
exit RACISM: rassismuskritisch denken lernen

» Weitere Literatur- und Medientipps sowie Links auf make-world-wonder.net

Menschen mit diversen Herausforderungen im Aufbruch

Doch das Thema der Diversität reicht noch weiter: Auch Menschen, die mit körperlichen und geistigen Herausforderungen entweder geboren wurden oder sich diese durch Unfälle, Krankheiten oder andere „Schicksalsschläge" zugezogen haben, erheben immer klarer ihre Stimme, emanzipieren und positionieren sich. Eine ihrer Galionsfiguren ist der Aktivist für Inklusion und Barrierefreiheit Raúl Krauthausen. Er hat mit seinem gemeinnützigen Verein *Sozialhelden e. V.* unzählige Projekte ins Leben gerufen, die sozialen Zwecken dienen und Aufklärungsarbeit für den Umgang mit Menschen mit Herausforderungen leisten. Eines davon ist beispielsweise *Leidmedien.de*, eine Internetseite für Journalist*innen, die beabsichtigen, über Menschen mit Behinderungen zu berichten. Dort bekommen sie Hinweise für eine Berichterstattung aus einer anderen Perspektive ohne die gängigen Stereotypen.

„Randgestalten" zeigen sich

So ließe sich die Aufzählung fortsetzen und immer weiter verfeinern. In vielfältigen Themenbereichen „outen" sich Menschen, teilen ihre Geschichten, stehen zu sich selbst und ihrer „Eigenart". Sie fordern eine Toleranz ein, die eigentlich selbstverständlich sein sollte und auf diese Weise immer mehr in unserem kollektiven Bewusstsein an Raum gewinnt.

Die Krebskranke, der Magersüchtige, die Fettleibige, die Generation der sogenannten *Silver Surfer* (alias betagtere Menschen, die sich nicht nur im Netz, sondern überall fit bewegen und jung geblieben sind), der Kokainabhängige, die Prostituierte, der Obdachlose, die Alleinerziehende, die vom Burn-out betroffene Managerin, der Sterbende, der sich für den letzten Schluck in der Schweiz entscheidet, und noch viele weitere vermeintliche „Randgestalten" mehr machen sich sichtbar. Damit wecken sie Verständnis, ermutigen wiederum gleichgesinnte „Randgestalten", weichen Klischees auf und erreichen damit, dass wir zu einer immer bunteren, vielfältigeren und reicheren Gesellschaft werden.

Zu Menschen, die einander ihre Besonderheiten zugestehen und sie feiern.

Denn: „Das, was die Menschheit bis hierher demonstriert hat, ist nicht das Ende unserer Möglichkeiten. Es kann erst der Beginn sein. Die nächste (R)Evolution wird kein einzelner Messias auslösen oder ein wild gewordener Diktator, sondern viele Millionen Frauen und Männer, die dort, wo sie wirken, erwachen. In ihr volles Potenzial, in die Liebe, in die Freiheit."[22]

LESEEMPFEHLUNG:
Andrea und Veit Lindau: Königin und Samurai. Wenn Mann und Frau erwachen.

» Weitere Literatur- und Medientipps sowie Links auf make-world-wonder.net

21 Handlungsräume: 3. Von #MeToo bis #MeTwo

Teil 1

MENSCHHEIT, IN ALL BUNTEN

ERHEBE DICH DEINER VIELFALT

Also, ihr
lieben Menschen
aller Couleur,
zeigt Euch mit Euren
Ecken und Kanten,
mit Euren Eigenarten,
mit Euren Vorlieben,
Euren Schrullen und
Verrücktheiten,
Euren Spleens und
Peinlichkeiten,
Eurem Scheitern,
Euren Narben, Wurzeln,
Wunden und Wundern …

… für eine tolerante und
kreative Welt, die bereit ist,
sich neu zu entdecken.

21 Handlungsräume: 4. Spiritualität goes Popkultur

Heulen, Hotten, Hallelujah[1]
Die spirituelle Bewegung und die Suche nach dem Sinn

In der 70er-Jahren - fast zeitgleich mit der Veröffentlichung der „Grenzen des Wachstums", den Anfängen von Greenpeace und dem Beginn einer neuen Welle der Emanzipationsbestrebungen von uns Menschen - begann in Bombay und später in seinem Ashram in Poona ein Meditationslehrer, ein gewisser Acharya Rajneesh, der sich später Bhagwan und schließlich kurz vor seinem Tode *Osho* nannte, Schülerinnen und Schüler um sich zu scharen.[2]

Die Lebensart der Bhagwan-Elev*innen hob sich deutlich ab von der der klassischen hinduistischen Sannyas, die sich zu Askese, sexueller Entsagung und dafür umso intensiverer, spiritueller Suche verpflichteten. Zwar kleideten sich Rajneeshs Schüler*innen genauso wie die traditionellen Sannyas in Rot und Orange, doch sie feierten, tanzten, gaben sich Ekstase, freier Liebe und Lust hin und erkundeten ebenso intensiv ihre Schatten.

Rajneeshs Lehrlinge einte eine Sehnsucht - die Sehnsucht danach, Frieden mit sich selbst zu schließen und Frieden in ihre Beziehungen zu bringen in einer Welt, die immer lauter, bedrohlicher, hektischer wurde. Eine Sehnsucht, die in jenen Tagen viele Menschen umtrieb und sie nicht nur zu Bhagwan, sondern zu vielen weiteren spirituellen Lehrer*innen aufbrechen ließ - wie etwa dem buddhistischen Mönch Thích Nhất Hạnh oder zu A.C. Bhaktivedanta Swami Prabhupada, dem Gründer der Internationalen Gesellschaft für *Krishna-Bewusstsein* (ISKCON).

Doch zweifelsohne war Bhagwan wohl der populärste Vertreter - auch aufgrund der Geschehnisse, die sich in den kommenden Jahrzehnten um seine Person ereignen sollten.

„Ich will nicht, dass du mir gehörst,
mich bedienst oder verehrst,
dass du immer an mich denkst,
wie 'n Schmuckstück an mir hängst
und die Mäuse für mich fängst,
mir dein ganzes Leben schenkst.

Neee!

Lass uns 'n Wunder sein,
'n wunderbares Wunder sein.
Nicht nur Du und ich allein,
könnte das nicht schön sein?

(aus: „LASS UNS EIN WUNDER SEIN" von Ton Steine Scherben - Musik u. Text: Ralph Moebius)*

*Mit freundlicher Genehmigung von: Kobrow Musikverlag GmbH und Degalaxis Verlag Gert C. Moebius

Teil 1   Eine Welt voller Wunder

Einer dieser Sinnsucher, die Bhagwan als ihren Lehrer ansahen, war auch der Journalist Jörg Andrees Elten. Eigentlich reiste er 1977 lediglich als Reporter des Stern nach Poona in den Ashram, um über das Bhagwan-Mysterium zu schreiben. Doch dabei blieb es nicht. Jörg Andrees Elten wurde selbst in den Bann des spirituellen Führers gezogen, fand dort die Verheißung des Friedens, den Sinn, nach dem er sich so sehr gesehnt hatte. Der Journalist blieb schließlich mehrere Jahre in Bhagwans Ashram, gab seine Tätigkeit als Stern-Redakteur auf. Er schreibt in seinem Buch „Ganz entspannt im Hier und Jetzt: Tagebuch über mein Leben mit Bhagwan in Poona":

» „Ich war 49 Jahre alt. Zwei Drittel meines Lebens lagen hinter mir, und ich hatte angefangen, über den Tod nachzudenken. Seit 25 Jahren reiste ich als politischer Reporter in der Welt herum. Fünf Jahre Nahost-Korrespondent in Kairo. (…) Diplomatengeschwätz auf Cocktailpartys. Maßanzüge … 150-Mark-Krawatten von Dior."

Ein Leben wie im Zeitraffer: Bürgerkriege, Revolten, Meutereien, Theaterpremieren, Vernissagen, Parties. (…) Frauen. Verzweiflung. Immer häufiger das ‚Déjà-vu-Gefühl' (…) Immer bohrender die Frage nach dem Sinn des Lebens, um das mich viele beneideten. ‚Sie haben ja einen fabelhaften interessanten Beruf!' - ich konnte diese Party-Platitüde nicht mehr hören."[3]

So wie Jörg Andrees Elten ging es Millionen von Menschen, die an der Oberflächlichkeit und Sinnlosigkeit des alltäglichen Lebens zweifelten und verzweifelten und sich nach Wahrhaftigkeit und Tiefe sehnten.

Bhagwan verzauberte und zeigte ihnen Wege, öffnete Türen hin zu einem transzendenteren, erfüllteren, friedvollen und glücklicheren Leben. Er machte populär und verband mit Ekstase, was zuvor mit Askese, Verzicht und Kontemplation verknüpft war und deshalb als nicht erstrebenswert galt.

21 Handlungsräume: 4. Spiritualität goes Popkultur

TEIL 1

DIE VERHEISSUNG BHAGWANS:

Die spirituelle Erneuerung der Menschheit - weg vom Ego, das uns von unserer puren Existenz trennt, hin zum Bewusstsein, dass wir alle eins und mit allem verbunden sind.

Doch es hatte den Anschein, dass ausgerechnet ein großes Ego - nämlich genau das Ego Bhagwans - das Experiment später scheitern ließ. Denn auch er ließ sich verführen, begann seinen Guru-Status zu genießen und zu benutzen, manipulierte Menschen, machte sie seiner hörig, führte toxische und co-abhängige Beziehungen herbei, wurde größenwahnsinnig.[4] Die Situation eskalierte und führte schließlich dazu, dass das Kommunen-Projekt Oshos in Oregon scheiterte.

Doch noch bis heute inspirieren die Lehren Oshos Millionen von Menschen. Seine Medien erfahren auch „im Hier und Jetzt" weiterhin große Resonanz,[5] das Meditationszentrum in Poona ist heute eines der weltweit größten Meditationsresorts.[6] Offenbar hatte Osho damals einen Nerv der Zeit getroffen und trifft ihn bis heute.

Noch nicht reif, sich selbst zu führen

Doch wie eben bereits beschrieben: Spätestens mit Osho kam auch ein heikles Thema wieder auf den Plan, erinnerte vor allem uns Deutsche an die Schattenerfahrungen des Deutschen Reichs. Obwohl es doch eigentlich um Selbstermächtigung und die Entdeckung des eigenen inneren Königreiches ging, verfielen viele jener, die sich nach Erleuchtung und Befreiung sehnten, einem Guru. Noch immer waren „wir" als Menschheit offenbar nicht stark genug, einer charismatischen Führungspersönlichkeit, die verheißungsvolles Licht versprach, zu widerstehen. Noch war die Prüfung zu groß.

Irrungen und Wirrungen: Die Anhänger*innen Oshos ließen sich im Außen verführen, obwohl es doch eigentlich darum ging, innere Führung zu erlangen, die eigene Stimme wieder zu hören und sie die Führung übernehmen zu lassen.[7]

Wann sind wir so erwachsen-erwachend, dass wir selbstbestimmt zu bleiben vermögen?

Teil 1 Eine Welt voller Wunder

UND HEUTE?
TRENDSETTER ACHTSAMKEIT UND MEDITATION

Neben Osho ist es einigen weiteren spirituellen Lehrer*-innen zu verdanken, dass Achtsamkeit, Meditation und eine neue Form von zeitgemäßer Spiritualität in den vergangenen Jahrzehnten zunehmend an Popularität gewannen - wie beispielsweise John Kabat-Zinn, dem Entwickler des Programms der Mindfulness Based Stress Reduction (MBSR).[8]

Heute, wenige Jahrzehnte später, werden die Kosten für Yoga-, Achtsamkeits- und Meditationskurse sogar von Krankenkassen erstattet.[9]

Schon ganze Kommunen treibt das Thema um: Ein Teil des Initiator*innen-Kreises des Yogazentrums Yogavidya in Horn-Bad Meinberg setzt sich beispielsweise dafür ein, dass die Kommune einmal Yogastadt werden möge.[10] Die großen Magazine widmen der Thematik sogar Titelgeschichten.[11]

Große Konzerne wie SAP schulen ihre Manager in Achtsamkeit.[12]

Der Dokumentarfilm *„Die stille Revolution"* zeichnet am Beispiel der Hotelkette Upstalsboom nach, wie eine Achtsamkeitspraxis im Unternehmensalltag Einzug hält und den Unternehmenserfolg steigert.[13] Und auch in manchen Schulen wird das Schulfach Achtsamkeit erprobt - wie beispielsweise am Nordost-Gymnasium in Essen.[14]

Dafür, dass Achtsamkeit immer mehr in allen gesellschaftlichen Bereichen Einzug hält, spricht einiges:

„Die Forschung hat gezeigt, dass Meditation und Achtsamkeit positive Effekte haben: Steigerung der Konzentration, Stressreduzierung, höhere emotionale Ausgeglichenheit. Das begeistert die Leute. Zudem sind beides wirkungsvolle und gesunde Methoden, mit der Hektik des Alltags besser umzugehen", sagt beispielsweise der Psychologe Andreas de Briun, der an der Maximiliansuniversität in München Lehrveranstaltungen zum Thema Meditation anbietet und Forschungen dazu betreibt, in einem Interview mit dem Nachrichtenmagazin Der Spiegel.[15]

Die Ruhe in sich selbst finden, die Verbundenheit zum großen Ganzen erfahren. Was für ein Handlungsraum mit noch großem Potenzial - wohl eine der entscheidenden Zutaten hin zu der entspannteren Welt, die wir brauchen und die sich viele von uns sicherlich wünschen. Denn Achtsamkeit macht uns bewusst, dass all unser Handeln Effekte auf das große Ganze hat, und trägt so maßgeblich dazu bei, dass wir unser Verhalten wirklich ändern.

21 Handlungsräume: 4. Spiritualität goes Popkultur

LESEEMPFEHLUNG:
» Literatur- und Medientipps sowie Links auf make-world-wonder.net

VON DER APO INS PARLAMENT

5

21 Handlungsräume: 5. Von der APO ins Parlament

Die Grünen, Aufstehen, offene Gesellschaft
Die Zukunft der Demokratie

„Opa, warum sind die Fische tot?"
„Weil die Industrie das Rheinwasser vergiftet hat."
„Wer hat dir das gesagt?"
„Die Grünen."

(aus einem Wahlwerbespot der Partei „Die Grünen", 1980)

12./13. Januar 1980 in Karlsruhe: Etwa 1.000 engagierte Menschen kommen zusammen, um eine neue Partei zu gründen. Sie fungiert als Sammelbecken aller möglichen gesellschaftlichen Strömungen, die sich in den 1970er-Jahren aus Protest gegen die wachsende Umweltzerstörung, die Nutzung der Kernenergie sowie die atomare Hochrüstung gebildet hatten. Auch die Friedens- und die Emanzipationsbestrebungen schließen sich an.¹

Die Partei *Die Grünen* ist geboren.

Bahro war als Verfasser des Buchs „Die Alternative. Zur Kritik des real existierenden Sozialismus" zu einem der profiliertesten Dissidenten aus der DDR avanciert und wenige Monate zuvor in die Bundesrepublik abgeschoben worden. Er repräsentierte das Selbstverständnis der neuen Partei: eine wahrhaftige Alternative zur verkrusteten Parteiendemokratie darzustellen, als eine alternative Kraft zu wirken, die sich für die Themen der Zeit wie Ökologie, Emanzipation und Ermächtigung der Bürger*innen starkmacht, um damit die Bundesrepublik zu erneuern.

 „Nur mit dem überaus breiten Spektrum, aus dem sie sich gründen will, wird die Partei der Grünen ein wesentliches und nicht allein für die Bundesrepublik bisher beispielloses Experiment sein", verkündet der Philosoph Rudolf Bahro damals verheißungsvoll.²

Bei den Grünen bündelte sich die Energie der in den vorigen Kapiteln beschriebenen, im Aufbruch befindlichen gesellschaftlichen Handlungsräume und fand die Form, die zu dieser Zeit als die geeignete erschien: die Form einer politischen Organisation.

63

Teil 1   Eine Welt voller Wunder

FRISCHER WIND IM BUNDESTAG

Der Zeitgeist verlieh der jungen Partei Wind unter den Flügeln und drängte neue Positionen in den Bundestag: Bereits 1983 gelang den Grünen erstmals der Einzug ins Parlament.[3] Von 1998 bis 2005 beteiligten sich die Grünen sogar an der Regierung.[4]

Freilich: Die junge Partei durchlebte in den vergangenen Jahrzehnten so manche Krise und Zerreißprobe. So einige Male mussten die Grünen dabei sich selbst und die Ideale, mit denen sie gestartet waren, verraten - beispielsweise als die Partei, einst mit Bekenntnis zum *Pazifismus*, den Bundeswehreinsätzen im Kosovo zustimmte[5] oder aber der Agenda2010-Gesetzgebung stattgab.[6]

Und doch: Die Grünen haben unsere politische Landschaft im wahrsten Sinne des Wortes nachhaltig verändert.

Manche gesellschaftliche Entwicklung, manche Gesetzesänderung, etwa jene zum Thema Gleichstellung, zur Energiewende und weiteren ökologischen Fragestellungen, hätte es ohne die Grünen nicht in diesem Maße gegeben.[7]

Zwar hat Jutta Ditfurth, ehemalige Grünen-Spitzenpolitikerin und Vertreterin des fundamentalistischen Flügels, kein gutes Wort mehr für die Grünen übrig und torpediert sie mit Aussagen wie: *„Ich habe keine großen Illusionen über das, was etablierte Parteien sind, aber ich muss mit dem Abstand von einer Frau, die vor 20 Jahren aus der Partei ausgetreten ist und sich das noch mal angeguckt hat, sagen: Es gibt keine andere Partei - so viel Kritik ich auch an allen hätte - , in der die Differenz zwischen dem Image und der praktischen Realität so groß ist."*[8]

Dennoch bleibt festzuhalten: Die Grünen haben entscheidend dazu beigetragen, dass wir umweltbewusster geworden sind, dass Geschlechtergerechtigkeit und viele weitere Themen nun tatsächlich Einzug in Gesetze gefunden haben. Eine gute Wegbereitung.

21 Handlungsräume: 5. Von der APO ins Parlament

TEIL 1

AUFSTEHEN:

Die Zeit ist reif für neue politische Bewegungen

So konnten sich die Grünen binnen der letzten Jahrzehnte als feste politische Kraft in Deutschland verankern. In Baden-Württemberg stellt die Partei mit Winfried Kretschmann seit Mai 2011 sogar den Ministerpräsidenten. Bei der letzten Europawahl Ende Mai 2019 legten die Grünen mit über 20 Prozentpunkten in Deutschland einen derartigen Höhenflug hin,[9] dass der Grünen-Parteichef Robert Habeck sogar als möglicher neuer Bundeskanzlerkandidat gehandelt wird.[10]

Gerade in den letzten Jahren ist viel Bewegung in der deutschen Parteienlandschaft. Es ist wohl die Zeit der Krise der großen deutschen Volksparteien angebrochen.[11] Leider kommt dies nicht nur progressiven Kräften zugute - auch das rechtspopulistische Spektrum mit der AfD und Co. gewinnt an Zugkraft (siehe dazu auch das Kapitel 16 „Weckruf der Despot*innen" ab Seite 126).

Das Experiment der Piratenpartei als der politischen Kraft, die sich hauptsächlich der Themen der Digitalisierung annimmt, ist wohl gescheitert.[12]

Ende August 2018 machte die Bewegung „Aufstehen" von sich reden, eine Sammlungsbewegung der linken politischen Parteien, die u. a. Sahra Wagenknecht, das Gesicht der politischen Linken, mit initiiert hat.[13] „Aufstehen" machte sich stark für eine neue, gerechte und ressourcenachtsame Wirtschaftsordnung, ein Recht auf Asyl, exzellente Bildung, sichere und angemessen bezahlte Arbeitsplätze, eine Beendigung des Lobbyismus - ohne all diese Aspekte bereits in konkreten Forderungen zu präzisieren.[14] Mit dem Rückzug von Sahra Wagenknecht aus der „Aufstehen"-Spitze ist es jedoch still um diese junge Initiative geworden.[15]

JENSEITS DER PARLAMENTE:

Immer mehr Aufwind für direkte Demokratie

Darüber hinaus setzen sich immer mehr Organisationen dafür ein, die Möglichkeiten der direkten Demokratie noch bekannter zu machen und sie auszubauen. Dies ist beispielsweise ein Anliegen des Vereins Mehr Demokratie e. V., der inzwischen knapp 10.000 Mitglieder stark ist.[16] Auch die Initiative Offene Gesellschaft, mitgegründet vom Soziologen Prof. Dr. Harald Welzer, befeuert mit unterschiedlichen Formaten wie einem „Pop up-Bürger*forum" zum 30. Jahrestag der deutschen Einheit am 3.10.2020 oder der Konferenz „Aufstand der Ideen" diesen Trend zu einer sich selbst ermächtigenden Gesellschaft.[17]

 Insbesondere durch das Erstarken der digitalen Infrastrukturen stehen immer mehr Werkzeuge zur Verfügung, die direktere Formen der Mitbestimmung ermöglichen.

65

Teil 1 Eine Welt voller Wunder

Man denke nur an die unzähligen Plattformen, die die Gelegenheit bieten, via *Online-Petitionen* Themen stark zu machen und damit Einfluss auf die „große Politik" zu nehmen. Die weltweit bekannteste Petitionsplattform ist sicherlich *Avaaz*; im deutschsprachigen Raum verschaffen bspw. die Plattformen *OpenPetition* und *Campact* Bürger*innen die Möglichkeit, auf ihre Themen aufmerksam zu machen.

Auch spektakuläre Kampagnen wie das *„Volksbegehren zur Artenvielfalt"* in Bayern zeigen, dass Demokratie längst nicht mehr nur in den Parlamenten, getragen von einer finanzkräftigen Lobby, gemacht wird: Knapp 1,8 Millionen Menschen unterzeichneten im Februar 2019 das Volksbegehren und sorgten dafür, dass im Juli 2019 ein Naturschutzgesetz in Kraft trat, das die Artenvielfalt schützen hilft.[18] Ohne die Interventionsform des Volksbegehrens, das die bayerische Verfassung bietet, würde es dieses Gesetz wohl nicht geben.

FAST AUF DEM WEG

zur größten Bürger*innenversammlung Deutschlands

Schließlich hätte der 12. Juni 2020 einen ganz besonderen Meilenstein in der Geschichte der direkten Demokratie markieren können. Hätte die Corona-Situation nämlich nicht alle Pläne umgeschmissen, hätten wir an diesem Tag nämlich die größte Bürger*innenversammlung Deutschlands erlebt - ermöglicht durch das erfolgreichste Crowdfunding aller Zeiten im deutschsprachigen Raum, bei dem mehr als 1,8 Millionen Euro zusammenkamen.[19]

Jetzt kommen die eingenommenen Gelder den drei Projekten „Grundeinkommen jetzt", „Gemeinsam für ein wirksames 1,5-Grad-Klimagesetz" und „Abstimmung21 - Du bist Demokratie" zugute, so hatten die Crowdfunder*innen entschieden.[20]

„Demokratie der Zukunft" - unter diesem Namen veranstaltete der Verein „Mehr Demokratie e. V." im späten Frühjahr 2020 einen sehr sehenswerten Onlinekongress, in dem sich verschiedene Aktivist*innen und Politiker*innen in Workshops, Podiumsdiskussionen und Open Spaces über dieses Thema austauschten. Die komplette Veranstaltung ist nach wie vor abrufbar.[21]

21 Handlungsräume: 5. Von der APO ins Parlament

» Noch Fragen? Bei all dem Hype um Politikverdrossenheit zeigt diese geballte Infoladung zur Thematik: In Sachen Demokratie und Politik sind engagierte Menschen gerade dabei, verkrustete Strukturen aufzubrechen und neuen Lösungen Wege zu ebnen - hin zu einer Gesellschaft, in der wir Menschen aktiv, wach und positiv-konstruktiv für unsere Interessen einstehen und auf diese Weise die Politik der Parlamente mitbestimmen.

LESEEMPFEHLUNGEN:

Dr. Ute Scheub: Demokratie - Die Unvollendete.
Ein Plädoyer für mehr Teilhabe.

Harald Welzer: Selbst denken.
Eine Anleitung zum Widerstand.

Harald Welzer: Wir sind die Mehrheit.
Für eine offene Gesellschaft.

» Weitere Literatur- und Medientipps sowie Links auf make-world-wonder.net

Ein Gesamtkunstwerk, das sich Gesellschaft nennt

Von der Macht und Möglichkeit der Kunst

„Jeder Mensch kann für 15 Minuten Weltruhm erlangen", sagte der PopArt-Künstler Andy Warhol.[1] Er wollte damit auf die Flüchtigkeit und Gleichgültigkeit der Massenmedien aufmerksam machen und zugleich darauf hinweisen, dass der Boulevard-Journalismus auf Trivialitäten abfährt. Fast scheint es, als habe Andy Warhol die Zeiten von Instagram und Co. vorhersehen können.

 „Jeder Mensch ist ein Künstler",

fand hingegen der Aktionskünstler Joseph Beuys und meinte damit etwas vollkommen anderes: Du bist wichtig, Du bist mitverantwortlich, denn Du bist Teil des Gesamtkunstwerkes, das sich Gesellschaft nennt. Wer WIR sind, hängt von Dir ab.

In diesem Sinn prägte Joseph Beuys auch einen erweiterten Kunstbegriff:

„Jeder Mensch ist ein Träger von Fähigkeiten, ein sich selbst bestimmendes Wesen, der Souverän schlechthin in unserer Zeit. Er ist ein Künstler, ob er nun bei der Müllabfuhr ist, Krankenpfleger, Arzt, Ingenieur oder Landwirt. Da, wo er seine Fähigkeiten entfaltet, ist er ein Künstler. Ich sage nicht, dass dies bei der Malerei eher zur Kunst führt als beim Maschinenbau."[2]

als ein Künstler, der „sein Fett wegkriegt"

Mit Beuys werden häufig abfällig „die Fettecke" und die Debatte darum in Verbindung gebracht, dass Künstler selbst mit einem banalen Fettfleck Geld machen könnten. Doch dann wird Beuys verkannt, wird nicht erkannt, worum es ihm zeit seines künstlerischen Schaffens ging.

Joseph Beuys wollte zum Ausdruck bringen, dass jeder Mensch diese Welt gestaltet, jeder Mensch ein*e Schöpfer*in ist, dass jede Aktion eine Veränderung bewirken kann - wie der Flügelschlag eines Schmetterlings imstande ist, die Erde zum Erbeben zu bringen. Ihm ging es um die Selbstermächtigung des Menschen, um seine Gestaltungskraft und Gestaltungsmacht. Jedwede menschliche Tätigkeit barg für den Aktionskünstler und Kunstprofessor die Möglichkeit, eine Revolution anzuzetteln. Das nannte Beuys *„soziale Skulptur"*, das war für ihn die Macht und die Möglichkeit der Kunst.

So wie Joseph Beuys Kunst verstand, so wirkte und lebte er auch. Er war streitbar und kämpfte für Emanzipation und Ermächtigung der Menschen - und brachte das vielfältig zum Ausdruck, dabei seine Popularität als einer der bedeutendsten Künstler der Gegenwart nutzend.

Teil 1   Eine Welt voller Wunder

BILDUNG FÜR ALLE!

STADTVERWALDUNG STATT STADTVERWALTUNG

Das Kunststudium soll nur jenen vorbehalten bleiben, die ihr Talent mittels einer Mappe präsentieren und obendrein einen bestimmten Notendurchschnitt nachweisen konnten? Nichts für Joseph Beuys! Er nahm kurzerhand auch alle Menschen, die sich für ein Kunststudium interessierten, aber von der Zulassungsstelle abgewiesen worden waren, in seiner Kunstklasse an der Kunstakademie in Düsseldorf auf und kämpfte so lange dafür, bis die Bewerber*innen ihr Studium tatsächlich auch offiziell aufnehmen durften.³ Dafür nahm er sogar eine zwischenzeitige fristlose Entlassung in Kauf.⁴ Später gründete Joseph Beuys die „Free International University", um Räume für Querdenkereien zu öffnen.⁵

Beuys war ein Verfechter der Gerechtigkeit und Menschlichkeit. Wenn Beuys heute noch leben würde, würde er wohl ALLES daransetzen, so viele Flüchtlinge wie möglich persönlich aus dem Meer zu fischen - und ja: DAFÜR (und nicht des Geldes wegen) würde er auch Werbung für Markenprodukte machen - so wie er eine Whiskey-Marke anpries, um ein heiß geliebtes Kunstprojekt in die Tat umsetzen zu können.⁶

Das geliebte Kunstprojekt nannte sich „7000 Eichen - Stadtverwaldung statt Stadtverwaltung". Damit wollte Joseph Beuys *„... einen symbolischen Beginn machen für ein Unternehmen, das Leben der Menschheit zu regenerieren innerhalb des Körpers der menschlichen Gesellschaft, und um eine positive Zukunft in diesem Zusammenhang vorzubereiten".*⁷

Das Projekt verband die documenta-Ausstellungen 1982 und 1987. Innerhalb dieses Zeitraums wurden insgesamt 7000 Bäume im Großraum Kassel gepflanzt. Neben jedem dieser Bäume wurde jeweils eine Basaltstele platziert.

Was für eine Symbolkraft! Denn in dieser Zeit wurden in vielen Städten Baumstreifen einfach achtlos abgeholzt, um Straßen- und Gehwegerweiterungen zu ermöglichen. Beuys hingegen betrachtete Bäume als wesenhafte Subjekte, über die die Menschen damals einfach verfügten, ungeachtet ihrer Seelen.⁸ Gewissermaßen zettelte er bereits damals eine Naturrechtsdebatte an. Heute würde Beuys mit seinen Aktionen sicherlich auf offene Ohren stoßen - zumal eine Studie der ETH Zürich vor Kurzem die Aufforstung als ein mögliches Antidot zur Bekämpfung des Klimawandels propagierte.⁹

21 Handlungsräume: 6. Stadtverwaldung statt Stadtverwaltung

DIE WELT BRAUCHT
MEHR BEUYS

Unsere heutige Welt braucht mehr Künstler*innen von diesem Schlag. Künstler*innen, die ihre Arbeit als Aktionsform verstehen, die uns als Gesellschaft zu bewegen imstande ist.

Im Gegenzug braucht es selbstverständlich eine Gesellschaft, die genau hinschaut und versteht, was die Kunst uns sagen will. Erkennen wir noch viel, viel deutlicher, dass Kunst so viel mehr macht, als in Galerien herumzuhängen und an Wänden einfach nur schön auszusehen.

Vor allen Dingen dürfen wir uns aber auch mit Joseph Beuys daran erinnern, dass wir selbst Künstler*innen sind, dass jede und jeder von uns seinen und ihren Beitrag leisten darf. Wir sind ein Teil des großen Ganzen. Wir können den Unterschied machen.

EMPFEHLUNG:
Beuys. Ein Film von Andres Veiel.

» Weitere Literatur- und Medientipps sowie Links auf make-world-wonder.net

21 Handlungsräume: 7. Do they know it´s christmas?

TEil 1

Wenn Weltstars sich für die Weltrettung einsetzen

„Es ist die Urmutter des Benefizspektakels: 16 Stunden lang sind die bekanntesten Pop- und Rockbands auf der Bühne gestanden, 1,5 Milliarden Menschen in 150 Ländern der Erde haben an den TV-Geräten zugesehen - und das alles für einen guten Zweck."[1]

(aus einem Artikel über das „Live Aid"-Festival)

In den vergangenen Jahrzehnten haben sich auch unzählige Stars aller möglichen Genres für die gute Sache starkgemacht. Eines der größten Spektakel war sicherlich das „Live Aid"-Festival im Juli 1985, das als die „Urmutter aller Benefizspektakel"[1] gilt und noch heute alle Rekorde bricht: Dem Rockmusiker Bob Geldof, Leadsänger der New-Wave-Band „Boomtown Rats", und seinem Organisationsteam war es gelungen, die Crème de la Crème der internationalen Pop-Rock-Musikszene zu einem Konzert zusammenzutrommeln, das live weltweit in 150 Länder übertragen wurde und zeitgleich sowohl in London als auch in Philadelphia stattfand - mit zahlreichen Liveschaltungen in andere Länder. Für die 80er-Jahre ein Wahnsinns-Akt und eine Sensation. Es gab wohl kaum jemanden, der am 13. Juli 1985 nicht das „Live Aid"-Festival verfolgte - ob live im Fernsehen oder im Radio.

Der Stein kam ins Rollen ...

... als Bob Geldof im November 1984 eine Reportage über die damals grassierende Hungersnot in Äthiopien verfolgte. Die Bilder, die er dort sah, die Bilder sterbender Kinder, wie etwa jenes von der damals ca. dreijährigen Birhan Woldu, die später als „das Gesicht des Hungers" berühmt wurde,[2] ließen ihn nicht mehr los:

In dieser Nacht konnte ich nicht schlafen. [...] Die Bilder spielten sich wieder und wieder in meinem Kopf ab. Was konnte ich tun? [...] Verlangte nicht das schiere Ausmaß der ganzen Sache nach etwas mehr?"[3]

Am darauffolgenden Tag, nach dieser durchwachten Nacht, überzeugte Bob Geldof Midge Ure von der Band Ultravox, ein gemeinsames musikalisches Projekt anzustoßen. Beide komponierten binnen kürzester Zeit den Song „Do they know it´s Christmas?" und trommelten zahlreiche prominente Musiker*innen zusammen, um ihn einzuspielen. Die klare Ansage: Alle Tantiemen sollen Wohltätigkeitsorganisationen zur Hungerbekämpfung in Afrika zugute kommen.[4]

Der Rest ist Geschichte. Nicht nur „Do they know it´s Christmas?" selbst war mit 3,5 Millionen Exemplaren die bestverkaufte Single in Großbritannien in den 80er-Jahren.[5] Darüber hinaus inspirierten der Song und das Projekt zahlreiche weitere Künstler*innen in anderen Ländern, dem nachzueifern und sich ebenfalls für die gute Sache einzusetzen.[6]

Teil 1 Eine Welt voller Wunder

Die Songs „We are the world" von USA for Africa (von Michael Jackson und Lionel Richie komponiert) und „Nackt im Wind" von der Band für Afrika (von Herbert Grönemeyer und Wolfgang Niedecken komponiert), die beide ebenfalls vor Weihnachten 1985 als Benefizsongs veröffentlicht wurden, waren davon inspiriert. Von „Do they know it´s Christmas?" erschienen darüber hinaus unzählige Neuaufnahmen.[7]

Doch auch wenn sowohl „Do they know it´s Christmas?" als auch „We are the World" als die erfolgreichsten Songs aller Zeiten gelten, sind sie im Grunde nur ein Tropfen auf den heißen Stein, bedeuteten sie nur das Vorglühen für das weitaus größeres Projekt Live Aid.

» „Bringt doch die Topstars aus der ganzen Welt zusammen und veranstaltet ein riesiges Benefiz-Livekonzert", regte Boy George von der Band Culture Club an[8] – und Bob Geldof setzte die Idee tatsächlich in die Tat um. Ein halbes Jahr später zog uns Live Aid dann tatsächlich in seinen Bann.

UND HEUTE?

„Ich sing' immer weiter für die Erde mein Lied.
Ich hör' auch nicht mehr auf, bis die Menschlichkeit siegt.
Ich singe für die Hoffnung und mehr Licht,
dass sich was verändert auch für dich."

(aus: „Mein Lied" von berge)

Warten auf ein Pop-Rock-Spektakel, das ein Weltwunder auslöst

Das Phänomen „Live Aid" fasziniert nach wie vor. Lässt sich das nicht wiederholen?

Zum Beispiel #Wirsindmehr

In kleineren Dimensionen gelingt das durchaus. Als Ende August 2018 in Chemnitz Tausende Rechtsextremisten den Mord an Daniel H. instrumentalisierten und u. a. Verfolgungshetzjagden gegen Ausländer veranstalteten, waren sich u. a. „Die Toten Hosen", „Feine Sahne Fischfilet", „Kraftklub" und „Marteria" schnell einig, dass sie mit einem Konzert direkt in Chemnitz ein Zeichen für Toleranz, kulturelle Vielfalt und Mitmenschlichkeit setzen wollten.[9] Innerhalb weniger Tage organisierte sich eine Großveranstaltung wie von selbst. Das Konzert mit Hashtag #wirsindmehr war ein voller Erfolg und zog 65.000 Menschen an.[10]

Ein Jahr nach #wirsindmehr hieß es am 4. Juli 2019 im Rahmen des Festivals „Kosmos Chemnitz" übrigens #wirbleibenmehr. Künstler*innen wie Herbert Grönemeyer, Tocotronic und Love-Parade-Gründer Dr. Motte begeisterten 50.000 Menschen bei einem „friedlichen Festival der Demokratie".[11]

21 Handlungsräume: 7. Do they know it´s christmas?

TEIL 1

ZUM BEISPIEL GLOBAL CITIZENS:

Über 40 Milliarden US-Dollar für eine bessere Welt

Sogar einmal jährlich findet im Kontext der großen UN-Gipfeltreffen der weltweit führenden Politiker*innen das „Global Citizen"-Festival der gleichnamigen Initiative *„Global Citizen"* statt. Die Frankfurter Allgemeine Zeitung nannte das erste deutsche „Global Citizen"-Festival, das im Juli 2017 parallel zum G20-Gipfel in Hamburg veranstaltet wurde, einen „glänzenden Höhepunkt friedlicher Protestkultur".[12] Auch wenn die Global Citizens aus einem Konsortium der Musikindustrie mit global agierenden Konzernen, wie etwa dem Pharmazie- und Konsumgüterhersteller Johnson & Johnson, besteht - und so das Thema *Greenwashing* mitschwingt: Die Initiative Global Citizen hat bisher die unvorstellbare Summe von mehr als 48 Milliarden US-Dollar an Geldern gesammelt,[13] die wohltätigen Aktionen der mehr als 100 gemeinnützigen Partner*innen von UNICEF bis zum *UN-World Food Programme* zur Verfügung steht.[14]

SUPERSTARS UND DIE WELTRETTUNG HEUTE

Auch gibt es selbstverständlich unzählige weitere Stars, die sich in hohem Maße für eine bessere Welt einsetzen. ==Nur einer von ihnen ist Leonardo DiCaprio, der UN-Friedensbotschafter, der nicht mit seinen Dokumentationen „Before the flood" und „Ice on fire" sehr eindrücklich auf den drohenden Klimawandel aufmerksam macht.== Mit seiner Stiftung ermögliche er beispielsweise, ein riesiges Gebiet der Seychellen zum Meeresschutzgebiet zu machen,[15] und spendete im August/September 2019 fünf Millionen US-Dollar für den brasilianischen Regenwald.[16]

Ich könnte Dir hier viele weitere Beispiele anführen. Doch: Brauchen wir noch mehr dieser Stars, die ihre Bekanntheit nutzen, um unser Bewusstsein dafür zu schärfen, dass unser Haus in Flammen steht? Sind noch zu viele Prominente zu bequem und goutieren lieber ihrem Jetset-Lifestyle, anstatt ihre Berühmtheit für die gute Sache zu nutzen, wie die junge Klimaaktivistin Greta Thunberg es ihnen in ihrer Dankesrede für die goldene Kamera vorwarf?[17]

Kein Warten aufs nächste Live Aid …

Brauchen wir ein neues Live Aid, um endlich aktiv zu werden? Ein Festival, ein Spektakel, das die ganze Welt in seinen Bann zieht, das noch viel mehr von uns aufrüttelt und uns ins Handeln bringt?

Interessant, was Mr. Live Aid Sir Bob Geldof dazu zu sagen hat - er findet nämlich: ==„Rock 'n' Roll ist nicht mehr das alleinige Medium, um Ideen zu transportieren. Heute funktioniert das über Social Media. Jeder Einzelne kann ein ganzes „Live-Aid"-Konzert sein."==[18] Ja, es liegt an uns, an jedem Einzelnen von uns, egal ob Superstar oder Supermarkt-Kassierer*in. Und Inspirationsquellen, die uns auf die Welt, nach der wir uns sehnen, Lust machen, gibt es jede Menge. Zum Beispiel die Songs, die wie nebenbei im Radio dudeln. So viele von ihnen könnten unser Klangteppich des Wandels sein.

Hör mal genauer hin!

EMPFEHLUNG:

» Lass Dich inspirieren von der Playlist des Wandels, die ich auf Spotify zusammengestellt habe. Weitere Infos dazu findest Du im Anhang.

Und welche Songs stehen auf DEINER Playlist?

21 Handlungsräume: 8. Energiewende by Desaster

TEIL 1

Die Traumata von Tschernobyl und Fukushima
und ihre Folgen

„Mein Name ist Waleri Legassow. Noch vor zwei Jahren hätte ich nicht geglaubt, dass mein Leben so enden würde. Ich dachte, in diesem Land gäbe es eine neue Gesellschaft. Das dachten wir alle. Es war wie ein Traum, den wir teilten. Bis wir vor zwei Jahren durch einen Unfall aus diesem Traum unsanft geweckt wurden. Durch eine beispiellose Katastrophe. Ich habe die Untersuchungen zur Ermittlung der Unglücksursache geleitet, sammelte endlose Notizen und Zeugenaussagen, und später bekam ich die Möglichkeit, der Welt diese Beweise zu präsentieren. Ich habe nicht gelogen, aber ich habe auch nicht die ganze Wahrheit erzählt."[1]

So beginnt das Tondokument des russischen Wissenschaftlers Waleri Legassow, auf dem er der Nachwelt die „Wahrheit von *Tschernobyl*"[2] erzählt. Anschließend bringt er sich um, auf den Tag genau zwei Jahre nach dem Reaktorunglück.

Tschernobyl war DER Super-GAU …

… die fast real gewordene größte Angst, die die Welt in den 80er-Jahren - zu Atomzeiten, zu Zeiten des Kalten Krieges - dominierte: die Angst davor, dass ein Atomkrieg ausbrechen oder aber dass eines der Atomkraftwerke in die Luft gehen könnte.

Bücher wie *„Die letzten Kinder von Schewenborn"* oder auch *„Die Wolke"* von Gudrun Pausewang künden davon. Sie waren zu damaliger Zeit fast Pflichtlektüre an westdeutschen Schulen. Nahezu zeitgleich mahnte uns der Wissenschaftsjournalist Hoimar von Ditfurth: *„Und so lasst uns denn ein Apfelbäumchen pflanzen. Es ist soweit."*

DIE GRÖSSTE ANGST DER 80ER-JAHRE

Der Beginn der 80er-Jahre markierte eine der Hochphasen des Kalten Krieges. Die Supermächte rüsteten mit SS-20-Raketen auf der russischen Seite sowie Pershing-II-Raketen aufseiten der USA auf, und Westeuropa lag mittendrin. Die Angst ging um. Und dann kam Tschernobyl. Daran konnte auch ein gewisser Michail Gorbatschow, der mit der *Perestroika* bereits eine Wende eingeläutet hatte, um den Kalten Krieg zu beenden, nichts ändern. Mit diesem Reaktorunglück wäre eine der apokalyptischen Ängste der Menschheit fast Realität geworden.

Und die Wahrheit ist in der Tat: Wenn wir Waleri Legassow Erzählungen Glauben schenken, hätte der Unfall von Tschernobyl ein weitaus größeres Ausmaß annehmen können. Hätte man damals nicht den zerstörten und brennenden Reaktor u. a. mit Sand gelöscht und vor allem das Kühlwasser nicht entfernt, wäre es höchstwahrscheinlich zu einer thermischen Explosion gewaltigen Ausmaßes gekommen:

Teil 1 Eine Welt voller Wunder

"Sie hätte auf 200 Quadratkilometern alles vernichtet, und sie hätte den Brennstoff der anderen Reaktoren in Dampf verwandelt. Sie hätte Kiew großenteils zerstört und die Flüsse, die 30 Millionen Menschen mit Wasser versorgten, massiv verstrahlt. Die Nordukraine und weite Teile Weißrusslands wären auf rund 100 Jahre unbewohnbar gewesen." [3]

Ein Umweltministerium dank „Management by Desaster"

In der Ukraine selbst, wo sich der Reaktorunfall ereignete, wurden Millionen Menschen evakuiert, starben Hunderttausende an den Spätfolgen des Unglücks. Doch in Deutschland lief alles noch mal glimpflich ab. Allein das Kastrophenmanagement war verheerend - gewissermaßen mit glücklichen Konsequenzen:

„Als Reaktion auf das Kompetenz- und Kommunikationschaos der ersten Wochen wurde am 6. Juni 1986 das Bundesministerium für Umwelt, Naturschutz und Reaktorsicherheit gegründet. Das Ministerium wurde damit beauftragt, sich um die Folgen der Reaktorkatastrophe sowie Umweltprobleme im Allgemeinen zu kümmern." [4]

So bedeutete der Unfall von Tschernobyl für die damalige Bundesrepublik einen wichtigen Meilenstein in anderer Hinsicht und wurde zum Katalysator dafür, den Umweltschutz in Deutschland mit politischen Infrastrukturen zu versehen. Das wäre wohl bei Weitem nicht so früh passiert, wenn das kommunikative Missmanagement in Sachen Reaktorunglück dies nicht forciert hätte.

Der Super-GAU von Tschernobyl zog noch weitere Kreise: Er verlieh den Positionen der Anti-Atomkraft-Bewegung mächtigen Rückenwind.

Die SPD, die zuvor pro Kernenergie eingestellt war, wie auch die Gewerkschaften schlossen sich der Forderung nach einem Atomausstieg an.[5] Um die Jahrtausendwende manifestierte die rot-grüne Bundesregierung die deutsche *Energiewende* schließlich auch in Gesetzesform (beispielsweise in Form des *Erneuerbare-Energien-Gesetzes*).[6]

Fukushima und der erneut beschlossene Ausstieg aus der Kernenergie

Durch den Regierungswechsel zum Kabinett Merkel flachte allerdings die Dynamik zur wirklichen Umsetzung einer Energiewende ab. Die schwarz-gelbe Koalition beschloss sogar die Laufzeitverlängerung deutscher Kernkraftwerke.[7]

Es bedurfte offenbar eines weiteren Super-GAU, um die deutsche Politik wieder zum Aufwachen zu bewegen:[8] Nach der Katastrophe von Fukushima wurde die Laufzeitverlängerung wiederum revidiert. Insbesondere erlosch die Betriebsgenehmigung für acht Kernkraftblöcke in Deutschland, die Laufzeit der übrigen neun Blöcke ist zeitlich gestaffelt: *Die Abschaltung der letzten Kernkraftwerke ist für 2022 vorgesehen.*[9]

Doch auch wenn Deutschland einmal - insbesondere durch diesen Beschluss - weltweit als Energiewendeland angesehen und Bundeskanzlerin

21 Handlungsräume: 8. Energiewende by Desaster

 TEIL 1

Merkel - zumindest in früheren Jahren - als Klimakanzlerin tituliert wurde[10]: Die Ereignisse rund um den *Hambacher Forst*,[11] die endlosen Debatten rund um den Kohleausstieg, die seichte Novelle des Klimaschutzgesetzes Ende 2019[12] - all diese Entwicklungen zeigen, dass noch längst nicht alle Weichen für eine wirklich konsequente Energiewende gestellt sind, die ausschließlich nachhaltige Energiequellen nutzt.

Danke, Fridays for Future, GermanZero und gerechte Einskommafünf!

So ist es gut, dass durch die *„Fridays for Future"*-Bewegung und die weiteren „For Futures"-Bewegungen, die sich ihr angeschlossen haben, sowie auch ähnliche Gruppierungen wie *Extinction Rebellion* und *Ende Gelände* endlich wieder Druck auf dem Kessel ist.

Auch haben bereits zwei weitere Gruppierungen eigeninitiativ einfach mal losgelegt, „Klimapläne von unten" formuliert und veröffentlicht. Mit Einhalten des Klimaplans von *GermanZero*[13] würde Deutschland im Jahr 2035 Klimaneutralität erreichen. Der Initiative *Gerechte 1,5*[14] geht es vor allem auch darum, *Klimagerechtigkeit* auch unter Einbeziehung der Länder des globalen Südens zu erreichen; sie legte eine erste Auflage ihres Klimaplans als Diskussionspapier vor.

Hoffen wir, dass mit der neuen Sensibilisierung für dieses Thema bald ein Klimaschutzgesetz auf den Weg gebracht wird, mit dem es gelingt, die 2015 beim *Pariser Weltklimagipfel* beschlossenen Klimaschutzziele doch noch zu erreichen.

Untersuchungen - beispielsweise der HTW Berlin unter *Prof. Dr. Volker Quaschning*, einem der Mitbegründer der *Scientists for Future* - belegen, dass Deutschland ohne Probleme komplett auf erneuerbare Energien umsatteln könnte und dabei eine flächendeckende Energieversorgung gewährleistet wäre. So äußerte sich Quaschning in einem Interview mit dem Greenpeace-Magazin:

 „Mit erneuerbaren Energien könnte die Energieversorgung komplett autark funktionieren.

Dafür bräuchten wir lediglich 0,6 Prozent der Landesfläche für Solaranlagen und ungefähr 2 Prozent der Landesfläche für Windkraftanlagen, um die Versorgung mit Strom, Wärme und Verkehr abzudecken."[15]

Also: Eine Energiewende ist wirklich möglich. Gehen wir sie an!

FILMTIPP:
Nick Schader: Trees of Protest - Ein Film über Klimawandel und #Hambibleibt.

LESEEMPFEHLUNG:
Axel Berg: Energiewende einfach durchsetzen. Roadmap für die nächsten zehn Jahre.

PODCASTEMPFEHLUNG:
Abonniere den YouTube-Kanal von Prof. Dr. Volker Quaschning

» Weitere Literatur- und Medientipps sowie Links auf make-world-wonder.net

21 Handlungsräume: 9. Peacemaker

TEiL 1

Für eine neue, entschiedene Friedens- und Menschlichkeitsbewegung

6 Minuten und 20 Sekunden - diese lange und bedrückende Zeit schwieg die 16-jährige Friedensaktivistin und Schülerin Emma Gonzáles während ihrer Rede vor Hunderttausenden Menschen, die am 24. März 2018 in Washington beim „March for our lives" gemeinsam mit ihr demonstrierten.[1] Denn: 6 Minuten und 20 Sekunden - so lange brauchte der 19-jährige Amokläufer Nikolas Cruz, um in seiner ehemaligen Schule, der *Marjory Stoneman Douglas Highschool* (MSD), in Parkland in Florida 17 Menschen - 14 Schüler und drei Erwachsene - zu töten und 15 weitere Menschen zu verletzen.[2]

Weil er aufgrund der laschen Gesetzgebung einfach so ungehinderten Zugang zu einer Waffe hatte. Nikolas Cruz's Geschichte lässt vermuten, dass sich jahrelang Frust in ihm aufstaute. Hinzu kam der Tod seiner Adoptivmutter wenige Monate zuvor.[3] Doch Nikolas Cruz's Amoklauf war kein Einzelfall: In den Jahren zuvor waren in den USA seit dem Jahr 2012 insgesamt 7000 Schüler*innen zu Tode gekommen.[4]

Die Überzeugung der demonstrierenden Menschen: Das darf nicht so bleiben. Die Politik muss handeln und solche Massaker endlich mit einer klaren Gesetzgebung unterbinden. Doch sind offenbar Eigeninteressen wichtiger - O-Ton Emma Gonzáles bei ihrer Rede:

„Wenn der Präsident mir ins Gesicht sagt, dass das eine schreckliche Tragödie war […] und dass man nichts tun kann, frage ich ihn, wie viel Geld er von der National Rifle Association bekommen hat. […]
Ich weiß es: 30 Millionen Dollar."[5]

Teil 1   Eine Welt voller Wunder

WAFFEN.
WARUM BRAUCHT ES ÜBERHAUPT WAFFEN?

Wer darf diese Waffen besitzen und mit welchen Auflagen? Und warum braucht es Armeen?

Dies sind sicherlich sehr große Fragen.

Die Angst vor dem Krieg, vor allem die Angst vor einem drohenden Atomkrieg, sie trieb Hunderttausende Menschen in den 70er- und 80er-Jahren in Deutschland zu Zeiten des Kalten Krieges und des Wettrüstens der USA und der Sowjetunion sehr akut um.[6] Die *Ostermärsche* erlangten Berühmtheit.

Auch nach dem Ende des Kalten Krieges gingen immer wieder Hunderttausende Menschen für den Frieden auf die Straßen, wenn in der Welt Kriege ausbrachen, die in größerem Maße von den Medien aufgegriffen wurden. Gegen den zweiten Golfkrieg Anfang der 90er-Jahre etwa demonstrierten Millionen von Menschen,[7] so auch gegen den Einsatz der NATO im Kosovo.[8]

Einen weiteren Höhepunkt erlebte die *Friedensbewegung* im Februar 2003, als weltweit über zehn Millionen Menschen gegen den drohenden Irakkrieg auf die Straße gingen.[9]

Friedensdemonstrationen haben wir in den vergangenen Jahren weniger erlebt, obwohl im Jahr 2019 insgesamt 27 Kriege und bewaffnete Konflikte auf der Welt tobten, zumeist in Afrika und Asien, aber auch in der Ukraine und der Türkei.[10] Doch offenbar sind diese Länder uns nicht nahe genug und die Medienberichte darüber zu leise. Kein Grund, hierfür auf die Straßen zu gehen.

21 Handlungsräume: 9. Peacemaker

TEIL 1

UND HEUTE?
AUFSTEHEN GEGEN RASSISMUS

Ein Thema, das uns in Deutschland jedoch aktuell sehr beschäftigt und beunruhigt, sind rassistisch motivierte Attentate - wie beispielsweise der Anschlagsversuch auf die Besucher*innen einer Synagoge im Oktober 2019 oder auch das durch Fremdenhass hervorgerufene Attentat auf die Besucher*innen einer Shisha-Bar in Hanau im Februar 2020. Hier vereinen sich Fassungslosigkeit und Entsetzen mit Hilflosigkeit. Wir haben noch keinen Umgang mit diesen Gräueltaten gefunden. Was können wir tun?

Rassistisch motivierte Attentate

Wir müssen hinschauen: Denn offenbar nimmt die Gewaltbereitschaft gegenüber Menschen mit anderen kulturellen Wurzeln gerade in den vergangenen Jahren rasant zu.[11] Dazu schreibt die Redakteurin Alexandra Endres in einem Artikel nach dem Attentat in Hanau: „Die jüngsten Zahlen zur politisch motivierten Kriminalität stammen aus dem Jahr 2018. Doch schon damals registrierten die Behörden weit mehr rechts- als linksextremistische Straftaten - 19.409 im Vergleich zu 4.622 - und ein starkes Wachstum der Fälle von Hasskriminalität mit rassistischem und antisemitischem Hintergrund."[12]

Im gleichen Artikel zitiert sie Karim El-Helaufi, Sprecher der Neuen Deutschen Organisationen, einem Netzwerk von ungefähr 100 postmigrantischen Initiativen:

» „Wir reden seit Jahren darüber, dass die Gewalt zunimmt und normalisiert wird, und wir wissen schon lange, wie groß die Gefahr ist. Wir überlegen uns dreimal, ob wir alleine rausgehen und wo wir uns draußen aufhalten können. Wir haben gar nicht den Luxus, das nicht zu tun. Es wird aber erst öffentlich wahrgenommen, wenn jemand getötet wird."[13]

Offenbar sind die Vorhaben von Integration und Inklusion noch immer nicht gelungen. Wir dürfen Lösungen finden, wie wir wirklich in Austausch kommen, voneinander lernen und uns miteinander verbinden und die Schätze unserer Vielfalt als Bereicherung wahrnehmen und nutzen, anstatt sie als Hindernisse zu sehen.

Teil 1   Eine Welt voller Wunder

Einige Kreise beschäftigt die Thematik tiefer. Hier jeweils ein Beispiel von zwei Aktivisten, die sich für Integration und Inklusion einsetzen:

Von Ali Can, Sozialaktivist und Gründer der *Hotline für besorgte Bürger*, war bereits in Kapitel 5 dieses Buchteils die Rede. Sein Ansatz: Rassismus mit Liebe begegnen, den Dialog suchen, ins Gespräch kommen.[14] Shai Hoffmann, ein Aktivist, der u. a. die Demokratie-Projekte *„Bus für Begegnung"* oder auch das *„Tinyhouse-Grundgesetz"* realisierte, besinnt sich in einem weiteren Vorhaben auf seine israelisch-jüdischen Wurzeln und wird Israel-Palästina-Bildungsvideos produzieren, um Verständnis und Toleranz zu fördern.[15]

Doch für eine wirkliche Inklusion werden Bildungs- und Aufklärungsarbeit nicht reichen. Wirkliche Begegnungen, ein wahrhaftiges Interesse und ein Aufeinander-Einlassen in einem gemeinsamen Dialog, ein Voneinander-Lernen sind gefragt. Hier dürfen wir offenbar noch so einige Mauern überwinden, die in unseren Köpfen stehen geblieben sind.

Doch auch die mentalen Mauern zwischen West und Ost scheinen bisweilen noch zu spalten: Während in den westlichen Bundesländern in der Politik derzeit „Die Grünen" triumphieren, scheint die Parteienlandschaft in den östlichen Bundesländern zersplittert, auch weil eine populistische Partei dort teilweise mit zweistelligen Prozentzahlen in die Parlamente einzieht.[16] Stehen geblieben sind bzw. eher stehen gelassen fühlen sich wohl so einige Menschen im Osten Deutschlands.[17] Sie wollen gesehen und gehört werden.

Jetzt ist die Zeit dafür, wirklich aufzuwachen.

LESEEMPFEHLUNG:
Alice Hasters: Was weiße Menschen nicht über Rassismus hören wollen, aber wissen sollten.

CLIPP-TIPP:
„Rassismus mit Liebe begegnen", TED-Talk Berlin vom 27.10.2017

» Weitere Literatur- und Medientipps sowie Links auf *make-world-wonder.net*

21 Handlungsräume: 9. Peacemaker

„Lass sie alle rein"[18]
Mehr Mitmenschlichkeit für Heimatlose und flüchtende Menschen

> „Alles ist voller Dreck und Schlamm, die hygienischen Zustände sind eine Katastrophe. Kinder spielen zwischen Müllbergen. Nachts wird es empfindlich kalt, die Menschen schlafen in unbeheizten Zelten. (...) Europa duldet ein Camp, das weit unter europäischen Standards liegt."

(Erik Marquardt, EU-Politiker und Initiator der Petition #Leavenoonebehind in einem Interview)[19]

Auch die Tatsache, dass über 70 Millionen weltweit[20] derzeit auf der Flucht sind, weil in ihrer Heimat Krieg herrscht oder sie Hunger leiden, gehört in dieses Kapitel. Not, die wir Menschen aus der westlichen Welt mit produziert haben, denn diese Menschen sind u. a. durch Waffenexporte aus unseren Ländern und durch die internationale Nahrungsmittelpolitik in diese Krisen geraten.

Die Not dieser Menschen ist so groß, dass sie sich auf krumme Deals mit Schlepperbanden einlassen und ihren eventuellen Tod in Kauf nehmen. Tausende Namenlose sind in den vergangenen Jahren im Mittelmeer ertrunken – auch weil ihre Rettung durch Organisationen wie Sea-Watch von den Behörden systematisch torpediert wurde und wird,[21] – beispielsweise als im August 2019 die Einfahrt des Rettungsschiffes Sea-Watch 3 von den italienischen Behörden untersagt und die Kapitänin Carola Rackete verhaftet wurde.[22]

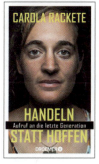

Die Not, sie geht weiter. Noch ist keine Lösung in Sicht. Kein Make World Wonder. Tag für Tag ertrinken weitere Menschen auf ihrer Flucht nach Europa im Mittelmeer. Mit Redaktionsschluss dieses Kapitels harren 20.000 Menschen im griechischen Elendslager in Moria aus, werden von Rechten und Bürgerwehren bedroht.[23]

HIER IST EUROPA AM ENDE.[24]

LESEEMPFEHLUNGEN:

Jeannette Hagen: Die leblose Gesellschaft. Warum wir nicht mehr fühlen können.

Carola Rackete: Handeln statt Hoffen. Aufruf an die letzte Generation.

» Weitere Literatur- und Medientipps sowie Links auf make-world-wonder.net

Nicht alle Geschichten sind hoffnungsfroh. Und Geschichten zu erzählen reicht hier nicht. Wir dürfen, nein!, wir müssen sie neu MACHEN.

Vegetarismus, Veganismus und eine neue Gesundheitsbewegung

„Hört endlich auf, weil wir sonst zugrunde gehen.
Jeder Moment tut unendlich weh.
Und auch wenn die Welt 10.000 Tränen weint.
Es ist euch egal, ihr wollt's nicht sehn
und lasst es geschehen."

(aus: „10.000 Tränen" von berge)

„Kampf-Tomaten für Europas Küchen sind das Thema – und nicht nur sie. Erwin Wagenhofer nimmt uns mit an Orte, die wir lieber nicht gesehen hätten. Aus Küken werden Waren. Leben und Sterben auf dem Fließband. Nüchterne Produktion von Überfluss. Brot für den Müll. [...] Der Überfluss [...] sorgt andernorts für todbringenden Mangel. Mehr als fünf Millionen Kinder sterben jedes Jahr an Hunger", so heißt es in einem Trailer zum Dokumentarfilm *„We feed the world – Essen global"* der bereits im Jahr 2005 in den Kinos lief und uns den Irrsinn um unser Essen vor Augen führt.[1]

795 Millionen Menschen auf der Welt haben nicht genug zu essen.[2]

Wie kann es angehen, dass eigentlich 12 Milliarden Menschen von dem leben könnten, was wir an Nahrung produzieren, und dennoch rund 5 Millionen Kinder jährlich verhungern?[3] Wie kann es sein, dass in einigen Regionen Brasiliens bitterste Not und Hunger herrschen, obwohl Brasilien der weltweit größte Agrarexporteur ist?[4]

„Wer am Hunger stirbt, wird ermordet. Und die menschengemachte wirtschaftlich globalisierte und kapitalisierte Weltordnung ist der Grund für dieses tägliche Massaker, und weil diese Weltordnung menschengemacht ist, kann und muss man sie umstoßen", sagt Jean Ziegler, Buchautor und ehemaliger UNO-Sonderberichterstatter für das Recht auf Nahrung.[5]

Teil 1 Eine Welt voller Wunder

SCHWEIN GEHABT?

Vom gestörten Umgang mit dem Überfluss

Hinzu kommt das schizophrene, gestörte Verhältnis, das viele Menschen in der westlichen Welt zum Thema Ernährung und zu ihrem Körper haben: Mehr als jedes vierte Mädchen in Deutschland weist eine Essstörung auf, auf der anderen Seite sind 1,4 Milliarden Menschen weltweit übergewichtig.⁶
Das ist schon reichlich grotesk. Da haben wir genug und sogar im Überfluss zu essen und können damit nicht umgehen, bekommen es nicht hin, gerecht zu teilen.
Denn um diese Tatsachen wissen wir nicht erst seit gestern. Schließlich ist die zitierte Dokumentation „We feed the world" fast 15 Jahre alt. Sind hier Hopfen und Malz verloren? Kriegen wir als Menschheit dieses Thema eben einfach nicht besser hin?

Auch hier gilt wohl wieder das Prinzip des steten Tropfens, der den Stein höhlt: Was und wie wir essen, wie wir mit unserer Nahrung umgehen, haben wir von den vorigen Generationen gelernt, wachsen erst langsam in neue Lösungen hinein.

Die Geschichten unserer Großeltern, ihre Erfahrungen von Hunger, ihre Überlebensängste sitzen noch immer mit am Tisch, versetzen uns in Muster des Mangels, anstatt dass wir die Fülle und den Reichtum, der uns gerade in der westlichen Welt umgibt, wahrzunehmen imstande sind.

Nur so ist es zu erklären, dass wir die heutige an Grausamkeit und Kälte kaum zu überbietende Lebensmittel-Produktionsmaschinerie weiter so geschehen lassen. Bilder aus der *Massentierhaltung*, wie sie beispielsweise eine SternTV-Reportage mit den YouTubern von *Vegan ist ungesund* Gordon Prox und Aljosha Muttardi zeigt, können uns doch nicht einfach kaltlassen?⁷

Angesichts dieser Bilder erscheint es wie Hohn, dass noch im Sommer 2013 heftigste Diskussionen um nur EINEN einzigen *Veggieday* pro Woche in Deutschlands Kantinen aufflammten.⁸

Und doch: Langsam, ganz langsam bewegt sich auch etwas in Sachen Ernährungsbewusstsein jenseits deftiger Hausmannskost und schnell zubereiteter Fertigsnacks in Mikrowelle, Ofen und Pfanne.

DIE VEGAN-PIONIER*INNEN

Als der emeritierte Professor für Biochemie T. Colin Campbell gemeinsam mit seinem Sohn Thomas M. Campbell im Jahr 2004 das Buch „*The China Study*" veröffentlichte, in dem sie konstatierten, dass sich mit einer veganen Ernährung viele „Zivilisationskrankheiten" vermeiden lassen, ging ein Raunen durch die Welt. Heute wissen wir außerdem: Je mehr Vegetarier*innen und Veganer*innen es gäbe, desto mehr Menschen auf der Welt würden satt werden.[9]

Die Kunde von der gesunden veganen Ernährung, die obendrein helfen könnte, den Hunger auf dieser Welt zu beenden, schwappte auch nach Deutschland über: Vor etwas über zehn Jahren wurden die ersten veganen Kochbücher veröffentlicht. Viele davon wurden Bestseller. So veröffentlichte der bekannte Mediziner und Psychotherapeut Dr. Ruediger Dahlke im Jahr 2011 seinen Bestseller „Peacefood – Wie der Verzicht auf Fleisch und Milch Körper und Seele heilt".[10] Dahlke sieht ein „Feld ansteckender Gesundheit", das sich durch eine vegane Ernährungsweise und regelmäßiges Fasten immer mehr formiert.[11]

Autoren wie Niko Rittenau fundieren das Thema wissenschaftlich und widerlegen gängige Meinungen, dass eine vegane Ernährung Mangelerscheinungen hervorrufe.[12]

ANSTÄNDIG ESSEN: BEKANNTE BOTSCHAFTER*INNEN

Doch mehr noch: Das Thema „Gesunde, alternative und klimafreundliche Ernährung" treibt nicht nur Expert*innen, die ihre Erfahrung in Ratgebern, Kursen und Kochbüchern weitergeben, um. Auch bekannte Persönlichkeiten lassen sich davon berühren und stoßen damit eine breitere gesellschaftliche Debatte an. Sie finden ihren eigenen Umgang damit, werden zu Botschafter*innen einer neuen Ernährungsweise, die die individuelle Gesundheit fördert und gleichzeitig zu einer besseren Welt beiträgt.

> „An dem Tag, an dem ich beschloss, ein besserer Mensch zu werden, stand ich morgens in einem Rewe-Supermarkt und hielt einen flachen Karton mit der Aufschrift ‚Hähnchen-Grillpfanne' in der Hand."[13]

So leitet die Schriftstellerin Karen Duve ihr Buch „*Anständig essen*" ein. Ihrer Geschichte zufolge überredet ihre Mitbewohnerin sie dazu, besser auf ihr Essen zu achten. Die Autorin unterzieht sich einem einjährigen Selbstversuch in Sachen alternativer Ernährung und dokumentiert diesen im Buch, angereichert durch eigene Recherchen zum Thema. Duves Fazit: Jetzt lebt sie vorwiegend vegetarisch – und das Huhn Rudi, das sie verletzt aus einer Tierfarm befreite, ist bei ihr eingezogen.[14]

Teil 1   Eine Welt voller Wunder

Fast zeitgleich beschäftigte sich interessanterweise ein weiterer, sogar weltweit bekannter Autor damit, welche Ernährungsweise zukünftig die beste für seine Familie sein dürfte: Jonathan Safran Foer. Seine Motivation: Als frischgebackener Vater wolle er seinem Kind einfach die bestmögliche Nahrung bieten.

DENN:

» „Mein Kind zu ernähren ist anders, als mich zu ernähren. Es ist wichtiger. Es ist wichtig, weil Essen wichtig ist ... und weil die Geschichten, die wir mit dem Essen servieren, wichtig sind. [...] Geschichten über Essen sind Geschichten über uns - über unsere Vergangenheit und unsere Werte. [...] Ich habe in meinem Leben oft vergessen, dass ich Geschichten über Essen erzählen kann. Ich aß einfach, was vorhanden oder lecker war [...] Die Art von Elternschaft jedoch, wie ich sie immer leben wollte, verbietet ein solches Vergessen."15

Neben den zahlreichen Lebensmittelskandalen haben Bücher wie diese genau wie einige weitere Filme und Songs zu einer Bewusstseinsveränderung beigetragen.

FILMTIPP:
Andrea Ernst und Kurt Langbein: Anders essen - das Experiment.

LESEEMPFEHLUNGEN:
Ruediger Dahlke: Peace Food. Wie der Verzicht auf Fleisch Körper und Seele heilt.

Jonathan Safran Foer: Tiere essen.

Karen Duve: Anständig essen. Wie ich versuchte, ein besserer Mensch zu werden. Ein Selbstversuch.

» Weitere Literatur- und Medientipps sowie Links auf make-world-wonder.net

Laut dem Deutschen Vegetarierbund leben mittlerweile ungefähr zehn Prozent aller Menschen in Deutschland vegetarisch.[16]

Slow Food, Solidarische Landwirtschaft, Ernährungsräte und Foodsharing

Doch das Ernährungsbewusstsein zieht in Deutschland noch viel weitere Kreise, dreht sich nicht nur darum, ob wir uns vegetarisch oder vegan ernähren. Es geht auch darum, WOHER wir unsere Nahrung beziehen, WIE wir sie herstellen und WIE wir mit ihr umgehen.

Slow Food

Langsam besser genießen

Bereits 1986 konstituierte sich im Genussland Italien die europaweite Slow-Food-Bewegung, die sich für eine regionale und sinnliche Küche von hoher Qualität einsetzt und in den letzten Jahren den ökologischen Aspekt zunehmend einbezieht.[17] 1992 gründete sich in Deutschland ein nationaler Verein, der seine Arbeit aber auch als politisch motiviert versteht. Denn immerhin ist Slow Food Deutschland der Veranstalter der jährlichen *„Wir haben es satt"-Demos*, die an einem Januarwochenende parallel zur Grünen Woche Zehntausende Menschen auf die Straßen lockt, um ein Statement gegen die *Massentierhaltung* und für eine *Agrarwende* abzugeben.[18]

> Doch woher regional und ökologisch hergestellte Lebensmittel beziehen?

Ernährungsräte

WIR gemeinsam machen die Regeln neu

Wie kann man als Verbraucher*in sichergehen, dass Obst und Gemüse tatsächlich aus der Region stammen, wenn man sie im Supermarkt ersteht und nicht einmal im Biomarkt um ihre Herkunft weiß?

Das geht vielen Beteiligten so - nicht nur den Verbraucher*innen. Auch die Lokalpolitik ist in größere Beziehungsgeflechte eingebunden und oft nicht selbstbestimmt.

Dem schaffen die *Ernährungsräte* Abhilfe. In ihnen schließen sich Bürger*innen, Aktivist*innen, die lokale Politik und die regionale (Land)-Wirtschaft zusammen und arbeiten gemeinsam an einem besseren Ernährungssystem, das mehr lokale Akteure einbezieht. Die Idee des Ernährungsrats findet aktuell auch in Deutschland immer mehr Verbreitung.[19]

Lebensmittel-Kooperativen (auch Food-Coops genannt) schaffen hier ebenfalls Abhilfe, denn bei ihnen bestimmen die Verbraucher*innen selbst, welche Produkte eingekauft werden. Recherchen und Verhandlungen mit den Lieferant*innen gestalten sich freilich manchmal recht aufwendig. Interessant ist auch der Ansatz eines kooperativen Supermarktes. Den ersten dieser Art gibt es bereits seit Jahrzehnten in New York, Brooklyn, den *Park Slope*.[20] Vor Kurzem hat sich auch in Deutschland, in Berlin, das Team der *SuperCoop* aufgemacht, einen ähnlichen Supermarkt zu gründen.[21]

SOLAWI

Ein selbstbestimmter Marktplatz zwischen Landwirtschaft und Verbraucher*innen

Auch die Idee der Solidarischen Landwirtschaft (SoLaWi) oder auch CSA (Community Supported Agriculture) gewinnt immer mehr Unterstützer*innen. Dabei haben engagierte Verbraucher*innen und Landwirt*innen sich im Schulterschluss in den vergangenen Jahren einen völlig eigenen Marktplatz geschaffen, der sich unabhängig selbst organisiert. Verbraucher*innen, Landwirt*innen und Gärtner*innen schließen eine Art Pakt: Eine Verbraucher*innen-Gemeinschaft beauftragt die Landwirt*innen DIREKT, d. h. ohne den „Zwischenhändler Super- oder Biomarkt", Obst und Gemüse zu produzieren.[22] Mittlerweile gibt es in Deutschland mehr als 100 solcher SoLaWis. Unterstützung bei der Gründung leistet der Verein Netzwerk Solidarische Landwirtschaft; er bietet Menschen, die daran interessiert sind, eine eigene SoLaWi aufzubauen, Seminare und vermittelt Know-how, wie das funktioniert.[23]

FOODSHARING

Auch Lebensmittel brauchen Rettung

Jahr für Jahr landen in deutschen Privathaushalten 12 Millionen Tonnen an Lebensmitteln im Müll.[24] Auch das konnten einige engagierte Menschen nicht mehr so stehen lassen. 2012 gründete sich die *Foodsharing-Bewegung*.[25] Ihre Mission: Überflüssige Lebensmittel sollen verteilt anstatt weggeschmissen werden. Aus dieser Bewegung heraus haben sich mittlerweile sogar Unternehmen etabliert – wie etwa *SIRPLUS*, die Supermarktkette für gerettete Lebensmittel,[26] oder auch Restaurants für gerettete Lebensmittel wie etwa in Berlin das *„Restlos glücklich"*.[27]

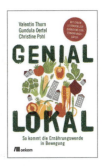

LESEEMPFEHLUNGEN:

Boris Demrovski/Christian Noll:
Das Klimakochbuch.
Klimafreundlich einkaufen, kochen und genießen.

Valentin Thurn/Gundula Oertel/Christine Pohl:
Genial lokal. So kommt die Ernährungswende in Bewegung.

NEUE HEIMATEN

11

Von vielfältig-freundlicher Nachbarschaft

> „Ich kann nicht mehr atmen,
> seh kaum noch den Himmel.
> Die Hochhäuser haben meine Seele verbaut.
> Bin immer erreichbar und erreiche doch gar nichts.
> Ich halte es hier nicht mehr aus.
>
> Lass uns hier raus.
> Hinter Hamburg, Berlin oder Köln
> hört der Regen auf, Straßen zu füllen.
> Hör'n wir endlich mal wieder
> das Meer und die Wellen.
> Lass uns gehen, lass uns gehen, lass uns gehen."

(aus: „Lass uns gehen" von Revolverheld)

Das Leben in der Großstadt? Für manchen fühlt es sich sicher so ähnlich an, wie es dieser Revolverheld-Song beschreibt. Nicht nur ein Klischeebild. Graue, hohe Häuserfluchten, die keine Luft zum Atmen lassen, gehetzte Gesichter. Alles muss überall schnell sein. Man kennt seine Nachbarn nur vom Hallo-Sagen im Treppenhaus.

Dazu kommen Ghettoisierung und *Gentrifizierung*, das „Schickmachen" von Häusern, deren Wohnungen dann zu viel teureren Preisen vermietet oder verkauft werden. Wer sich einen jetzt angesagten Stadtteil nicht mehr leisten kann, fliegt eben raus und muss sich woanders was Günstigeres suchen, ganz egal, wie verwurzelt er oder sie schon war …

Und das Leben auf dem Land? Auf dem Land?!? Tote Hose …

… keine Geschäfte mehr, nur wer ein Auto hat, kann am „normalen Leben" teilnehmen? Nach dem Schulabschluss schauen junge Menschen schnellstmöglich, wie sie an Land gewinnen? Hier gibt es doch eh nichts mehr zu holen …?

Und dazwischen: unendlich viele Kleinstädte, weder Fisch noch Fleisch.

Teil 1 Eine Welt voller Wunder

RUMDÜMPELN IRGENDWO IM DEUTSCHEN DURCHSCHNITTSLAND.

Auf der anderen Seite haben findige und mutige Menschen in den vergangenen Jahrzehnten, all diesen Entwicklungen zum Trotz, sowohl inmitten des städtischen Grau als auch in der „öden Pampa" die Kommunen- und WG-Experimente aus den 60ern fortgesetzt und lebenswerte, wohnliche und freundliche Wohn- und Lebens-Oasen gestaltet - so wundervoll divers, wie Leben sein kann, wenn mensch sich traut, die gewohnten Trampelpfade zu verlassen und Neues auszuprobieren.

Manche dieser Experimente scheitern freilich, doch mindestens genauso viele dieser „Lebenslabore" gelingen auch.

Die neue, gemeinschaftliche Wohnlichkeit: Lebe, wie es Dir gefällt!

Von der Ökodorfsiedlung über die alternative Mietshausgemeinschaft, dem Senior*innen-Gemeinschaftswohnprojekt[1] bis hin zur Dorfgenossenschaft: Beispiele, die zeigen, dass „erwachsenes Zusammenleben" sich nicht auf die Vater-Mutter-Kind-Enklave beschränken muss, gibt es unendlich viele. Allein das Global Ecovillage Network (GEN), die weltweit größte Organisation der Ökodörfer, hat über 1000 Mitgliedsgemeinschaften auf allen fünf Kontinenten zu verzeichnen, darunter 300 Ökodörfer.[2] Auch die Zahl spiritueller Lebensgemeinschaften - wie beispielsweise bei Yoga Vidya an verschiedenen Orten in Deutschland[4] - ist stetig gewachsen. Darüber hinaus existieren unzählige weitere alternative Wohnprojekte, die weder organisiert noch irgendwo kartiert sind. Ihre Zahl reicht sicherlich in die Millionen. Eine umfassende Übersicht alternativer Wohnprojekte findet sich auch auf ökoligenta, dem Webportal zur Wandelbewegung.[5]

Schmelztiegel und Experimentierlabore für ein neues Miteinander

Insbesondere die bereits erwähnten Ökodörfer liefern vielfältige Inspirationen für neue, konstruktive, achtsame und nachhaltige Formen des Zusammenlebens. Freilich hat jede dieser Arbeits- und Lebensgemeinschaften eigene Schwerpunkte, einen von den Bewohner*innen gemeinsam geschaffenen ethischen Rahmen, der sich im stetigen Weiterentwicklungsprozess befindet.

So verstehen die Bewohner*innen das Projekt Tamera im Süden Portugals als „Friedensforschungszentrum" und „Heilungsbiotop".[6] Die 1968 gegründete Stadt Auroville an der indischen Koromandelküste wird als universelles, integral ausgerichtetes Experiment verstanden.[7] Im ZEGG (Zentrum für experimentelle Gesellschaftsgestaltung) in Bad Belzig bei Berlin nahm zunächst das Thema „Freie Liebe und Sexualität" einen größeren Raum ein.[8]

Das mag sehr sphärisch und abgehoben klingen. Doch lassen sich sicher einige Ökodorf-Erfahrungen alltagstauglich übersetzen. Viele dieser Lebensprojekte verfügen über einen großen Erfahrungsschatz auf den Gebieten Gemeinschaftsleben, Nachhaltigkeit und Achtsamkeit, aus denen jede Menge zu lernen ist.[9]

21 Handlungsräume: 11. Neue Heimaten Teil 1

GEMEINSCHAFTEN

Ein neues Wir wird beispielsweise seit fast 60 Jahren in der Lebensgemeinschaft *Findhorn*, einem der ersten „Ökodörfer", gelebt und immer weiter verfeinert. Hier wohnen und arbeiten etwa 350 Menschen zusammen; es existieren ungefähr 40 Unternehmen.[10] So werden die Bereiche Küche, Gärten etc. gemeinschaftlich bewirtschaftet. Auch die Mahlzeiten können optional gemeinsam eingenommen werden - und natürlich steht es jedem Menschen frei, sich auch selbst zu versorgen. Immer wieder gibt es Veranstaltungsangebote, bei denen Teilnahme und Teilhabe möglich ist. Diese „organisierten Begegnungen" ermöglichen eine ganz andere Intensität des Austauschs und eine neu praktizierte „Arbeitsteilung".

NEUE WEGE DER KOMMUNIKATION UND BEZIEHUNGSKULTUR

Bei der Gestaltung des Gemeinschaftslebens liegt außerdem ein Augenmerk darauf, kommunikative Prozesse achtsamer und essenzieller zu gestalten. Neue Methoden und Formate - wie beispielsweise die *Tiefenökologie* nach Joana Macey, *Communitybuilding* nach Scott Peck, *Dragon Dreaming* nach John Croft, die *Gewaltfreie Kommunikation* nach Marshall B. Rosenberg, die *Dialog-Methode* nach David Bohm, Formate wie *Open Space* und *Barcamp* oder auch *Soziokratie* und *Holokratie* sowie *systemisches Konsensieren* zur Entscheidungsfindung werden hier teilweise schon seit vielen Jahren ausprobiert und immer weiter verfeinert.[11] Vereinzelt haben Lebensgemeinschaften auch eigene Formate kreiert - wie beispielsweise einige Bewohner*innen des ZEGG die *Methode des Forums* entwickelt haben.[12] Mitwirkende des *Hummingbird Transformational Living Center* haben gemeinsam mit der ehemaligen Präsidentschaftskandidatin Barbara Marx Hubbard einen Werkzeugkasten entwickelt, der die Co-Kreation erleichtert und ermöglicht.[13]

NACHHALTIGKEIT

In den meisten Ökodörfern wird sehr großen Wert auf einen nachhaltigen Lebensstil in allen Lebensbereichen gelegt. Dabei wurden vorbildliche Praktiken entwickelt, die auch in anderen Teilen der Gesellschaft Anwendung finden können - und in Teilen sogar schon Einzug gefunden haben. Vom Hausbau über Landwirtschaft, Gärtnern und Ernährung bis hin zur Energieversorgung werden hier neue alternative Prozesse ausprobiert und verfeinert - hier einige Beispiele:

Von der Errichtung besonders umweltfreundlicher Bauwerke etwa in Form von *Strohballenhäusern* über *Earthships*[14] bis hin zu *Tinyhäusern*, vom Betreiben einer alternativen *Solidarischen Landwirtschaft* über Anwendung der Prinzipien der *Permakultur* bis hin zu *Terra Preta*, von *Fotovoltaikanlagen* bis hin zu *Komposttoiletten* - hier wird Nachhaltigkeit großgeschrieben und ausprobiert.

Das Ökodorf Sieben Linden etwa hat ermittelt, dass der *ökologische Fußabdruck* der Bewohner*innen des Dorfes nur rund ein Viertel dessen des deutschen Durchschnittsbürgers beträgt.[15]

Teil 1   Eine Welt voller Wunder

ACHTSAMKEIT

In viele Ökodörfer oder Lebensgemeinschaften haben Meditationsräume Einzug gehalten; teilweise wurden dafür sogar ganze Häuser eingerichtet, in denen in zeitgenössischer Form meditiert oder gebetet wird und Zeremonien abgehalten werden. Die Gemeinschaften bieten oft auch Workshops zu diesen Themen an – und zwar in der Regel als offenes Angebot und Einladung, nicht als dogmatische Verpflichtung, sodass sich auch Menschen, die sich bisher wenig oder gar nicht mit diesen Themen auseinandergesetzt haben, langsam an diese Thematik herantasten können. So schreibt das Ökodorf Sieben Linden dazu auf seiner Website:

> „Wir besitzen keine für alle verbindliche Weltanschauung oder geistige Führung, die uns den Weg weisen könnte. Was wir oft als mangelnde Einigkeit betrachten, ist auch unsere große Stärke: das Aushalten der Fragen und Anerkennen der Widersprüche unseres Menschseins – die Einheit in der Vielfalt."[16]

Auch klassische Kommunen sind im Aufbruch

Bereits seit 1992 bewegt sich auch in den klassischen Kommunen etwas in Sachen Nachhaltigkeit, vor allem durch das Agenda21-Programm der Vereinten Nationen getragen.[17] Doch mittlerweile starten auch in „normalen" Dörfern und Stadtteilen aus Eigenantrieb immer mehr alternative Projekte.

DAS WUNDER VON MALS

Das bekannteste Beispiel ist sicherlich das Tiroler Dorf Mals, das sich vehement u. a. mit einer Volksabstimmung gegen den Einsatz von Pestiziden in ihrer Gemeinde einsetzte und somit zum ersten pestizidfreien Dorf Europas werden wollte.[18] Jedoch wurde das Votum vom zuständigen Landgericht Bozen für ungültig erklärt. Die Medien – u. a. die Tageszeitung taz – verkündeten daraufhin, das „Wunder von Mals" sei beendet.[19] Allerdings erwiderte der Regisseur und Autor Alexander Schiebel in einem Video:

> „Ist das Wunder am Ende? Natürlich nicht! Denn es geht um zwei Dinge: erstens darum, dass eine für die Gesundheit und die Biodiversität zerstörerische Form von Landwirtschaft, die auf dem massiven Einsatz von Pestiziden beruht, dass diese Form der Landwirtschaft keine Zukunft mehr hat und irgendwann einmal überall verboten werden muss. Zweitens geht es darum, dass eine einzelne Gemeinde ein hervorragendes Experimentierfeld ist für den Widerstand, dass eine einzelne Gemeinde sich wehren kann, sich wehren soll und dass es vielfältige kreative Mittel dafür gibt."[20]

21 Handlungsräume: 11. Neue Heimaten

An Mals könnte sich also die eine oder andere Gemeinde, in der es auch Wirtschaftszweige gibt, die die Umwelt zerstören, ein Beispiel nehmen. Doch es gibt auch „Dorfgeschichten", die nicht allein auf Widerstand beruhen, sondern auf einer positiven Vision basieren.

EIN KERNIGES DORF

So wie bei den benachbarten Dörfern Flegessen, Hasperde und Klein Süntel, die in Bad Münder am Deister gelegen sind. Alles begann mit einer selbstorganisierten „Ideenwerkstatt Dorfzukunft", die im September 2012 startete und zu der sich immer mehr Menschen dazugesellten - mittlerweile mehrere hundert. In basisdemokratischen und mit partizipativen Methoden durchgeführten Veranstaltungen wurden viele Projektideen geboren, die nach und nach umgesetzt wurden - z. B. Dorfladen, Dorfkino, Dorfhochschule, Selbstversorgergärten, eine Obst- und Nussbaumallee, Mitfahrzentrale/Carsharing, Kunsthandwerkstatt oder die eigene Zeitung „Süntelblatt". So wurde aus „eigenen Bürger*innenhänden" das „Süntellädchen" selbst erbaut, finanziert und seit dem Sommer 2015 ehrenamtlich betrieben: ein Strohballen-Lehmbau, bestehend aus ökologischen und gesunden Baustoffen. Die drei Dörfer wurden inzwischen mehrfach ausgezeichnet - u. a. mit dem Bundespreis Kerniges Dorf und dem Europäischen Dorferneuerungspreis.[21]

VORZEIGEDORF

Ein ganz besonderer Ort ist auch das Dorf Heckenbeck - und das nicht nur, weil es eines der wenigen Dörfer ist, das keine Landflucht zu verzeichnen hat, sondern wieder wächst. Heckenbeck verfügt über eine traditionelle Vereinskultur (bspw. einen Schützenverein oder die Feuerwehr) wie auch innovative Angebote wie eine Freie Schule, ein Meditationshaus oder einen Bioladen - ein freundliches Miteinander langjähriger Dorfbewohner*innen wie solcher, die mit ihren Aktivitäten frischen Wind ins Dorfleben bringen.[22]

Dies sind nur einige von vielen Projekten, die Mut machen und zeigen: Es braucht nur einige wenige, die den Anfang machen und sich trauen, das Miteinander neu zu denken.

Neue Heimaten sind möglich.

FILMTIPPS:
Stefan Wolf: Ein neues Wir. Ökodörfer und ökologische Gemeinschaften in Europa.

Alexander Schiebel: Das Wunder von Mals. Der Agrarlobby Widerstand leisten.

LESEEMPFEHLUNGEN:
Gerald Hüther: Kommunale Intelligenz. Potenzialentfaltung in Städten und Gemeinden.

Kosha Anja Joubert: Die Kraft der kollektiven Weisheit. Wie wir gemeinsam schaffen, was einer alleine nicht kann.

Alexander Schiebel: Das Wunder von Mals. Wie ein Dorf der Agrarindustrie die Stirn bietet.

Auf zum Wertschätzungs-Wunder

„Geld regiert die Welt", „Geld stinkt", „Wer Geld hat, hat Dreck am Stecken", „Am Geld zerbricht die Freundschaft" - allein schon diese wertenden Volksweisheiten zeigen, dass Geld uns nicht ganz geheuer ist. Gemeinhin gilt (oder galt zumindest sehr lange Zeit): Wer Geld hat, hat etwas zu sagen und kommt leicht in Versuchung, damit etwas Schlechtes anzustellen, oder macht es sogar. Und wer keines hat? Tja, der hat dann halt Pech gehabt, fällt durchs Raster und hat damit auch kein Recht mehr auf gesellschaftliche Teilhabe.

Sozialpässe und Hartz 4 fungieren als Alibis.

Denn dazu gesellt sich ein weiterer weitverbreiteter kollektiver Glaubenssatz, der erst langsam hinterfragt wird: „Wer Arbeit will, bekommt auch eine." Ergo: Irgendwie hat dann wohl der arbeitslose Mensch etwas falsch gemacht, nicht richtig funktioniert, passt hier nicht rein und ist eben einfach wenig wert.

==Unser heutiges „Maßsystem" folgt einem Weltbild, nach dem die pure Existenz eines Menschen selbst erst mal von keinerlei Bedeutung ist. Ein Mensch muss sich seinen Wert folglich erst verdienen.==

Und in Sachen von Hartz 4 muss er oder sie alle Hosen runterlassen und beweisen können, dass er oder sie zu dieser Unterstützung berechtigt ist.

Demzufolge wären wir also alle zunächst einmal „Nullen und Nieten" - bis auf Kinder, die sind immerhin 204 Euro im Monat wert (ab dem dritten Kind dann sogar ein paar Euro mehr). Ihr Wert staffelt sich danach, wie viele von ihnen zu ihren Eltern „gehören".

Und wenn wir mal nach „Verdiensten" gehen:

» **Ist der Vorstandsvorsitzende eines großen Mode-Labels der Welt so viel mehr wert als eine Näherin, dass er tatsächlich in nur fünf Tagen so viel verdient wie die Näherin in ihrem ganzen Leben?**[1]

Teil 1 Eine Welt voller Wunder

Ein Geldschein allerdings hat den Wert, der auf ihm gedruckt steht - in Relation zu den Waren und Leistungen, die man dafür bekommt. Fast scheint es, als sei das Geld wertvoller als der Mensch selbst ... Haben wir uns das wirklich SO gedacht?

GRUNDEINKOMMEN – EIN NEUES GESELLSCHAFTLICHES BETRIEBSSYSTEM?

Die diversen Initiativen zum *(bedingungslosen) Grundeinkommen* verfolgen dementgegen einen ganz anderen Ansatz: Niemand muss sich erst einmal beweisen, bevor er oder sie etwas wert ist.

Jeder Mensch genießt eine monetäre Wert(-Schätzung) allein schon, weil er oder sie auf dieser Welt ist und ob seines und ihres Potenzials und Reichtums, das sie oder er uns allen schenken kann.[2]

Vordenker*innen und Befürworter*innen eines solchen Grundeinkommens gibt es schon seit der Neuzeit - so regte etwa Thomas Morus in seinem Roman „Utopia" bereits an, allen Menschen eine Art Lebensunterhalt zu zahlen. Der Psychoanalytiker Erich Fromm oder auch Martin Luther King gelten als frühe Vertreter des Grundeinkommen-Gedankens.[3]

Doch ganz besonders in den vergangenen Jahren hat das Thema zunehmend an Popularität gewonnen, sind überall auf der Welt Initiativen zum Thema Grundeinkommen wie Pilze aus dem Boden geschossen und werden immer sichtbarer.

Hier einige Beispiele:

» Nach jahrelanger, intensiver Aufklärungsarbeit in Form des Films „Grundeinkommen - ein Kulturimpuls"[4] wie auch zahlreichen Kampagnen führte die vom Unternehmer Daniel Häni und vom Künstler Enno Schmidt gegründete Initiative Grundeinkommen die Idee in der Schweiz sogar zu einer Volksabstimmung. Immerhin 23,1 Prozent aller Menschen, die sich an der Abstimmung beteiligten, stimmten für dessen Einführung.[5] Für die Initiatoren eine „erfolgreiche Niederlage", die dem Thema weitere Aufmerksamkeit verschaffe.[6]

» Seit 2014 verlost *„Mein Grundeinkommen e. V."* in regelmäßigen Abständen Grundeinkommen in Höhe von monatlich 1.000 Euro unter seinen Nutzer*innen („Crowdhörnchen"), sobald genügend Gelder beisammen sind, um ein weiteres Grundeinkommen für ein Jahr lang zu finanzieren. Mittlerweile wird der Verein, der gleichzeitig ein Social Start-up ist, von über 1 Million Menschen getragen, die einmalig oder sogar regelmäßig einen Beitrag leisten. „Mein Grundeinkommen e. V." hat auf diese Weise in den letzten vier Jahren bereits 648 Grundeinkommen finanziert (Check auf der Website der Initiative am 2.08.2020).[7] Sehr beachtlich!

Im Januar 2019 hat Grundeinkommens-Initiator Michael Bohmeyer gemeinsam mit der Autorin und PR-Beraterin Claudia Cornelsen das Buch *„Was würdest du tun? Wie uns das Bedingungslose Grundeinkommen verändert"* veröffentlicht, das direkt nach seinem Erscheinen auf Platz 3 der Spiegel-Bestseller-Liste landete - ein Beleg für das riesige Interesse am Thema.[8]

21 Handlungsräume: 12. Gutes Geld

» Sowohl in den Niederlanden als auch in Deutschland ist bei den vergangenen Parlamentswahlen eine Partei angetreten, die sich ausschließlich auf das Thema Grundeinkommen fokussiert (in Deutschland: *Bündnis Grundeinkommen* - Die Grundeinkommenspartei,[9] in den Niederlanden: Basisinkomen Partij[10]). Beide Parteien erhielten zwar keine nennenswerten Stimmanteile, doch immerhin gelangte die Idee damit erstmals auf die Wahlzettel - und wird seitdem fleißig auch bei den arrivierten Parteien diskutiert.

» In Kenia ist zu Beginn des Jahres 2017 das größte Grundeinkommensprojekt der Welt gestartet: Die *Initiative GiveDirectly* unterstützt insgesamt 26.000 Menschen in 200 kenianischen Dörfern. Rund 6000 dieser Teilnehmer*innen erhalten das Geld über einen Zeitraum von zwölf Jahren.[11]

Zudem machen sich heute immer mehr prominente Menschen aus Wirtschaft, Medien und Wissenschaft für ein Grundeinkommen stark:

» allen voran Prof. Götz W. Werner, Gründer, ehemaliger Geschäftsführer und Aufsichtsrat der dm-Drogeriemärkte, der sich bereits seit dem Jahr 2005 für die Einführung eines Grundeinkommens einsetzt,[12]

» der Philosoph Richard David Precht, der dem Thema einen Teil seines Buchs *„Jäger, Hirten. Kritiker. Eine Utopie für eine digitale Gesellschaft"* widmet,[13]

» Prof. Dr. Thomas Straubhaar, ehemaliger Direktor des Hamburgischen Instituts für Weltwirtschaft (HWWI),

» die Verlegerin und Chefredakteurin des Wirtschaftsmagazins brand eins, Gabriele Fischer

wie auch

» Bernd Leukert, Mitglied des Vorstands der Deutschen Bank AG sowie vormals Mitglied des Vorstands der SAP SE, der für Aufsehen sorgte, als er sich während seiner Zeit als SAP-Vorstandsmitglied für die Einführung eines Grundeinkommens starkmachte.[14]

Teil 1   Eine Welt voller Wunder

Die überwiegende Argumentationslinie der aktuellen Fürsprecher*innen aus der Wirtschaft ist allerdings eher pragmatisch:

> Im Zeitalter der Industrie 4.0 wird unsere Arbeit zunehmend digitaler, automatisierter und unabhängiger vom Menschen gestaltet sein. Mit anderen Worten: Für so manches werden wir Menschen dann einfach nicht mehr gebraucht.[15]

Laut Forschungen der Universität Oxford wird es in 20 bis 25 Jahren im Vergleich zu heute nur noch halb so viele Jobs geben; viele Berufe fallen weg oder werden durch Maschinen ersetzt.[16] Dies gilt im Übrigen nicht nur für (vermeintlich) „einfache Berufe", sondern auch für hoch qualifizierte Tätigkeiten, die dann eine intelligente Software viel präziser und effizienter erledigt - beispielsweise die Rechercheaufgaben und Gutachtertätigkeiten von Jurist*innen.[17] So wird nochmals deutlich: Bei dieser Debatte schwingt stets unser Menschenbild mit.

Sind wir lediglich eine „Human Ressource", deren Wert sich anhand ihres Verdienstes sowie ihres wirtschaftlichen und gesellschaftlichen Mehrwerts bemisst?

Die Grundeinkommens-Bewegung hat auch eine wichtige Werte-Debatte angeschoben, die den bisherigen Stellenwert unseres Geldes, um das sich unser gesamtes Wirtschaften dreht, radikal infrage stellt.

FILMTIPP:
Daniel Häni und Enno Schmidt:
Grundeinkommen -
Ein Kulturimpuls. Film-Essay.
Frei abrufbar auf YouTube.

LESEEMPFEHLUNGEN:
Prof. Dr. Götz Werner: Einkommen für alle: Bedingungsloses Grundeinkommen - die Zeit ist reif. Ein erstes Buch dazu von Prof. Dr. Götz Werner erschien bereits im Jahr 2005.

Richard David Precht: Jäger, Hirten, Kritiker. Eine Utopie für die digitale Gesellschaft.

Claudia Cornelsen und Michael Bohmeyer: Was würdest Du tun? Wie uns das Bedingungslose Grundeinkommen verändert - Antworten aus der Praxis.

Öko- und Ethik-Banken:

Anständige Geldgeschäfte

Auch weitere Bereiche unseres Finanzwesens sind in einem umfassenden (Werte-)Wandel begriffen – und zwar nicht erst seit den aufsehenerregenden Protesten der *Occupy-Bewegung* im Jahr 2011.[18] Im Bankwesen wird die Spitze eines neuen Eisberges bereits seit einigen Jahrzehnten sichtbar. Hier zählt nicht länger nur die finanzielle Bonität, sondern auch der Beitrag zum Gemeinwohl.

Die *GLS-Bank*, die *Ethikbank* und die *Triodos-Bank* sind wohl die bekanntesten Bankinstitute, die Kredite nicht allein nach monetärer Bonität vergeben, sondern auch ethische Kriterien zurate ziehen[19] sowie ferner das ihnen geliehene Geld in nachhaltige Vorhaben investieren. Zwar ist in Österreich die Gründung einer *Bank für Gemeinwohl* gescheitert, weil die österreichische Bankenaufsicht die Erteilung einer Konzession ablehnte,[20] doch es ist offenkundig, dass der Bankensektor vor einer großen Transformation steht, die über kurz oder lang nicht mehr aufzuhalten sein wird.

Die „großen deutschen Banken", einst die tragenden Säulen unseres Wirtschaftssystems, straucheln seit Jahren. Die Deutsche Bank beispielsweise fuhr im Jahr 2019 einen Verlust von 5,7 Milliarden Euro ein.[21] Laut Professor Hans Peter Burghof steuern wir auf eine veritable Bankenkrise zu.[22]

Mikrokredite, Crowdfunding, Regionalwährungen und Schenk-Ökonomie: die monetäre Graswurzelbewegung

Längst haben sich an den Banken vorbei alternative Finanzierungsmöglichkeiten aufgetan: Das ehemals eherne Gesetz, dass finanzschwache Gründer*innen und Kleinunternehmer*innen keine Kredite erhalten, weil dies für Banken nicht attraktiv erscheint, ist aufgehoben: In den letzten Jahrzehnten haben sich vielfältige alternative Möglichkeiten der Mikrofinanzierung entwickelt. Einer der prominentesten Initiatoren der Mikrofinanzbewegung ist sicher Muhammad Yunus, der gemeinsam mit der *Grameen Bank* für sein Engagement mit dem Friedensnobelpreis ausgezeichnet wurde,[23] auch wenn seine Methoden nicht unumstritten sind.[24]

Zudem ermöglicht die Digitalisierung Unternehmer*innen und Projekt-Initiator*innen mittlerweile noch ganz andere Finanzierungswege, die vollkommen unabhängig vom Bankenwesen funktionieren: Beim *Crowdfunding* finanzieren die Fans und Befürworter*innen ein Projekt oder ein Produkt völlig aus eigener Tasche. Immerhin kommen damit mittlerweile ungefähr 500 Millionen Euro pro Jahr zusammen, auch wenn das freilich prozentual ein sehr geringer Anteil des zur Verfügung stehenden Einkommens privater Haushalte ausmacht.[25]

» *Crowdfunding ist Graswurzel-Finanzierung at its best.*

Teil 1 Eine Welt voller Wunder

Regionalwährungen schaffen weitere alternative Finanzierungs- und Bezahlungswege.

Sie eröffnen völlig eigene, in der Regel regionale Zahlungskreisläufe zwischen Verbraucher*innen und Anbieter*innen. Ungefähr 30 aktive Regionalwährungen gibt es derzeit im deutschsprachigen Raum.[26]

Dass eine Regionalwährung gerade in Krisenzeiten die Wirtschaft vor Ort stärken kann, zeigt ein berühmtes Beispiel aus den 30er-Jahren zu Zeiten der Weltwirtschaftskrise, als ein gewisser Michael Unterguggenberger in seiner österreichischen Heimatstadt Wörgl die Einführung eines Freigeldes als Zweitwährung beschloss. Die Erfolgsgeschichte dieses Freigeldes ging als *„Wunder von Wörgl"* in die Annalen ein. Doch diesem Höhenflug bereitete die österreichische Nationalbank bereits ein Jahr nach seiner Einführung im Jahr 1933 ein jähes Ende. Das Freigeld von Wörgl wurde verboten.[27]

Zwei der bekanntesten heutigen Regionalwährungen sind der *Chiemgauer*[28] und das *Bristol Pound*[29].

Das Verbreitungsgebiet des Chiemgauers ist auf den Chiemgau und Traunstein begrenzt. Er wird von etwa 3.900 Mitgliedern genutzt. Die Umsätze des Chiemgauer-Netzwerks lagen 2015 bei 7,6 Mio. Euro.[30]

Um das Bristol Pound scheint es in der letzten Zeit etwas ruhiger geworden zu sein. Dabei galt es doch einst als europäisches Vorzeigeprojekt, das auch dazu beitrug, dass Bristol 2015 zur „Green Capital", Europäischen Umwelthauptstadt, ernannt wurde.[31] Bis ins Jahr 2016 war das Bristol Pound auch durch ein EU-Projekt finanziert. Vollkommen autark und unabhängig von einer Förderung scheint die Lokalwährung bis heute nicht zu funktionieren: Bis Ende Februar 2020 mussten die Betreiber*innen des Bristol Pound darum bangen, dass die Währung in ihrer digitalen Form nicht mehr weitergeführt werden kann. Diese Gefahr scheint nun erst einmal abgewendet, da sich ein neuer Finanzpartner gefunden hat.[32]

Ob das Bristol Pound und weitere Regionalwährungen bestehen können, wird die Zukunft zeigen.

TAUSCHEN, TEILEN UND SCHENKEN:

MehrWert gewinnt.

Doch die Frage ist, ob wir wirklich Geld brauchen, um die Dinge zu erwerben, die wir benötigen. Müssen wir wirklich alles selbst kaufen, oder können wir nicht auch Dinge tauschen und teilen? Und vielleicht gibt es ja auch die Möglichkeit, einander zu beschenken?

Und was ist überhaupt mit dem derzeitigen Verständnis von Eigentum? Wem gehört die Welt wirklich? Gehören bestimmte Güter uns nicht eigentlich allen gemeinsam - wie etwa die Luft zum Atmen oder das Wasser, das wir trinken?

21 Handlungsräume: 12. Gutes Geld

TEil 1

All diese Fragen werfen weitere Felder alternativer Wertschätzungssysteme auf.

Wer tiefer in dieses Themenfeld eintaucht, bemerkt, dass hier bereits mit unendlich vielen Lösungen experimentiert wird - von *Tauschringen*[33] über *Reparaturcafés*[34], *Bibliotheken der Dinge* (auch Leihläden genannt),[35] in denen man sich Gegenstände ausleihen kann, bis hin zu Freiwilligenzentren.[36] Die Frage nach dem Eigentum und „Wem eigentlich was und wie viel gehört?" stellt eine eigene komplexe Disziplin dar, die der *Commons*, zu der es mehrere Publikationen gibt.[37]

LESEEMPFEHLUNGEN:
Annette Jensen und Ute Scheub: Glücksökonomie. Wer teilt, hat mehr vom Leben.

David Graeber: Schulden. Die ersten 5000 Jahre

FILMTIPP:
Urs Egger: Das Wunder von Wörgl. Wie man dem System die Macht entzieht. (Spielfilm)
Der Film steht in voller Länge auf der Plattform Vimeo zur Verfügung.

» Weitere Literatur- und Medientipps sowie Links auf make-world-wonder.net

SINN. MACHT. GEWINN.

13

Aufbruch von Wirtschaftswissenschaft und Unternehmen

Im Land, in dem ich leben will, herrscht Demokratie
und statt skrupellosem Kapitalismus Gemeinwohlökonomie.
Ein Land, das seine Ärmsten nicht noch zusätzlich sanktioniert
und das mit dem bedingungslosen Grundeinkommen zumindest einmal ausprobiert.

Dann herrschte nämlich von vornherein viel mehr Gerechtigkeit.
Und für das, was wirklich wichtig ist, bliebe viel mehr Zeit.

Text: Bodo Wartke aus „Das Land, in dem ich leben will"
© Copyright 2017 Reimkultur GmbH & Co. KG, Hamburg / Alle Rechte vorbehalten!

Unser heutiges Wirtschaftssystem?

Das funktioniert bisher nach dem Prinzip des „Höher, schneller, weiter". Sein Maßstab ist die maximale schwarze Zahl. Wer in diesem Sinn nicht erfolgreich ist, wer nicht gewinnt, wer in dieser Leistungsmatrix nicht mithalten kann, der hat eben Pech gehabt. Allerdings: Diese Wirtschaftsweise, die allein den Finanzgewinn ins Zentrum rückt und dabei viele weitere Aspekte ausblendet, hat ihren Preis:

» Wir beuten uns selbst und die Erde über die Verhältnisse aus. Die Zahl der an Burn-out erkrankten Menschen steigt immer weiter. Mittlerweile fühlt sich jeder zweite Deutsche von Burn-out bedroht.[1] Der deutsche *Erdüberlastungstag*, d.h. der Tag, an dem wir die Ressourcen der Erde für das Jahr verbraucht haben, war für 2019 am 3. Mai. Ab diesem Tag hätten wir unsere gesamte wirtschaftliche Tätigkeit für den Rest des Jahres einstellen müssen, um unsere Erde auch für unsere Kinder dauerhaft erhalten zu können.[2]

» Die Schere zwischen reichen und armen Menschen wird immer eklatanter: 45 Superreiche besitzen in Deutschland so viel wie die halbe deutsche Bevölkerung.[3]

» Eine stetig wachsende Zahl an Menschen empfindet dieses „Arbeit-Geld-Spiel" als immer sinnloser: Der Soziologe David Graeber hat hierfür den Begriff der Bullshit-Jobs geprägt und ein ganzes Buch dazu geschrieben[4]. Der Deutsche Gewerkschaftsbund fand in einer Erhebung heraus: 35 Prozent aller Angestellten haben den Eindruck, mit ihrer Arbeit keinen oder nur einen unwesentlichen Beitrag zur Gesellschaft zu leisten.[5]

Doch es ist schon seit Langem nicht mehr so, dass es keine Alternative zum System des Kapitalismus gibt, wie vor allem die ehemalige britische Premierministerin Margaret Thatcher immer wieder verlautbarte.[6]

Wer genauer hinsieht, entdeckt: Sowohl ganz handfest auf unternehmerischer Ebene als auch auf der Ebene der volkswirtschaftlichen Anschauung sind in den letzten Jahren unzählige Alternativen aufgeblüht.

Teil 1   Eine Welt voller Wunder

Wandel im Wachstum, Wandel statt Wachstum - Alternative volkswirtschaftliche Modelle zum Kapitalismus

Hier gebe ich Dir einen Überblick über einige Ansätze, die innerhalb der vergangenen Jahre entstanden sind:

» **Wohlstand ohne Wachstum - Grundlagen für eine zukunftsfähige Wirtschaft**

Diesen Ansatz präsentierte der britische Wirtschaftswissenschaftler und Direktor des Centre for the Understanding of Sustainable Prosperity (CUSP) Tim Jackson bereits im Jahr 2009 in Form eines Forschungsberichts. Die Ergebnisse veröffentlichte Jackson im Jahr 2011 dann in einem gleichnamigen Buch, das zum Bestseller avancierte. Die Heinrich-Böll-Stiftung nennt das Buch sogar die „Bibel der Wachstumskritik".[7] 2017 erschien eine zweite, erweiterte Auflage. Die zentrale These Jacksons:

„Auf einem endlichen Planeten ein gutes Leben zu führen, kann weder darin bestehen, immer mehr Güter zu konsumieren, noch darin, immer mehr Schulden anzuhäufen. Denn wenn der Begriff des Wohlstands irgendeinen Sinn haben soll, dann muss er auf die Qualität unseres Lebens und unserer Beziehungen zu anderen Menschen zielen, auf die Anpassungsfähigkeit und Widerstandskraft unserer Gemeinschaften sowie auf unser Gefühl dafür, was uns individuell und kollektiv etwas bedeutet."[8]

Wie das gelingen kann, beschreibt Jackson en détail in diesem Buch.

» **Befreiung vom Überfluss. Auf dem Weg in die *Postwachstumsökonomie***

Dieses Buch veröffentlichte der Volkswirt und Nachhaltigkeitsforscher Dr. Niko Paech im Jahr 2012 und schlägt damit ähnliche Töne an wie sein britischer Kollege Tim Jackson.

„Eine Postwachstumsökonomie ist kein Unterfangen des zusätzlichen Bewirkens, sondern des kreativen Unterlassens. [...] Die günstigste und zugleich ökologischste Flugreise ist noch immer die, die nicht stattfindet. Dasselbe gilt für Handys, Flachbildschirme, Häuser, Autobahnen und Agrarsubventionen nicht minder."[9]

Um dies zu erreichen, fordert Niko Paech eine Halbierung der Arbeitszeit. Die gewonnene Zeit könnten die Menschen

» der Suffizienz (Konsumverzicht und Askese) und
» Subsistenz (Ehrenamt, *Selbstversorgung wie Gärtnern, Leistungstausch*) widmen.[10]

Im Hinblick auf Überproduktion, Verschwendung und die geplante *Obsoleszenz*[11] (d. h. Produkte früher veralten zu lassen) gerade in den westlichen Ländern ist dies ein berechtigter Vorschlag.

21 Handlungsräume: 13. Sinn. Macht. Gewinn.

TEIL 1

» **Eine neue Glücksformel für die deutsche Wirtschaft finden ...**

... damit beauftragte der Deutsche Bundestag die Enquete-Kommission „Wachstum, Wohlstand, Lebensqualität - Wege zu nachhaltigem Wirtschaften und gesellschaftlichem Fortschritt in der Sozialen Marktwirtschaft". Das Gremium, in das profilierte Forscher*innen berufen waren, befasste sich drei Jahre lang mit der Thematik und veröffentlichte 2013 seinen Abschlussbericht.[12]

Das Ergebnis: Wohlstand und Glück der deutschen Gesellschaft sollten nicht mehr allein nach dem Wirtschaftswachstum und Bruttosozialprodukt bemessen, vielmehr sollten weitere Indikatoren wie Einkommensverteilung, Soziales und Teilhabe sowie Ökologie einbezogen werden.

Doch: die neuen Indikatoren wurden zwar in einem aufwendigen Prozess entwickelt, angewendet wurden sie bisher allerdings nicht. Fazit: Viele Politiker*innen sind sich dessen bewusst, dass Wachstum nicht das alleinige Maß für Lebensqualität ist, doch zu Veränderungen fühlen sie sich noch nicht bemüßigt. Was der deutschen Bundesregierung einiges an Kritik einbrachte. So titelte beispielsweise die Tageszeitung „Die Welt": „Die Regierung ignoriert die teure Glücksformel".[13]

» **Das Bruttonationalglück als neuer Maßstab für den Wohlstand einer Gesellschaft ...**

Den hat das (buddhistisch geprägte) Königreich Bhutan als Orientierungsrahmen entwickelt, dazu 2008 eine Staatskommission eingerichtet und mehrere Erhebungen durchgeführt, um die Zufriedenheit und Wünsche seiner Bevölkerung zu erheben. Sehr bemerkenswert an Bhutans Volkswirtschaft ist, dass alle wirtschaftlichen Interessen des Landes dem Umwelt- und Naturschutz untergeordnet werden. Doch die Volkswirtschaft Bhutans ist nun ganz und gar nicht mit der deutschen vergleichbar, sodass sich die Ansätze Bhutans sicher nicht einfach übertragen lassen. Als Inspiration können sie freilich dienen. Sehr lesenswert hat sie Bhutans „Glücksminister" Dr. Hah Vinh Tho, Leiter des Gross National Happiness (GNH) Center in Bhutan, in seinem Buch „Der Glücksstandard. Wie wir Bhutans Bruttonationalglück praktisch umsetzen können" aufbereitet.[14]

» **Degrowth und Wachstumskritik**

Neben den Ansätzen der Postwachstumsökonomie gibt es weitere wachstumskritische Strömungen. Sehr bekannt innerhalb einer gewissen Szene wurde in Deutschland spätestens im Jahr 2014 der Degrowth-Ansatz, denn im gleichen Jahr fand in Leipzig die internationale Degrowth-Konferenz mit 3.000 Teilnehmer*innen und 500 Veranstaltungen statt, die der Politikwissenschaftler Ulrich Brand DEN bewegungspolitischen Kongress des Jahres 2014 schlechthin nannte.[15]

Unter Degrowth versteht der Betreiber der gleichnamigen Onlineplattform, der in Leipzig ansässige Verein Konzeptwerk Neue Ökonomie[16], eine

„Wirtschaftsweise und Gesellschaftsform, die das Wohlergehen aller zum Ziel hat und die ökologischen Lebensgrundlagen erhält. Dafür ist eine grundlegende Veränderung unserer Lebenswelt und ein umfassender kultureller Wandel notwendig. [...]

Teil 1   Eine Welt voller Wunder

Praktisch gesehen heißt das:

» eine Orientierung am guten Leben für alle. Dazu gehören Entschleunigung, Zeitwohlstand und Konvivialität (Anm. = freundliches, wohlgesinntes Miteinander).

» eine Verringerung von Produktion und Konsum im globalen Norden, eine Befreiung vom einseitigen westlichen Entwicklungsparadigma und damit die Ermöglichung einer selbstbestimmten Gestaltung von Gesellschaft im globalen Süden.

» ein Ausbau demokratischer Entscheidungsformen, um echte politische Teilhabe zu ermöglichen.

» soziale Veränderungen und Orientierung an Suffizienz (Anm. = möglichst geringer Rohstoff- und Energieverbrauch) statt bloßen technologischen Neuerungen und Effizienzsteigerung, um ökologische Probleme zu lösen. Wir betrachten die These von der Möglichkeit der absoluten Entkopplung von Wirtschaftswachstum und Ressourcenverbrauch als historisch widerlegt.

» regional verankerte, aber miteinander vernetzte und offene Wirtschaftskreisläufe.[17]

» **Die Donut-Ökonomie?**

» *„Wie wäre es, wenn wir nicht die etablierten, althergebrachten Theorien an den Anfang der Ökonomie stellen, sondern stattdessen die langfristigen Ziele der Menschheit, und versuchten, ein ökonomisches Denken zu entwickeln, das uns in die Lage versetzt, diese Ziele zu erreichen? Ich machte mich daran, ein Bild dieser Ziele zu zeichnen, das schließlich, so verrückt es klingen mag, wie ein Donut aussah - ja, wie ein amerikanischer Donut mit einem Loch in der Mitte."*[18]
Im März 2018 erschien das viel beachtete Fachbuch „Die Donut-Ökonomie. Endlich ein Wirtschaftsmodell, das den Planeten nicht zerstört" von der britischen Wirtschaftswissenschaftlerin Kate Raworth in deutscher Übersetzung. Ihr Postulat: Die Wirtschaft soll sich nicht mehr um sich selbst drehen, sondern darum, die Ziele der Menschheit zu erreichen.

» **Plurale Ökonomik - für eine vielfältige Wirtschaftswissenschaft**
So wie sich in den vergangenen Jahrzehnten immer mehr die Erkenntnis durchsetzte, dass Wirtschaftswachstum wohl kein alleiniger Wohlstandsmaßstab sein könne, so reifte auch innerhalb der Fakultäten der Wirtschaftswissenschaften die Einsicht, dass der Mensch eben nicht als rein mechanischer *Homo oeconomicus* agiert und deshalb die so genannte *neoklassische oder neoliberale Wirtschaftslehre* allein nicht das Ende der Fahnenstange sein kann. Seit 2003 macht sich in Deutschland die *Initiative Plurale Ökonomik* dafür stark, die Lehre der Wirtschaftswissenschaften vielfältiger zu gestalten.[19] Auch Christian Felber, Begründer der *Gemeinwohl-Ökonomie*, stimmt mit ein und veröffentlichte jüngst das Buch *„This is not economy"*, in dem er sich für eine neue Wirtschaftswissenschaft(slehre) einsetzt.[20]

» **Gemeinwohl-Ökonomie - neue Werte für die Wirtschaft**
Der Name ist eben bereits gefallen. Gemeinwohl-Ökonomie ist wohl eines der wenigen integralen Wirtschaftskonzepte, das sowohl auf makro- als auch auf mikroökonomischer Ebene ansetzt und Unternehmen einen sehr konkreten Orientierungsrahmen bietet, mit dem sich unsere Wirtschaft werteorientiert und ressourcenachtsam umgestalten ließe.

Das Modell der Gemeinwohl-Ökonomie, das Christian Felber, Mitbegründer von attac Österreich, gemeinsam mit einigen Unternehmer*innen entwickelt hat, beruht darauf, dass auf Unternehmensebene nicht allein eine Finanzbilanz, sondern auch eine Gemeinwohl-Bilanz erstellt wird. Beide Bilanzen miteinander dienen als Indikator für den Unternehmenserfolg, sodass hier erstmals nicht nur monetäre Erfolgsparameter, sondern auch ethische Aspekte in die Erfolgsermittlung einbezogen werden.²¹ Auf volkswirtschaftlicher Ebene bildet dann in der Vorstellung des Modells der Gemeinwohl-Ökonomie nicht mehr nur das Bruttosozialprodukt, sondern darüber hinaus auch das *Gemeinwohl-Produkt* den Wohlstand einer Gesellschaft ab.²²

Doch auf welcher Matrix, auf welchen Werten beruht denn diese Gemeinwohl-Bilanz?

Hier haben die Entwickler*innen dieses Modells, übrigens großenteils Unternehmer*innen, die demokratischen Grundwerte gewählt, wie sie in den Verfassungen zu finden sind. In der Vision der Vertreter*innen der Gemeinwohl-Ökonomie bestimmen allerdings zukünftig die Bürger*innen einer Kommune selbst ihre zentralen Werte – und zwar in Form eines sogenannten Wirtschaftskonventes, eines Bürgerentscheids.²³

Eine Gemeinwohl-Bilanz stellt eine gute, handfeste Basis für ein werteorientiertes, sinnstiftendes Unternehmertum dar und bietet einen klaren Orientierungsrahmen. Da liegt es auf der Hand, dass die Gemeinwohl-Ökonomie zunächst kein theoretisches Modell war, sondern von Beginn an in der unternehmerischen Praxis Anwendung fand und immer weiter verfeinert wurde.

» Die Gemeinwohl-Ökonomie ist nicht nur ein Lösungsansatz; sie ist eine Bewegung, die in unterschiedliche gesellschaftliche Bereiche wirkt und innerhalb derer die Instrumente der Gemeinwohl-Ökonomie stetig weiterentwickelt und verfeinert werden.

Teil 1   Eine Welt voller Wunder

EINIGE MEILENSTEINE DER GEMEINWOHL-ÖKONOMIE-BEWEGUNG:

> » Mittlerweile haben über **400 Unternehmen eine Gemeinwohl-Bilanz** erstellt, darunter auch einige namhafte Unternehmen wie etwa die Spardabank München eG, der Bergsportausstatter Vaude und viele mehr.[24]
>
> » **Die Bewegung ist in ungefähr 20 Ländern verbreitet.**[25]
>
> » **Politik:** Der EWSA (Europäischer Wirtschafts- und Sozialausschuss), ein beratendes Gremium des Europäischen Parlamentes, hat 2015 mit einer großen Mehrheit von 86 Prozent dafür gestimmt, dass die Gemeinwohl-Ökonomie in die europäische Gesetzgebung einfließen soll.[26] Die Landesregierung des Bundeslandes Baden-Württemberg hat die Gemeinwohl-Ökonomie in ihren Koalitionsvertrag aufgenommen.[27] Die Stadt Stuttgart hat ein städtisches Programm zur Förderung der Gemeinwohl-Ökonomie aufgelegt.[28]
>
> » **Kommunen:** Mitte 2018 haben die ersten Gemeinwohl-Gemeinden in Österreich eine Gemeinwohl-Bilanz abgeschlossen, denn die Kommune wird als zentrale Schaltstelle gesehen, die gemeinwohlorientierte Unternehmen bspw. mit Steuererleichterungen fördern kann.[29]
>
> » **Wissenschaft:** Die Gemeinwohl-Ökonomie ist europaweit an mehreren Universitäten und Fachhochschulen Gegenstand von Lehre und Forschung. An der Universität Barcelona wurde sogar ein eigener Lehrstuhl für Gemeinwohl-Ökonomie eingerichtet. Das größte Forschungsprojekt zur Gemeinwohl-Ökonomie „Gemeinwohl-Ökonomie im Vergleich unternehmerischer Nachhaltigkeitsstrategien (GIVUN)" lief an der Europa-Universität Flensburg. Es erforschte, wie sich die Gemeinwohl-Ökonomie insbesondere in Großunternehmen implementieren lässt.[30]

Weiter so als Allianz der Alternativen

Bemerkenswert ist, dass sich so langsam einige dieser eben vorgestellten Strömungen nicht als nebeneinander existierend und miteinander konkurrierend betrachten, sondern immer mehr als sich verzahnende Alternativen zu begreifen beginnen. So kann die geballte Kraft der Alternativen immer sichtbarer werden. Für ein kurzes Aufmerken sorgte ein offener Brief an die EU, in dem über 200 Wissenschaftler*innen, die die unterschiedlichsten gerade skizzierten Modelle vertreten - darunter einige renommierte Ökonomen - forderten, die Fokussierung aufs Wachstum endlich zu beenden.[31] Angesichts der Corona-Situation veröffentlichte außerdem „NOW - Netzwerk ökonomischer Wandel", ein Zusammenschluss von insgesamt sechs alternativökonomischen Bewegungen, im Frühjahr 2020 ein gemeinsames Positionspapier.[32]

21 Handlungsräume: 13. Sinn. Macht. Gewinn.

TEIL 1

So schön kann Wirtschaft sein

So viele Unternehmer*innen mit Sinn-Gewinn

Doch nun zu den Unternehmen im Umbruch: „So schön kann Wirtschaft sein: Der Aufbruch der Kulturell-Kreativen"[33] betitelte der Autor, Coach und Dozent Karl Gamper bereits im Jahr 2005 eines seiner Bücher und betonte schon damals: Wirtschaft ist nicht nur kalt, bedeutet nicht nur Ellenbogen und Gewinnmaximierung. Wirtschaft ist das, was wir aus ihr machen. Und so kann Wirtschaft eben auch sinnvoll und voller Freude pulsierend und ungemein kreativ und kooperativ sein. Wenn wir sie so gestalten.

Freilich: So einige Unternehmen machen sich den Lebensstil der *LOHAS*[34] zunutze - der Menschen, die einen Lebensstil pflegen, der von Gesundheitsbewusstsein und -vorsorge sowie der Ausrichtung nach Prinzipien der Nachhaltigkeit geprägt ist. Einige dieser Unternehmen tischen uns mit ihren Produkten „grüne Lügengeschichten" auf; sie verstehen Weltrettung als profitables Geschäftsmodell.[35] Es gibt aber auch Unternehmen und Unternehmer*innen, die es ernst meinen, die nicht mehr allein nach Gewinnmaximierung streben mögen, sondern Sinn stiften und Gutes in die Welt bringen wollen.

Von der mehrere hundert Unternehmer*innen starken Gemeinwohl-Ökonomie-Bewegung, die immer weiter wächst, war bereits vor wenigen Absätzen die Rede. Doch auch in weiteren Kontexten entwickelt sich alternatives Unternehmer*innentum, das sich immer weiter differenziert.

Es sind sicherlich Tausende:

Alternative Unternehmer*innen auf dem Weg

Die erste alternative Unternehmer*innenwelle kam vermutlich im Zuge der Ausbreitung der Waldorfbewegung auf; die Drogeriemarktkette dm ist etwa ein Unternehmen, das anthropologischen Geist atmet. Auch die 68er, die Osho-Bewegung und das Ökodorf-Umfeld, die in einigen vorigen Kapiteln Thema waren, bescherten dem alternativen sozial-ökologisch ausgerichteten Unternehmer*innentum einen Auftrieb.

Im 1992 gegründeten ökologischen Unternehmerverband *Unternehmensgrün* haben sich mittlerweile 350 Unternehmen organisiert.[36] Die hier organisierten Unternehmer*innen intendieren kein *Greenwashing* (= PR-Methoden, die darauf abzielen, einem Unternehmen in der Öffentlichkeit ein umweltfreundliches und verantwortungsbewusstes Image zu verleihen), sondern wollen wirklich Gutes bewirken und im besten Sinne nachhaltig wirtschaften.[37] Weitere Unternehmensverbände in ähnlicher Mission sind etwa *dasselbe in grün* oder auch der *Social Entrepreneurship Netzwerk Deutschland SEND e. V.*

Gutes Stichwort: Etwa seit 1998 wurde in Deutschland die Idee des *Social Entrepreneurship* popularisiert, v. a. durch die in diesem Jahr erfolgte Gründung der *Schwab Foundation* beim Weltwirtschaftsforum.[38] Eine noch größere Verbreitung erfuhr die Idee eines kreativen Unternehmertums, das nicht auf Gewinnmaximierung fokussiert, sondern das Gemeinwohl fördert, durch den Hochschullehrer und Unternehmensgründer *Günter Faltin*. Sein Buch *„Kopf schlägt Kapital"* sowie der jährliche *Entrepreneurship Summit* entfach(t)en die Leidenschaft für ein sinnstiftendes, cleveres Unternehmertum ganz neu.[39]

Unternehmen mit Sinn-Gewinn zum Anfassen: eine Medienschau

Wie schön anders menschen- und auch umweltfreundlicher sich Wirtschaft gestalten kann, zeigen mittlerweile diverse Medien auf - etwa die Film-Dokumentationen „Auf Augenhöhe - Lebendigkeit in Organisationen zeigen und stärken", „From Business to Being" sowie „Die stille Revolution - Der Film zum Kulturwandel in der Arbeitsfeld" und das Werk „Lebendige Wirtschaft - Auf der Suche nach Erfolg und Erfüllung" von Dunja und Maik Burghardt.

Auch die Bücher von Bodo Janssen „Die stille Revolution - Führen mit Sinn und Menschlichkeit" sowie „Stark in stürmischen Zeiten: Die Kunst, sich selbst und andere zu führen" samt der Initiative Kulturwandel in Unternehmen, die Prof. Dr. Gerald Hüther und Sebastian Purps-Pardigol ins Leben gerufen haben, zeigen eindrucksvoll, wie Wirtschaft sich anders gestalten kann, und bringen gleichgesinnte Menschen zusammen, die ihre Arbeitsrealität zu verändern beginnen. Schließlich hat auch das Konzept der *„Reinventing Organisations"* von Frédéric Laloux einiges zum Kulturwandel in der Unternehmerwelt beigetragen.

21 Handlungsräume: 13. Sinn. Macht. Gewinn.

TEiL 1

Wie viele Unternehmer*innen, wie viele Volkswirt*innen bereits auf dem Weg sind, um die Wirtschaftsordnung von morgen zu bauen und ihr Unternehmen sinnstiftender zu gestalten, lässt sich nur munkeln. Die Dunkelziffer ist groß. Es sind sicherlich Tausende, die nicht darauf warten, bis sich der große Rahmen verändert, sondern die ihre Wirtschaftspraxis mit ihren individuellen ethischen Vorstellungen gestalten. Und es gibt noch viel, viel mehr Unternehmer*innen, die sich eigentlich danach sehnen, ihr Unternehmen sinnstiftender aufzustellen, anstatt sich nur am Profit auszurichten, aber noch keinen entsprechenden Gestaltungsweg gefunden haben.

> Diese Entwicklung macht Hoffnung. Denn die Art und Weise, wie wir wirtschaften, hat beachtliche Auswirkungen auf alle Lebensbereiche. Auf unsere Gesundheit. Auf unsere Beziehungen. Auf unser Verständnis von Arbeit. Auf unseren Selbstwert. Auf unsere Werte im Allgemeinen.

Ansätze, unser Wirtschaftssystem neu zu gestalten, sind in Fülle vorhanden und werden bereits fleißig erprobt. Und sie werden immer sichtbarer. Und vielleicht lässt das entscheidende Quäntchen bis zum Umbruch gar nicht mehr so lange auf sich warten.

» Weitere Literatur- und Medientipps sowie Links auf make-world-wonder.net

FILMEMPFEHLUNG:
Hanna Henigin und Julian Wildgruber:
From Business to Being.

LESEEMPFEHLUNGEN:
Manfred Folkers und Niko Paech: All you need is less. Eine Kultur des Genug aus buddhistischer und ökonomischer Sicht.

Christian Felber: Gemeinwohl-Ökonomie.

Ilona Koglin und Marek Rohde: Faironomics. Ökologisch, fair und frei. Wie Du in acht Schritten Dein Traumprojekt verwirklichst und damit die Welt veränderst.

SCHULEN FÜRS LEBEN

21 Handlungsräume: 14. Schulen fürs Leben

TEIL 1

Wie Lehre und Lernen sich verändern

„Wir brauchen keine Roboter,
die stramm im Gleichschritt gehen.
Den Stoff, den sie auswendig lernen,
können sie im Internet doch längst nachsehen.
Ein neues Schulsystem, ein neues Schulsystem,
das wirft das alte Denken über Bord.
Ganz ohne Leistungsdruck mit echter Förderung
wird jede Schule dann zum ganz besonderen Ort."

(aus: „Ein neues Schulsystem" von Ute Ullrich)

„OH, CAPTAIN, MEIN CAPTAIN!"

Wer erinnert sich nicht an diese denkwürdige Schlussszene aus dem Film „Club der toten Dichter"? Die Szene, in der die Schüler ihrem Lieblingslehrer John Keating Tribut zollen, indem sie sich von ihren Plätzen erheben und auf ihr Schreibtisch-Pult steigen - als Symbol dafür, dass sie diese seine Lektion gelernt haben, sich ihr Leben lang daran erinnern werden, ihren eigenen Standpunkt einzunehmen. ==Ich hätte selbst gerne einen solchen Lehrer, eine solche Lehrerin gehabt, der/die mir das Carpe Diem, das „Nutze den Tag", so eindringlich beibrachte, der/die mich ermunterte, meine Berufung zu finden, nach dem „Mark des Lebens" zu forschen.==

> Lehrer*innen, die zum wahrhaftigen Leben verführen, dahin, den eigenen Weg zu finden, sind also nicht gern gesehen. Zumindest bisher. Denn wohin könnte das führen?

Wohl die wenigsten hatten das Glück eines solchen Lehrers, einer solchen Lehrerin. Und erinnern wir uns an den Verlauf des Films: ==Die Sache mit Keating geht nicht gut aus.== Er ist zu unkonventionell, motiviert seine Schüler, ihren Leidenschaften nachzugehen, zum Beispiel Theater zu spielen. Als sich schließlich einer seiner Schutzbefohlenen umbringt, weil ihm sein Vater nicht mehr gestattet, seinem geliebten Schauspiel weiter nachzugehen, muss Keating sich dafür verantworten und die Schule verlassen.

Teil 1 Eine Welt voller Wunder

Schule und weitere Bildungseinrichtungen - sie sollten uns die wichtigsten Dinge des Lebens lehren, sie sollten uns begreiflich machen, wer wir sind, sollten uns dabei unterstützen zu entdecken, welche Potenziale wir in uns tragen, diese Schätze zu heben und in die Welt zu bringen. Schulen sollten uns befähigen zu erkennen, „welchen Vers wir auf diesem Planeten beizutragen haben", um einmal mehr John Keating zu zitieren, der in einer Szene im „Club der toten Dichter" diese Passage aus einem Gedicht von Walt Whitman wiedergibt.

Doch welche Schule macht das tatsächlich?

Gibt es derartige Schulen und entsprechende Schulfächer?

Ja, vereinzelt schon. Vor über zehn Jahren, im Jahr 2007, rief beispielsweise Ernst Fritz Schubert, damals Direktor der Heidelberger Willy-Hellpach-Schule, das Schulfach "Glück" ins Leben. Denn er hatte es satt, dass die Schule in der Beliebtheitsskala der Schüler „gleich nach dem Zahnarztbesuch" rangierte.[1] Ein Jahr später veröffentlichte er ein Buch darüber: *„Schulfach Glück - Wie ein neues Fach die Schule verändert"*. Mittlerweile hat sein Konzept in rund 25 Schulen Einzug gehalten - freilich ein Tropfen auf den heißen Stein.

Von Waldorf in die große, weite Welt

Mut macht da auch, dass die Waldorfschulen 2019 bereits ihr 100-jähriges Bestehen feierten.[2] Sie nehmen Einfluss, haben unsere Bildung verändert, verändern auch unseren Alltag durch die ehemaligen Waldorfschüler*innen, die sich in allen Teilen der Gesellschaft wiederfinden und durch ihren ganz eigenen Blick auf die Dinge unsere Welt vielfältiger und farbenfroher gestalten. Auch weitere alternative Schulformen wie die *Montessorischulen* setzen Farbtupfer, so eigenständig und separiert sie auch vom Regelschulalltag agieren mögen.

Für eine Kultur der Potenzialentfaltung: Schule im Aufbruch

Viel Hoffnung macht sicherlich auch die Initiative „Schule im Aufbruch", deren Konzept die (ehemalige) Lehrerin Margret Rasfeld in Kooperation mit dem Hochschullehrer Stephan Breidenbach und dem Neurowissenschaftler und Begründer der Akademie für Potentialentfaltung Prof. Dr. Gerald Hüther entwickelte.[3] Mittlerweile ist die Initiative im Rahmen des Programms *Bildung für nachhaltige Entwicklung (BNE)* gelebte Praxis an rund 50 deutschen Schulen[4] - mit den Zielen, die Potenzialentfaltung und Selbstverantwortung sowie die Verantwortung für unsere Beziehungen und die Verantwortung gegenüber dem Planeten zu fördern.

Universitäten und Forschungseinrichtungen: Runter von den Elfenbeintürmen, bitte schön!

Eine solche Aufbruchsstimmung stünde auch den Universitäten und Hochschulen gut zu Gesicht - und vereinzelt sind auch hier sicherlich Lichtblicke zu verzeichnen. Man denke nur an den bereits erwähnten Günter Faltin, der den Themenbereich *Entrepreneurship* an der Freien Universität in Berlin leidenschaftlich und lebensnah aufbaute,[6] an die Beuys-Schülerin Shelley Sacks, die das Thema *Soziale Skulptur* sogar

21 Handlungsräume: 14. Schulen fürs Leben

bis in die Gestaltung von UN-Gipfeln katapultierte,[7] oder an Otto Scharmer, der mit seiner Theory U die Methode des „Presencing", des „Führens von der Zukunft her", am renommierten MIT auf den Lehrplan brachte.[8] Mit seinen digitalen Formaten wie etwa den u.Labs hat Otto Scharmer schon viele Zehntausend Menschen erreicht – wie auch bewegt und überzeugt. Die Einsicht, dass Forschung und Lehre transformiert werden dürfen, um nicht nur rein geistige und intellektuelle Aspekte, sondern auch weitere Erfahrungsräume wie unsere Gefühle mit einzubeziehen, darf an Universitäten noch mehr Einzug halten. Wir brauchen viel mehr große Geister, die zugleich auch auf ihre Herzen hören.

WAS DIE SCHULE ZU LEHREN VERGASS ...

… das holen verschiedene Institute zur Persönlichkeitsentwicklung und „Lebensschulen" doppelt und dreifach nach. Geht die Veränderung des klassischen, meist staatlichen Bildungswesens noch recht behäbig vonstatten, so erlebt diese Szene seit Jahren einen regelrechten Boom. Die Menschen dürstet offenbar danach. Kein Wunder angesichts dessen, dass viele Menschen keinen rechten Sinn mehr in ihrer Arbeit sehen und auch zunehmend der Halt verloren geht. So machen wir uns anderweitig auf die Suche. Nicht ohne Grund belegen Bücher wie Stefanie Stahls „Das Kind in dir muss Heimat finden" oder auch John Streleckys „Die Big Five for Life" schon lange Zeit Plätze in den Bestsellerlisten.[9]

Diese Sinnsuche vieler Menschen macht Mut, denn sie zeigt: Wir Menschen sehnen uns danach, in dieser Welt wertvoll zu wirken und einen positiven Beitrag zu leisten.

So sucht sich die Bildung neue Wege – und die Menschen finden sie. Und es werden immer mehr.

LESEEMPFEHLUNGEN:

Margret Rasfeld: Schulen im Aufbruch. Eine Anstiftung.

Gerald Hüther, Marcel Heinrich (et al.): Education for Future. Bildung für ein gelingendes Leben.

Auf die Bücher der Persönlichkeitsentwicklungstrainer*innen verzichte ich hier. Ich mag hier niemanden bevorzugen. Mach Dir ein eigenes Bild und finde die Lehrerin, den Lehrer, die/der gut für DICH ist.

» Weitere Literatur- und Medientipps sowie Links auf make-world-wonder.net

21 Handlungsräume: 15. Märkte sind Gespräche   TEil 1

Digitalisierung & Cluetrain
Künstliche Intelligenz oder die Kunst der Vernetzung?

„Das Internet sind wir Menschen,
die an unterschiedlichen Orten
dezentral miteinander kommunizieren können.
Wir dürfen dieses Wunder nicht verlieren."

(Der Internet-Vordenker und Co-Autor des
Cluetrain-Manifesto Doc Searls in einem Interview)[1]

Wofür ging Martin Luther eigentlich in die Weltgeschichte ein? Wo finde ich mal ein Rezept für eine leckere Kürbissuppe? Was läuft gerade im Kino?

Das Internet hat Antworten auf unendlich viele Fragen. Wir „suchmaschinen" einfach schnell mal, wozu wir früher fette Lexika, die lokale Tageszeitung oder die Gelben Seiten bemühten. Fast so, als hätten wir uns immer schon so informiert.

Dabei ging die allererste Website erst im Jahr 1990 online. Doch das Web ist nicht nur ein Wissensträger von unvorstellbarer Größe, das Internet ermöglicht Vernetzung und Austausch in einer unglaublichen Schnelligkeit. Der Traumpartner scheint nur einen Klick entfernt - und Barack Obama und Du sind nur maximal sieben Kontakte auseinander.
Keine Frage: Das Internet und die Digitalisierung haben unsere Art, uns zu informieren, miteinander zu kommunizieren und miteinander zu leben, revolutioniert.

>> Es heißt nicht umsonst, dass die Digitalisierung nach dem Buchdruck eine weitere kulturelle Revolution einläutete.[2]

Wenn die Erfindung des Buchdrucks ermöglichte, dass sich immer breitere Bevölkerungsschichten über Zeitungen und Bücher informieren konnten, zunehmend aufgeklärter wurden - und damit die Reformation und auch das Zeitalter der Aufklärung, den Vorabend der Französischen Revolution, initiierten, was kann dann die Digitalisierung bewirken?

Teil 1   Eine Welt voller Wunder

Eröffnet die Digitalisierung tatsächlich nur neue kommerzielle Räume?

Oder werden die digitalen Geister, die wir selbst geschaffen haben, einmal dafür sorgen, dass wir als Menschheit in der Bedeutungslosigkeit versinken, weil wir von ihnen beherrscht werden, wie Yuval Noah Harari dies in seinem Buch „Homo deus. Eine Geschichte von Morgen" nahelegt?[3]

SCHON VERGESSEN? EINE FACEBOOK-REVOLUTION

Die Frage ist wohl, wie wir selbst die digitale Sphäre begreifen; ob wir in ihr die Möglichkeitsräume sehen und ihr Potenzial nutzen – oder aber lediglich Digitalregale oder auch Fotofilter-Plattformen à la Instagram zu erkennen vermögen, die uns ein glitzerndes, hippes, geiles Champagnerleben vorgaukeln.

Der Arabische Frühling, die politischen Protestbewegungen in verschiedenen Ländern im Nahen Osten im Jahr 2010/11, zeigt, dass das Internet und die digitalen Medien, wenn sie denn mit weiteren Medien mit starker Reichweite kombiniert werden, einen fulminanten Umbruch bewirken, sogar ein Regime ins Wanken bringen können.[4] Expert*innen sind sich darüber einig, dass durch die Social Media eine Informationsstruktur abseits des Mainstreams ermöglicht wurde, welche diese Proteste beflügelt hat.[5]

An die ungeheure, fast anarchische Kraft, die das Internet birgt, erinnert das *Cluetrain-Manifest*, das einige Internet-Pioniere, darunter der zuvor zitierte Chefredakteur des Linux-Journals Doc Searls, bereits im Jahr 1999 veröffentlichten.

Hier ein Auszug aus dem Vorspann des Manifests:

» *„Was immer man Euch erzählt hat, unsere Freiheit kann man uns nicht nehmen. Unser Herz hört nicht auf zu schlagen. Menschen der Erde, erinnert euch [...] Märkte sind Gespräche. [...] Das Internet ermöglicht Gespräche zwischen Menschen, die im Zeitalter der Massenmedien unmöglich waren. Hyperlinks untergraben Hierarchien. Sowohl in intervernetzten Märkten als auch in intravernetzten Unternehmen sprechen Menschen miteinander auf eine machtvolle neue Art. Diese vernetzten Gespräche ermöglichen es, dass sich machtvolle neue Formen sozialer Organisation und des Austauschs von Wissen entfalten. [...] Den traditionellen Unternehmen mögen die vernetzten Gespräche verworren und verwirrend erscheinen. Aber wir organisieren uns schneller, als sie es tun. Wir haben die besseren Werkzeuge, mehr neue Ideen und keine Regeln, die uns aufhalten. Wir wachen auf und verbinden uns miteinander. Wir beobachten. Aber wir werden nicht warten."*[6]

Zweifelsohne, das Internet ist eine große Chance. Ein Freiraum.

Hier kann jede*r Autor*in werden, seine/ihre Stimme erheben, mitdiskutieren, teilen, weiterverbreiten, um Hilfe bitten, Aspekte sichtbar machen, sich verbinden und vernetzen – und zwar rund um den ganzen Erdball.

 In Sekundenschnelle und rund um die Uhr. Gigantisch. Doch wie haben wir dieses Potenzial bisher genutzt?

21 Handlungsräume: 15. Märkte sind Gespräche

Zwar nutzen wir das Instrument der Online-Petitionen fleißig und üben damit Macht aus. Doch diejenigen, die den Sinn des Internets am meisten durchschaut haben, sind wohl bisher die, die damit Geschäfte machen können.

==Wir als Gesellschaft, wir als Graswurzelbewegungen, also als Gemeinschaft von Menschen, die aus der Basis der Bevölkerung stammen, haben diese Chance, dieses demokratische, selbstermächtigende Geschenk, das das Internet uns bietet, noch viel zu wenig erkannt und genutzt.==

Überspitzt ausgedrückt: Wir scheinen entweder gerne Glückskekssprüche auszutauschen - oder aber wir meckern über Facebook und andere große, „böse" soziale Netzwerke, wir boykottieren sie und schaffen mit sehr großem Aufwand (und bisher vergleichsweise wenig Nutzen) alternative neue Netzwerke.[7]

So ist es gut, sich die Novelle des Cluetrain-Manifests, die „New Clues" aus dem Jahr 2015, zu Gemüte zu führen, denn sie weist nochmals eindrücklich auf die riesigen Möglichkeiten des Internets hin und auch drauf, was wir zu verpassen drohen, wenn wir sie nicht anwenden.

In den „New Clues" heißt es:

» *„In den letzten knapp 20 Jahren haben wir das Internet zu einem großartigen Ort gemacht, einem Ort voller Wunder und Vorzeichen [...] Aber jetzt steht die gute gemeinsame Arbeit tödlichen Gefahren gegenüber, denn wir haben das Internet noch nicht verstanden. Denn bisher haben sich vornehmlich Unternehmen dem Internet verschrieben. Sie betrachten das Internet als ihren Raum, in dem sie unsere Daten und unser Geld daraus extrahieren und denken, dass wir die Narren sind. Sie denken, dass wir eine undifferenzierte Masse von Menschen seien. Doch der Ruhm des Internets ist, dass es uns ermöglicht, dass wir uns als Individuen miteinander verbinden können.*

Zweifelsohne: Wir alle mögen Massenunterhaltung. [...] Wir müssen jedoch bedenken, dass die Bereitstellung von Massenmedien nur eine der Möglichkeiten des Internets darstellt. Die Superkraft des Netzes ist, dass wir uns frei verbinden können. Ohne um Erlaubnis zu fragen. Die allmächtige Kraft des Internets ist, dass wir daraus machen können, was wir wollen."[8]

==Wann endlich entdecken wir seine Potenziale wirklich? Wann erkennen wir unsere Freiheiten, unsere Spielräume? Das Internet ist da. Nutzen wir diese Facette unserer Möglichkeiten. Seine Wunder warten auf uns.==

LESEEMPFEHLUNGEN:
Yuval Noah Harari: Homo Deus.
Eine Geschichte von Morgen.

Richard David Precht: Jäger, Hirten, Kritiker.
Eine Utopie für eine digitale Gesellschaft.

» Weitere Literatur- und Medientipps sowie Links auf make-world-wonder.net

21 Handlungsräume: 16. Weckruf der Despot*innen[1]

Warnsignal Rechtspopulismus

„Ich bin das Volk - das Zeitalter der Autokraten", so beschrieb das Nachrichten-Magazin Spiegel in einem Titelthema den globalen Trend hin zum Rechtspopulismus.[2] Vielleicht mag es irritieren, auch diese Entwicklung als hoffnungsstiftenden Handlungsraum zu bezeichnen.

Denn sorgt sie nicht eher für Stillstand und Rückschritt?

Die Tage, als Viktor Orbán in Ungarn zum Ministerpräsidenten und Jair Bolsonaro in Brasilien zum Präsidenten gewählt, Boris Johnson zum britischen Premierminister ernannt wurde und die Briten sich für den Brexit entschieden und vor allen Dingen: als Donald Trump im November 2016 zum neuen Präsidenten der USA gewählt wurde, markieren Wendepunkte, die unsere scheinbar stabilen demokratischen Systeme gefährden.

Wir wissen: Auch in Deutschland gewinnen populistische Positionen immer größeren Rückhalt in der Bevölkerung.
Laut Umfragen des Meinungsforschungsinstitutes Insa konnte die rechtspopulistische Partei AfD (Alternative für Deutschland) im August 2018 bis auf 14 Prozentpunkte hochschnellen und damit auf die schwächelnde SPD (die auf 17 Prozentpunkte kam) und die Grünen (15 Prozentpunkte) aufschließen[3] - besorgniserregende Tendenzen, zumal die Parteienlandschaft in Deutschland immer weiter zersplittert und eine Regierungsbildung sich immer schwieriger gestaltet.[4] Offenkundig wurde dies im Februar 2020, als der FDP-Kandidat Thomas Kemmerich mit den Stimmen der AfD zum Ministerpräsidenten gewählt wurde.[5]

Besonders eklatant kommt das Gefälle zwischen West und Ost zum Tragen. Bei den Europawahlen Ende Mai 2019 wurde die AfD in weiten Teilen Ostdeutschlands zur stärksten politischen Kraft.[6]

Teil 1   Eine Welt voller Wunder

WECKRUFE
AUS DER WOHLSTANDSBLASE

Doch all diese Entwicklungen tragen auch etwas Gutes in sich: Sie weckten viele von uns auf, die sich behaglich in ihrer Wohlstandsblase eingerichtet hatten, sich in einer sicheren Demokratie wähnten, die glaubten, dass sie langsam, ganz langsam und stetig in Minischritten schon den sozial-ökologischen Wandel voranbringen würden.

Jetzt sind sie, sind wir wieder wach!

==Wir wissen nun, wie kostbar dieses System ist, in dem wir leben dürfen, wie wichtig es ist, es zu hüten und zu wahren und seine Möglichkeiten auszuschöpfen.== Freilich nutzen die meisten von uns diese Potenziale bisher nur marginal. Hier eine Passage aus einem Blogartikel eines Aktivisten, dem nach der Wahl Trumps schlagartig klar wurde, welche Stunde ab sofort geschlagen hatte:

» *„In der Nacht, in der Donald Trump Präsident wurde, sah ich des Morgens die Sonne aufgehen. Ich saß an meinem Laptop, sah zu, wie die Wolken gelb wurden, und beobachtete, wie die Ergebnisse hereintrudelten. Ich hatte die Nacht zuvor kaum geschlafen, wollte mein Telefon ausschalten und einfach den Dingen ihren Lauf lassen, doch dann wusste ich irgendwann, dass ich wahrscheinlich überhaupt nicht würde schlafen können. Ich hatte das untrügliche Gefühl, dass Trump gewinnen würde. Und heute Morgen fühle ich mich immer noch betäubt, betäubt und entsetzt. Ja, wir haben heute früh in unserer Küche gesessen und geweint."* ⁷

Das schrieb Rob Hopkins, der Begründer der internationalen *Transition Town-Bewegung*,⁸ auf seinem Blog nach der Wahl und sinnierte weiter, was die Wahl Trumps wohl für seine Bewegung, die sich unter anderem für eine Stärkung der Kommunen, für eine alternative Wirtschaft und Energiewende einsetzt, bedeuten könnte. Er kam zu dem Schluss:

» *„Vor Präsident Trump holten wir Holz und Wasser. Wir bauten resiliente, widerstandsfähige Gemeinschaften auf, entwickelten neue Zukunftsentwürfe und innovative Unternehmen, kochten leckeres Essen, unterstützten einander, stärkten unsere Netzwerke. Wir sprachen die Wahrheit mit aller Macht aus, stellten die Absurdität der Notwendigkeit wirtschaftlichen Wachstums bei immer weiter steigenden Emissionen auf einem endlichen und kränkelnden Planeten heraus. Wir erinnerten uns an die Kraft lokaler Wirtschaftskreisläufe und bauten sie wieder auf, verstärkten unsere Anstrengungen - wir machten das voller Fantasie und Verspieltheit, arbeiteten für die Bedürfnisse unserer Gemeinschaften und nicht für die Großunternehmen, wir bekämpften Rassismus, Fremdenfeindlichkeit und Diskriminierung. Wir investierten anders, erzählten uns neue Geschichten, feierten zusammen. Und mit Präsident Trump? Machen wir genau das Gleiche. Einfach immer weiter."* ⁹

» Diese klare „Jetzt erst recht"-Haltung ist bei vielen Menschen gerade nach dem schockierenden Wahlergebnis in den USA spürbar.

21 Handlungsräume: 16. Weckruf der Despot*innen

Auch die US-amerikanische Tiefenökologin Joanna Macy brachte diesen Standpunkt in einem offenen Brief vom Dezember 2016 zum Ausdruck:

» „Nun bringt ein triumphierender Trump die Aspekte zurück auf die Bühne, die schon längst als besiegt galten: die Herren von Kohle und Öl, die Meister des Überwachungsstaates, die weißen Supermächte, die kriegsbereiten Generäle, die Chauvinisten, die die Frauen wieder in ihre alten Rollen zurückdrängen wollen.
So ist es gut, dass wir uns wieder aufeinander besinnen, unsere Kraft und unsere Vernunft wiederfinden. Es ist auch gut, dass wir wieder die Sehnsucht haben, heilige Räume zu schaffen und Räume bereitzuhalten für die Gehassten und Gejagten. [...] Weil die Welt uns gerade jetzt ganz besonders braucht, ist es wichtig, dass wir weitermachen und zueinanderhalten."[10]

In aktuellen Zeiten der Corona-Pandemie sind zweifelsfrei viele Menschen irritiert und in ihrem System erschüttert. Kein Wunder: Kurzarbeit, drohender Jobverlust, Einschränkungen im persönlichen Leben, die gehen wohl an niemandem spurlos vorbei. Frust und Unzufriedenheit mit der aktuellen Politik (auch) zu Corona gipfelte vorerst am 1.08.2020 in einem sogenannten „Tag der Freiheit".[11] Unter diesem Motto lud die Initiative „Querdenken 711" ein. Teile des Organisationsteams der Demonstration werden dem neurechten Spektrum zugeordnet und hängen Verschwörungstheorien an.[12]

Eine gefährliche Entwicklung, die uns als Gesellschaft in den kommenden Monaten sicher weiter beschäftigen wird. Die nächste Demonstration ist für den 29.08. (nach Redaktionsschluss dieses Buchs) angesetzt.[13]

LESEEMPFEHLUNGEN:

Umberto Eco: Der ewige Faschismus.

Andreas Speit: Die Entkultivierung des Bürgertums.

» Weitere Literatur- und Medientipps sowie Links auf make-world-wonder.net

21 Handlungsräume: 17. Revolution der Zärtlichkeit

Die neuen Haltungen und Plädoyers der religiösen und spirituellen Strömungen

Neben dem Erstarken (rechts-)populistischer Kräfte nutzen auf der anderen Seite Repräsentant*innen zentraler religiöser, spiritueller und ethischer Strömungen ihre Bekanntheit und Reichweite, um ganz klar Position zu beziehen für mehr Achtsamkeit unseren Mitmenschen und unserer Mitwelt gegenüber.

DALAI LAMA: REBELLEN DES FRIEDENS!

So machte sich etwa der Dalai Lama bereits im Jahr 2002 mit dem *„Buch der Menschlichkeit"* für eine neue Ethik stark und plädierte dabei sowohl für die Eigenverantwortung des Menschen als auch dafür, uns selbst als den Teil eines großen Ganzen zu begreifen - nach dem Motto: „Wenn Du Deinen Mitmenschen und der Umwelt Schaden zufügst, dann schadest Du auch Dir selbst."

In den vergangenen Jahren hat der Dalai Lama diese Aufrufe erneuert und bekräftigt, zuletzt mit den Büchern *„Rückkehr zur Menschlichkeit: Neue Werte in einer globalisierten Welt"* (2013), *„Ethik ist wichtiger als Religion"* (2015) sowie *„Der neue Appell des Dalai Lama an die Welt: Seid Rebellen des Friedens"* (2018).

Mitgefühl rettet die Welt.

Für den Dalai Lama ist dabei die Kultivierung des Mitgefühls das zentrale Momentum:

„Wir gehen raus, in diesen Tag,
Jeder Morgen ist ein Abschied von der Nacht.
Und in allen Gesichtern, allen Farben der Welt,
kann ich sehen, was uns zusammenhält:
Einfach Mensch sein, einfach da sein, wahr sein.
Und das Glück fliegt von mir zu dir,
und es fliegt von dir zu mir.
Einfach Mensch sein, einfach hier sein, wir sein,
leben und leben lassen, geben und geben lassen,
Hoffnungsfunken in Überzahl
du hast die Wahl."

(aus: „Mensch sein" von Thomas Godoj)

» *„Die einzige Lösung ist die Revolution des Mitgefühls, die der Demokratie neues Leben einhaucht und zu mehr Solidarität verhilft. Tragt das Mitgefühl ins Zentrum des sozialen Lebens ... vereint die nationalen Netzwerke zu einem einzigen großen globalen Netzwerk. Fördert die kollektive Intelligenz ..."*[1]

Dabei ist für den Dalai Lama das Mitgefühl etwas ganz Konkretes, das sich auch in Deinem Alltag manifestiert. Denn wer umfassend mitfühlt und die Verbundenheit zu allen Wesen spürt, der wird seinen Alltag anders gestalten; jeder Handgriff, jede Entscheidung wird anders ausfallen, ist er überzeugt. Hierfür gibt der Dalai Lama ein markantes Beispiel:

„Ein einziger fleischloser Tag in den USA könnte 55 Millionen Menschen ein Jahr lang ernähren."[2]

Teil 1   Eine Welt voller Wunder

PAPST FRANZISKUS ZEIGT KLARE KANTE:

Politik und Wirtschaft sollen sich in den Dienst des Lebens stellen

Nun, der Buddhismus ist populär. Wenn es um eine zukunftsweisende Ethik geht, haben wir die katholische Kirche wohl weniger auf dem Radar. Zumindest in unseren Breitengraden ist sie für viele zu vermufft und skandalbehaftet - und obendrein frauenfeindlich und homophob.³ Doch es gibt auch andere Facetten, die leider durch diesen allgemeinen Eindruck unterzugehen drohen.

So ist es tragisch, dass dadurch die wichtige Botschaft, die Papst Franziskus mit seiner Schrift *„Laudato si - Die Sorge für das gemeinsame Haus"*, auch als *„Umweltenzyklika"* bezeichnet, viel zu viele Menschen nicht erreicht hat. Die Kernaussage des Werkes ist: Die derzeitige Lebensweise der Menschheit ist selbstmörderisch, wir brauchen einen neuen, achtsameren Lebensstil.

„Niemals haben wir unser gemeinsames Haus so schlecht behandelt und verletzt wie in den letzten beiden Jahrhunderten. [...] Die Erde, unser Haus, scheint sich in eine unermessliche Mülldeponie zu verwandeln."⁴

Papst Franziskus fordert dazu auf, (politische) Programme zu entwickeln, die diese Entwicklung stoppen.

„Die Politik darf sich nicht der Wirtschaft unterwerfen, und diese darf sich nicht dem Diktat und dem effizienzorientierten Paradigma der Technokratie unterwerfen. Im Hinblick auf das Gemeinwohl besteht für uns heute die dringende Notwendigkeit, dass Politik und Wirtschaft sich im Dialog entschieden in den Dienst des Lebens stellen, besonders in den des menschlichen Lebens."⁵

Angesichts unseres verschwenderischen Lebensstil in der westlichen Welt, den wir auf dem Rücken vieler Menschen in den Ländern auf der südlichen Halbkugel der Erde wie auch auf Kosten der Planeten selbst austragen, treffen Papst Franziskus' Worte ins Schwarze, denn „die Stunde (ist) gekommen, in einigen Teilen der Welt eine gewisse Rezession zu akzeptieren und Hilfen zu geben, damit in anderen Teilen ein gesunder Aufschwung stattfinden kann."⁶

Was für eine gewichtige, klare und mutige Forderung. Wie großartig, dass Papst Franziskus die Macht seines Amtes und seine Reichweite mit der Umweltenzyklika nutzt, um einmal die wirklich wichtigen Themen auf den Tisch zu packen.

21 Handlungsräume: 17. Revolution der Zärtlichkeit

Ein Papst macht Politik

Auch der Zeitpunkt der Veröffentlichung im Juni 2015 hätte nicht besser terminiert sein können: Mit der Umweltenzyklika wollte Papst Franziskus die Entscheidungsträger*innen des Weltklimagipfels in Paris im November 2015 zu klareren und konsequenteren Entscheidungen bewegen, denn:

» *„Das Treffen in Peru (Anmerkung: Weltklimagipfel 2014) war nichts Besonderes. Mich hat der Mangel an Mut enttäuscht: An einem gewissen Punkt haben sie aufgehört. Hoffen wir, dass in Paris (zum Weltklimagipfel 2015) die Vertreter mutiger sein werden, um in dieser Sache voranzukommen."*[7]

Ob die Enzyklika nun entsprechenden Einfluss auf die Entscheidungsfindungen beim Weltklimagipfel in Paris nehmen konnte oder nicht: Bemerkenswert ist, dass Papst Franziskus sein Amt nutzt, um eindeutig Position zu beziehen – für mehr Mitmenschlichkeit und Liebe zum Planeten Erde.

DER PAPST GOES TED-TALK:

Revolution der Zärtlichkeit

Bei der Umweltenzyklika blieb es nicht allein. Papst Franziskus war im April 2017 der Überraschungsgast bei einem TED-Talk mit 1.500 Entscheidungsträger*innen im kanadischen Vancouver.[8] Ja! Ein Papst gab einen TED-Talk! Auch diese Bühne nutzte Papst Franziskus großartig. Er stiftete die Zuschauer*innen an:

„Es reicht ein einzelnes Individuum, damit es Hoffnung gibt, und dieses Individuum kannst DU sein. Dann gibt es ein weiteres DU und ein weiteres DU, und es wird zu einem WIR. Hoffnung beginnt mit einem DU. Und wenn es zu einem WIR wird, beginnt eine Revolution. Die Botschaft, die ich heute teilen möchte, handelt von einer Revolution: der Revolution der Zärtlichkeit."[9]

Teil 1 Eine Welt voller Wunder

„Zärtlichkeit ist greifbare und konkrete Liebe. Es ist eine Bewegung, die in den Herzen beginnt und die Augen, die Ohren und die Hände erreicht. Zärtlichkeit meint, die Augen zu nutzen, um den anderen zu sehen, unsere Ohren, um den anderen zu hören, den Kindern, den Armen zuzuhören, jenen, die Angst vor der Zukunft haben - und die stummen Schreie unseres gemeinsamen Zuhauses zu hören, unserer kranken und verschmutzten Erde. [...] Zärtlichkeit ist der Pfad der Wahl für die mächtigsten, mutigsten Männer und Frauen. Es ist der Pfad der Solidarität, der Pfad der Demut. [...]

DAS ERWACHEN DER WEIBLICHKEIT UND IHRE STIMMEN

Der Papst und der Dalai Lama - bisher war von zwei Herren die Rede, die wichtige Impulse für unser neues ethisches Miteinander in die Welt senden. Und die Stimmen der Frauen? Sie werden gebraucht, finden viele und nicht nur der Dalai Lama, der sagt:

» „Junge Frauen, ich appelliere an euch, die Mütter der Revolution des Mitgefühls zu sein, die dieses Jahrhundert so dringend braucht. ... Es ist erwiesen, dass Frauen emphatischer und sensibler sind als Männer und die Gefühle ihres Gegenübers besser wahrnehmen können ... scheut euch nicht, tragende Rollen im politischen und wirtschaftlichen Leben eures Landes einzunehmen."¹¹

Die Zukunft der Menschheit liegt nicht allein in der Hand von Politikern, großen Anführern, großer Unternehmen. Zwar haben sie enorme Verantwortung. Aber die Zukunft liegt vor allem in den Händen der Menschen, die den anderen als DU und sich selbst als Teil eines WIR erkennen."¹⁰

Auch wenn die christlichen Kirchen nicht mehr in diese Zeit zu passen scheinen: Mit diesen Worten berührt Papst Franziskus zutiefst und zeigt: Auch einige Vertreter*innen der traditionellen Religionen wandeln sich, nehmen sich den Themen dieser Zeit an, wirken mit Worten und tragen ihren Teil zum Wandel hin zu einer besseren Welt bei. Hören und sehen wir auch sie.

21 Handlungsräume: 17. Revolution der Zärtlichkeit

Und das passiert, wenn auch noch längst nicht gleichberechtigt (siehe Abschnitt 3 Von #MeToo zu #MeTwo). Auch im Themenfeld Spiritualität. Eine sehr bekannte Vertreterin einer weiblichen Spiritualität ist Chameli Gad Ardagh, Gründerin des Awakening Women Institute. Im Global Sisterhood Manifesto ihres Institutes heißt es:

» *"Bei Awakening Women beziehen wir Stellung für ein bewusstes Miteinander von Frauen. (...) Von diesem Ort der bewussten Schwesternschaft können wir eine Frauenkultur erschaffen, die in Übereinstimmung ist mit dem, was unsere Herzen wissen. (...) Unsere Beziehung zu anderen Frauen ist ein direktes Spiegelbild unserer Beziehung zu unserer eigenen weiblichen Essenz und zum Weiblichen in allem Leben. Eine Tür, eine Beziehung des Vertrauens und des Feierns unseres inneren Weiblichen und des weiblichen Prinzips in allem Leben wiederherzustellen, ist, unsere Beziehung zur äußeren Frau zu heilen. Gemeinsam erschaffen wir eine bewusste Kultur erwachender Schwesternschaft. Zum Wohle aller."*[12]

FILMTIPPS:
Wim Wenders: Papst Franziskus - Ein Mann seines Wortes.

Mickey Lemle: Der letzte Dalai Lama?

LESEEMPFEHLUNGEN:
Papst Franziskus: Laudato si - Über die Sorge für das gemeinsame Haus.

Dalai Lama: Der neue Appell des Dalai Lama an die Welt. Seid Rebellen des Friedens.

Chameli Gad Ardagh: Komm Dir näher und l(i)ebe Deine tiefste Sehnsucht.

Sabine Groth: Die Heldinnenreise. Wege zu den weiblichen Kraftquellen.

» Weitere Literatur- und Medientipps sowie Links auf make-world-wonder.net

PLAN B UND PERSPECTIVE DAILY

18

21 Handlungsräume: 18. plan b und Perspective Daily

Konstruktiver Journalismus als Wegbereitung

> „Wissenschaftler haben empirisch bewiesen, dass das Weltbild von Journalisten noch negativer ist als das Weltbild der Gesamtbevölkerung. Wie sollen sie dann die Welt richtig darstellen?"
>
> (Prof. Dr. Maren Urner, Co-Gründerin des Nachrichtenmagazins Perspective Daily in einem Interview mit der Süddeutschen Zeitung)[1]

NEGATIVITÄT: EINER DER WESENTLICHSTEN NACHRICHTENFAKTOREN

„Nur worüber die Medien berichten, hat sich auch ereignet." Vielleicht kennst Du dieses geflügelte Wort. Und dabei ist uns oft nicht bewusst, dass wir eben nicht die Wirklichkeit, sondern die Medienrealität wahrnehmen.

Das, was wir „in den Nachrichten" sehen, hören und lesen, ist eben nicht das, was passiert, sondern nur ein Ausschnitt davon.

Die Medien haben also eine enorme Macht, unseren Eindruck von dem, was in der Welt geschieht, zu prägen.

Und worüber berichten die Medien? Nach welchen Kriterien wird über welche Themen informiert?

Darüber gibt das Forschungsfeld der sogenannten Nachrichtenwerte Auskunft. In den vergangenen Jahrzehnten waren sich fast alle Forscher*innen darüber einig, dass die Negativität eines Ereignisses einen der wesentlichen Nachrichtenfaktoren darstellt. Das heißt konkret: Je „negativer" ein Ereignis, je mehr es auf Konflikt, Kontroverse, Aggression, Zerstörung oder Tod bezogen ist, desto stärker beachten es die Medien.[2]

Dir wird sicherlich aufgefallen sein, dass in den Nachrichtensendungen oft die Katastrophen an den Beginn gestellt werden.

„Only bad news are good news" ist nicht ohne Grund eine weitere Redensart.

Die Negativspirale und die Schweigespirale

Das hat seinen Grund: Auch die menschliche Psyche neigt dazu, ein negativeres Weltbild zu konstruieren, als dies der eigentlichen Realität entspricht.³ Dies wird nochmals potenziert, wenn diese Tendenz durch die Medien noch verstärkt wird, sich hauptsächlich auf negative Einzelereignisse zu konzentrieren. Die Folge: Eine Negativspirale wird in Gang gesetzt; ein willkommenes Eingangstor für chronischen Stress. Ergebnis: Wir fühlen uns hilflos den großen Mächten ausgeliefert, können sowieso nichts ausrichten.

Zu dieser Negativspirale gesellt sich außerdem eine *Schweigespirale*, wie sie die Kommunikationswissenschaftlerin Elisabeth Noelle-Neumann bereits in den 70er-Jahren wissenschaftlich erforschte: Wenn Menschen annehmen, dass ihre Meinung die einer Minderheit widerspiegelt, äußern sie sich nicht dazu, weil sie dann Kritik fürchten.⁴

Doch zum Glück verändern wir uns. Und mit uns die Medienwelt.

Ich habe darüber keine Statistik gefunden, ich nehme aber an, dass die Anzahl der Menschen, die bewusst keine Nachrichten mehr anschauen, genauso gestiegen ist wie die Anzahl der Menschen, die abschalten, wenn der nächste Werbeblock an der Reihe ist. Was sich sehr wohl beobachten lässt:

Die Medienlandschaft verändert sich. Auf der einen Seite nehmen die Trashmedien weiterhin zu. In den vergangenen zehn Jahren haben sich jedoch auch weitere neue Medien etabliert, die Themen bedienen, die bisher nicht oder nur wenig auf dem Radar der Leitmedien zu finden waren.

Neben den klassischen Medien gewinnen auch Social Media immer mehr an Reichweite und Einfluss. So sorgte beispielsweise im Mai 2019 YouTuber Rezo durch sein Video *„Die Zerstörung der CDU"* bei den Europawahlen für etwas, das man den Rezo-Effekt taufte, und trug mutmaßlich dazu bei, dass die CDU einen drastischen Stimmenverlust hinnehmen musste.⁵ Kürzlich legte er in einem Video *„Die Zerstörung der Presse"* außerdem dar, was seiner Ansicht nach in der Medienlandschaft falsch läuft, und erhielt darauf wiederum eine enorme, überwiegend positive Medienresonanz.⁶

Die Medienlandschaft ändert sich - Part II

Sicherlich ist Dir außerdem schon aufgefallen, dass es immer mehr Zeitschriften gibt, die für „Happinez" stehen, Dir eine „Auszeit" verheißen, Dich in den „Flow" bringen wollen oder „Hygge" versprechen. Diese neuen Zeitschriften repräsentieren eine Sehnsucht in uns, wieder mehr nach Hause und in Balance zu kommen, sein Leben nicht allein durch Rationales, Leistung und geistige Herausforderungen bestimmen zu lassen, sondern sich auch mal zurückzulehnen, aufzutanken und Kraft zu schöpfen.

Für nur ein paar Euro können wir uns diese Sehnsucht einfach mit nach Hause nehmen und in ihr blättern, in sie eintauchen.

21 Handlungsräume: 18. plan b und Perspective Daily

Vom positiven zum konstruktiven Journalismus

Was mit der Positiven Psychologie als Trend begann, hat in den vergangenen Jahren auch im Journalismus seine Resonanz gefunden. Während der sogenannte Positive Journalismus einen bewussten Gegentrend zum Katastrophenjournalismus setzt, versteht sich die Strömung des konstruktiven Journalismus als Teil des klassischen Journalismus, der eine Wächterfunktion ausübt - allerdings nicht investigativ, sondern konstruktiv, offen und lösungsorientiert.[7]

So kommen immer mehr Medienformate auf, die uns bewusst positive und konstruktive Geschichten erzählen, uns einladen, ermutigen und inspirieren, aktiv zu werden und einen Teil dazu beizutragen, diese Welt so zu gestalten, wie wir sie uns wünschen. In den vergangenen Jahren ist eine ganze Reihe dieser Medien gestartet. Dazu zählen beispielsweise das Magazin enorm oder auch das Perspective Daily, das erste deutsche Online-Medium für konstruktive Nachrichten.

Auch die Leitmedien entdecken den konstruktiven Journalismus.

Wer nun denkt, dies seien gewissermaßen nur „Randerscheinungen", es bleibe bei kleinen Nischenmedien mit geringen Auflagen und geringer Reichweite, der hat sich getäuscht. Der konstruktive Journalismus hält auch langsam Einzug in die wirklich großen Medien. Das ZDF beispielsweise ist im Herbst 2017 mit der Dokumentationsreihe „plan b" gestartet, die aufzeigt, „welche möglichen Lösungen oder Alternativen für gesellschaftliche Probleme bestehen [...] Untersuchungen haben gezeigt, dass Zuschauerinnen und Zuschauer sich auch diese Aspekte in unserer Berichterstattung wünschen: dass Zustände änderbar sind, dass es andere Sichtweisen, Änderungsmöglichkeiten oder zumindest Lösungsansätze gibt."[8]

Hiobsbotschaften, ade! Geschichten des Gelingens sichtbar machen

Das zeigt doch sehr deutlich, dass ein Teil unserer Bevölkerung sich anders ausrichtet, sich nicht mehr lähmen lassen möchte durch Katastrophenstorys und Hiobsbotschaften. Uns ist bewusst, dass wir als Menschheit zwar viele Geschichten des Scheiterns produziert haben - aber eben auch imstande sind, Geschichten des Gelingens zu schreiben."[9] Wir wollen nicht mehr länger den Weltuntergang heraufbeschwören und uns dabei zu Tode amüsieren.[10] Wir wollen aufstehen und unseren Teil dazu beitragen, diese Welt so zu gestalten, wie wir sie uns wünschen.

Journalist*innen, Ihr wollt den Systemwandel doch auch, oder?

Also unterstützt uns dabei, die Möglichkeiten für ein neues Morgen noch eher zu finden, indem Ihr darüber berichtet und damit zum Teil des Wandels werdet, den auch Ihr Euch wünscht.

Ein Teil Eurer Kolleg*innen hat sich übrigens schon auf den Weg gemacht. Macht es ihnen nach!

LESEEMPFEHLUNGEN:

Prof. Dr. Maren Urner: Schluss mit dem täglichen Weltuntergang. Wie wir uns gegen die digitale Vermüllung unserer Gehirne wehren können.

» Eine Liste konstruktiver und positiver Medien findest Du auf make-world-wonder.net

21 Handlungsräume: 19. Prototypen statt Protest

TEIL 1

Handfestes „Einfach. Jetzt. Machen" für ein zukunftsfähiges Morgen

Die neueren sozialen Bewegungen

Markierten die 70er-Jahre den Startpunkt der neuen sozialen Bewegungen, die gegen das Establishment aufstanden und mit dieser „Gegen-Energie" Druck auf das System ausübten, auf dass es sich verändere, so hat sich vor allem in den letzten zehn Jahren eine völlig neue Form von „Bewegungskultur" entwickelt.

Es entstehen immer mehr Bewegungen, die nicht einfach „gegen" das jetzige System gerichtet sind, sondern die selbst einfach mal machen, die konstruktiv, optimistisch, pragmatisch mögliche Lösungswege erforschen und entwickeln und damit in das hineinleben, was die dort tätigen Aktivist*innen sich wünschen und ersehnen.

„Wir sind die, die Neues wagen,
und Veränderung braucht Mut.
Wir sind die, die Träume leben,
sich immer mehr zusammentun.
Was uns antreibt, was uns stärkt,
ist diese innere Melodie.
Es gibt so vieles zu entdecken
in einer Welt voller Magie."

(aus: „Wir werden immer mehr" von Ute Ullrich)

Eine positive Friedens-Kultur statt einer Dagegen-Guerrilla-Manier.

„Einfach. Jetzt. Machen! - Wie wir unsere Zukunft selbst in die Hand nehmen"

… so heißt beispielsweise das Buch des Soziologen und Permakulturforschers Rob Hopkins, der gemeinsam mit einigen Freund*innen im Jahr 2007 in seiner Heimatstadt Totnes in Großbritannien, ausgehend von einem Collegeprojekt, die „Transition Town Totnes" gründete.[1] Angetrieben von der Peak-Oil-Debatte, war die Motivation: Wir fangen selbst mal an, entwerfen für unsere Stadt einen Plan, mit dem wir es schaffen, unser Leben möglichst klimaneutral, umweltfreundlich und ressourcenschonend zu gestalten.
Robs Vorbild folgend, gründeten sich in den vergangenen zehn Jahren ungefähr 4000 Initiativen in ungefähr 40 Ländern auf der ganzen Welt.[2]

» *„Stellen Sie sich Transition wie Tausende dezentraler Forschungs- und Entwicklungsstätten vor, jede mit neuen Ansätzen, alle so miteinander vernetzt, dass - wann immer gute Ideen und Lösungen sich auftun - diese umgehend weitergegeben und repliziert werden können",*[3]

beschreibt Rob Hopkins die Arbeitsweise der *Transition Initiativen* und ergänzt:

» *„Eines meiner zentralen Anliegen ist, dass wir uns mit Möglichkeiten auseinandersetzen und nicht Wahrscheinlichkeiten hinterherlaufen. [...] Wenn wir uns auf die Möglichkeiten konzentrieren, entwickeln wir Energie nicht nur in Bezug auf das, was wir erschaffen könnten, sondern auch in Bezug auf die Rolle, die wir dabei spielen. [...] Ich möchte alle Menschen in diese Welt der lokalen Möglichkeiten einladen und sie dahingehend unterstützen und ermutigen, den Schritt dahin zu wagen, aus den Möglichkeiten Realitäten werden zu lassen."*[4]

141

Teil 1 Eine Welt voller Wunder

Ähnlich wie im konstruktiven Journalismus geht es hier also um einen lösungsorientierten, optimistischen Blick nach vorn. So betont das *deutsche Transition-Netzwerk* in seiner *Transition-Charta*:

» *„Die Transition-Bewegung ist ein selbstlernendes Netzwerk, das den Wandel zu einer lebensbejahenden, nachhaltigen und gerechten Gesellschaft mit Kopf, Herz und Hand angeht. Wir gehen davon aus, dass in jedem Menschen der Wille zum Guten, die Kraft und die Kreativität für den Wandel steckt. Unsere Bewegung lebt von dem gemeinsamen Experimentieren, Austauschen und Lernen."* [5]

MACHEN STATT MECKERN:

Eine neue Bewegungskultur ist entstanden

Diese Tatkraft und Hingewandtheit zu Lösungen ist vielen der Initiativen, die in den vergangenen Jahren gegründet wurden, zu eigen. Hier noch zwei weitere Beispiele:

BEISPIEL 1

Die Gärten von morgen

Warum ungenutzte Flächen in der Stadt brach liegen lassen?

Vor einigen Jahren entstand eine Bewegung, die loslegt, sich dieser Flächen annimmt, sie bepflanzt und begrünt, sie nutzbar macht. Erst mal einfach so, ohne großartig zu fragen, ob das erlaubt sei. Bis die Behörden irgendwann klein beigeben und dieser Nutzung offiziell zustimmen. Oder auch nicht.

Das Prinzip des *Urban Gardening* hat schon in vielen hundert Städten Wurzeln geschlagen. Nicht weil Leute zaghaft fragten. Sondern weil sie einfach machten. Und damit überzeugten. ==Mittlerweile gibt es in Deutschland mehr als 600 solcher urbanen Gemeinschaftsgärten - und so mancher von ihnen hat sich seinen Status durch ein Tatsachen-Schaffen erarbeitet.==[6]

BEISPIEL 2

Wider die geplante Obsoleszenz[7]

Wollen wir es so hinnehmen, dass Handys, Bohrmaschinen, Bügeleisen, Fernseher, Staubsauger - so viele Geräte - viel früher kaputtgehen, als sie müssten? Wollen wir sie einfach in den Müll schmeißen? Ab dafür und was Neues her, und die Müllberge werden immer größer?

Nein, das darf nicht sein, befanden einige Menschen - die bekannteste unter ihnen war die niederländische Umweltjournalistin Martine Postma. Sie entwickelte 2009 unter dem Namen *Repair Café* ein Konzept für Reparatur-Initiativen und stellt seither mit ihrer Stiftung eine Anleitung zum Gründen eines Repair Cafés zur Verfügung.[8]

Der Name „Repair Café" bedeutet übrigens nicht, dass dahinter ein wirkliches Café stecken muss, eher ist es ein Ort, an dem fleißig getüftelt und gebastelt werden darf, eine Garage, ein leer stehender Schuppen oder eine alte Fabrikhalle. ==In Deutschland gibt es mittlerweile über 1.000 Reparatur-Initiativen,== die sich in einem Netzwerk organisiert haben.[9]

21 Handlungsräume: 19. Prototypen statt Protest

TEIL 1

NOCH VIEL MEHR

Dies sind nur einige wenige von unzähligen weiteren Initiativen, die insbesondere in den letzten zehn Jahren entstanden sind.

» Viele weitere Menschen wollen nicht mehr warten, bis die Politik neue Rahmen geschaffen hat. Sie legen einfach mal selbst los. Mehr davon!

FILMTIPPS:

Cyril Dion und Mélanie Laurant: Tomorrow. Die Welt ist voller Lösungen.

Ella von der Haide: Eine andere Welt ist pflanzbar. Gemeinschaftsgärten in Deutschland.

LESEEMPFEHLUNGEN:

Christa Müller: Urban Gardening. Über die Rückkehr der Gärten in die Stadt.

Wiebke Jünger: Stadtgrün statt grau. 66 DIY-Projekte fürs Urban Gardening.

Andrea Baier, Tom Hansing, Christa Müller, Karin Werner (Hrsg.): Die Welt reparieren.
Open Source und Selbermachen als postkapitalistische Praxis. Kostenloser Download: https://www.transcript-verlag.de/978-3-8376-3377-1/die-welt-reparieren

Rob Hopkins: Einfach. Jetzt. Machen. Wie wir unsere Zukunft selbst in die Hand nehmen.

Konzeptwerk Neue Ökonomie: degrowth in Bewegung(en). 32 alternative Wege zur sozial-ökologischen Transformation.

» Weitere Literatur- und Medientipps sowie Links auf make-world-wonder.net

NÄCHSTE AUSFAHRT: HOFFNUNG

20

21 Handlungsräume: 20. Nächste Ausfahrt: Hoffnung

TEiL 1

Fridays for Future & Co.

Die Generation Z steht auf

„Der Traum ist ein Traum, zu dieser Zeit,
doch nicht mehr lange, mach dich bereit
für den Kampf um's Paradies.
Wir haben nichts zu verlieren außer unserer Angst,
es ist unsere Zukunft, unser Land.
Gib mir deine Liebe, gib mir deine Hand."

(aus: „DER TRAUM IST AUS" von Ton Steine Scherben
Musik: Ralph Moebius, Ralph Steitz - Text: Ralph Moebius)*

» **Und dann wart IHR da! Plötzlich und unvermittelt, so schien es. Niemand, wirklich niemand hatte damit gerechnet, dass die Jugend aufsteht, sich politisiert, auf die Straßen geht.**

War die Jugend nicht die, die sich so gar nicht für Politik interessiert?

Die, die nur am Handy oder vorm Rechner klebt, die, die zwischen Stylingtipps und Netflix herumzappt? Weit gefehlt!

Dabei hätten wir das schon ahnen können, denn es bahnte sich in den vergangenen Jahren an. Immer mehr Jugendliche setzten sich mit aufsehenerregenden Aktionen für eine bessere Welt ein.

*Mit freundlicher Genehmigung von: Kobrow Musikverlag GmbH und Degalaxis Verlag Gert C. Moebius

Teil 1   Eine Welt voller Wunder

HIER EINIGE BEISPIELE

VOR ALLEM KAM SIE:

» Der heute 20-jährige Umweltaktivist und Hip-Hop-Künstler Xiahtezcatl Martinez, Jugenddirektor der *Earth Guardians*, einer weltweiten Naturschutzorganisation, der seit Jahren schon für Furore sorgt, zuletzt mit einer Gruppenklage gegen die US-Regierung wegen des in der Verfassung verbürgten Rechts auf Leben und Freiheit. Mit seinem Buch „We rise" legte er 2017 einen Leitfaden zur Heilung des Planeten vor.[1]

» Die beiden Mädchen Melita und Isabel Wijsen gründeten bereits mit 15 beziehungsweise 17 Jahren die Initiative *„Bye Bye Plastic Bags"* auf ihrer Heimatinsel Bali, um sie vom Plastikmüll zu befreien.[2]

» Felix Finkbeiner, der mit gerade einmal neun Jahren die Initiative *„Plant for the Planet"* ins Leben rief, die durch das Pflanzen von Bäumen bei Menschen jeden Alters ein Bewusstsein für globale Gerechtigkeit und Klimawandel schafft.[3]

» Malala Yousafzai, die bisher jüngste Friedensnobelpreisträgerin, setzte sich bereits als elfjährige Bloggerin für Mädchen- und Kinderrechte ein.[4]

Greta Thunberg, die so zart, beharrlich, still und effektvoll vor dem schwedischen Parlament für mehr Klimaschutz streikte und mit Reden beim UN-Weltklimagipfel im Dezember 2018 in Kattowitz[5] und beim Weltwirtschaftsforum in Davos im Januar 2019[6] beeindruckte, die zum Vorbild für Hunderttausende junger Menschen wurde, die es ihr nachmachten und ebenfalls streikten. Jeden Freitag. Für mehr Klimaschutz.

LESEEMPFEHLUNGEN:

Felix Finkbeiner: Jetzt retten wir Kinder die Welt! Baum für Baum.

Felix Finkbeiner: Wunderpflanze gegen Klimakrise entdeckt: Der Baum! Warum wir für unser Überleben pflanzen müssen!

Malala Yousafzai: Ich bin Malala: Das Mädchen, das die Taliban erschießen wollten, weil es für das Recht auf Bildung kämpft.

Franziska und Günther Wessel: You for future.

» Weitere Literatur- und Medientipps sowie Links auf make-world-wonder.net

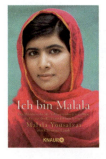 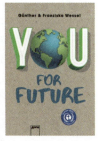

21 Handlungsräume 20 Nächste Ausfahrt: Hoffnung

Teil 1

Wer hätte noch im Herbst 2018 gedacht, dass daraus binnen weniger Monate die größte Klimaschutzbewegung der Welt entstehen könnte?

Und wer weiß, was sich daraus noch entwickeln mag?

Teil 1   Eine Welt voller Wunder

UND DER NÄCHSTE

21 Handlungsräume: Und der nächste Schritt?

TEIL 1

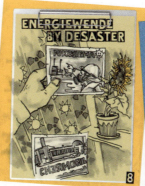

SCHRITT ?

ALL TOGETHER, NOW!

Next Level - Gemeinsam weitergehen

„Der Zauber der Musik gibt auch dir die Kraft.
Geh den nächsten Schritt, dann hast du´s geschafft.
Der Krieger zeigt dir ein Stück freies Land -
einen Platz in deinem Kopf, den er fand, und gibt dir seine Hand,
die du berührst. Und du spürst: ihr seid eins.

Es geschieht: Ihr habt dieselbe Vision. Jetzt siehst du, was er sieht.
Und ihr seht Krieger überall, und alle sind dir bekannt.
Jedes Gesicht, jede Geschichte ist mit dir verwandt.
Sie kämpfen für das Leben, Krieger sind deswegen hier.
Leben für den Traum, und alle sind ein Teil von dir …"

(aus: „Krieger" von Die Fantastischen Vier)

In den vorigen 20 Abschnitten - einer Auswahl dessen, was sich nicht erst seit den 70er-Jahren im Aufbruch befindet - ist es mir hoffentlich gelungen, Dich auf eine Zeitreise mitzunehmen, die die vergangenen Jahrzehnte mit anderen Augen betrachtet.

Eine Reise zu den Tatsächlichkeiten, die wiederum so viele weitere Möglichkeiten beinhalten

Wahrlich unmöglich ist nur, all die weiteren Aspekte anzuführen, die ebenfalls auf ein besseres Morgen hinwirken. Hier noch ein paar Stichworte: Die unzähligen Initiativen, die sich für eine gerechtere Verteilung der Reichtümer unserer Welt und das Beenden von Imperialismus und Kolonialismus einsetzen, die *New-Work-Bewegung*, *Cradle2Cradle*, die alternative Gesundheitsbewegung, die *geldfreie Bewegung* und viel, viel mehr vielfältige Strömungen hätten ebenfalls Teil dieser Geschichte werden müssen. Ein wenig mag Dich das fortwährend wachsende Glossar, das *„Glossar des Wandels"* der *Karte von morgen*, dabei unterstützen, das Bild zu komplettieren.[1]

Als weitere Inspirationsquelle mag Dir auch das Werk *„Die ganze Wahrheit über alles. Wie wir unsere Zukunft doch noch retten können"* von den taz-Journalisten Sven Böttcher und Mathias Bröckers dienen, die damit ebenfalls eine Art Glossar des Weltenwandels von A wie Arbeit bis Z wie Zukunft geschrieben haben.[2]

Doch sicherlich ist Dir bereits auch so Abschnitt für Abschnitt immer bewusster geworden, dass hier Menschen in den unterschiedlichsten Handlungsräumen bereits auf die Welt hinwirken, die wir uns wünschen.

Teil 1   Eine Welt voller Wunder

Es ist mir hoffentlich gelungen, Dir Mut zu machen und Dich zu motivieren. Du brauchst wirklich nur noch mitzumachen. Es ist schon so viel da!

> Die Zeit, etwas Neues aufzubauen, die Welt, die wir uns wünschen, zu erschaffen, ist JETZT. Dass die Welt so ist, wie sie ist, haben WIR so gemacht. WIR sind dafür verantwortlich. Und wir können es JETZT anders machen.

Klimaforscher*innen zufolge haben wir noch zehn kostbare Jahre, um das 1,5-Grad-Ziel einzuhalten, damit auch zukünftige Generationen auf diesem Planeten gut leben können.

Werden wir sie nutzen? Und von wem wird der Stein ins Rollen gebracht, damit wir den *Tipping Point* erreichen?

ALLIANZEN DER ALTERNATIVEN, FORMIERT EUCH!

Freilich sind hier Prognosen sehr gewagt. Doch mutmaßlich wird ein großer Kraftschub hin zum Bewusstseinssprung dann passieren, wenn sich diese Bereiche immer feiner verzweigen und miteinander zu kooperieren beginnen, ohne darum zu schachern, welcher Bereich denn der wichtigste sein könnte. Dann wird diese Bewegung, werden diese Bewegungen nicht mehr aufzuhalten sein. Der Wandel wird vermutlich nicht allein von einer gesellschaftlichen Gruppierung ausgehen.

Es braucht uns alle gemeinsam - Allianzen der Alternativen. Niemand ist hier wichtiger. Nur eines ist essenziell: dass wir uns wertschätzend, wohlwollend, stärkend und stützend konstruktiv aufeinander beziehen (und das schließt auch förderliche Kritik und ein Voneinander-Lernen mit ein).

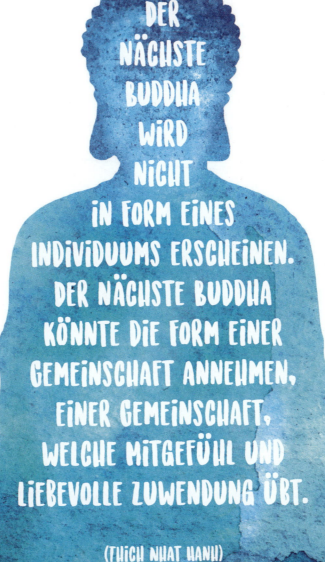

Teil 1   Eine Welt voller Wunder

EINE AUSWAHL DER AKTEURE
HAST DU IN DEN VERGANGENEN ABSCHNITTEN KENNENGELERNT:

» Umweltschützer*innen, die die Achtsamkeit gegenüber Natur und Tier anmahnen und einfordern,

» Wissenschaftler*innen, die die Welt vermessen und tragfähige Lösungsansätze entwickeln,

» liebenswerte Menschen aller Couleur, jederlei Geschlechts, mit all ihren Vorlieben, Talenten und Schätzen, Ecken, Kanten und Schrägheiten, die jede*n Einzelne*n ganz besonders auszeichnen,

» achtsame und spirituell orientierte Menschen, die uns das Innehalten schmackhaft machen und so die Essenz in uns wie auch die Verbindung zum großen Ganzen erspüren lassen, unser aller Welt-Raum,

» passionierte Politiker*innen auf allen Ebenen,

» Künstler*innen, die ihre Prominenz und Gestaltungskraft wahrnehmen und sie nicht nur als ästhetisches Momentum, sondern als politisches Instrument begreifen,

» energiebewegte Klimaschützer*innen, die dafür einstehen, dass wir achtsam mit den Ressourcen des Planeten Erde umgehen und einen dazu passenden, nachhaltigen Lebensstil kultivieren,

» Friedensstifter*innen, die sich dafür einsetzen, dass wir keine Waffen mehr benötigen und jeglichen Kriegs- und Korruptionsherden sowie dem Menschenhandel den Garaus machen,

» Vegetarier*innen, Veganer*innen, Tierschützer*innen und auch jene, die dann und wann einmal ein wahrhaft gutes Stück Fleisch essen – eben ernährungsbewusste Menschen,

» Hausbesitzer*innen und Hausbesetzer*innen, Mieter*innen und Vermieter*innen, Architekt*innen und Bauingenieur*innen, die sich für neue wertschätzende Formen des (miteinander) Wohnens einsetzen,

» Mitarbeiter*innen in den Stadtverwaltungen und Kommunen, die ein nachbarschaftliches, ressourcenachtsames Miteinander fördern,

21 Handlungsräume: 21. All together, now!

» Banker*innen, Volkswirt*innen, Börsianer*innen und Menschen mit völlig neuen Geldideen, die Geld als Wertschätzungsinstrument begreifen, das Menschen zusammenbringt, anstatt sie zu trennen,

» Unternehmer*innen, Wachstumskritiker*innen, wirtschaftliche Weiterdenker*innen und solche, die noch ganz andere ökonomische Alternativen in Kopf und Herz bewegen - für eine Wirtschaft, die dem Leben statt dem Profit dient,

» Lehrer*innen wie Schüler*innen, Studierende wie Professor*innen und viele weitere bildungsbewegte Menschen, die voller Passion lebenslang miteinander lernen und lehren,

» Digital Natives wie auch Menschen, die reale Begegnungen bevorzugen, die die digitalen Möglichkeiten endlich wirklich zu nutzen beginnen,

» Zweifler*innen und Ängstliche, die gesehen werden wollen und unsere Schulterschlüsse und unseren Zuspruch dringend brauchen,

» Anhänger*innen vielfältiger Glaubensrichtungen, die diese tolerant ausleben und in Akzeptanz der jeweils anderen zelebrieren,

» Journalist*innen und Autor*innen, die uns Geschichten erzählen, die inspirieren und Orientierung für ein zukunftsfähiges Morgen geben,

» Aktivist*innen der neueren sozialen Bewegungen, die schon jetzt einfach machen und mit Lösungsansätzen experimentieren, die uns in die Antworten auf die drängenden Fragen dieser Zeit hineinleben lassen,

» Jugendliche, die uns mit ihrer Tatkraft und Energie mitreißen, wie auch gesetztere, erfahrene Menschen mit kühlen Köpfen und klaren Herzen, die diese Power mit der Weisheit und Bedachtsamkeit des Alters abrunden und in die richtigen Bahnen zu lenken verstehen.

» Wir alle werden gebraucht. So dringend.

Und wir werden GANZ gebraucht.

Füreinander einstehend, einander ergänzend,

einander die Hand reichend. Wo reihst Du Dich ein?

Teil 1 Eine Welt voller Wunder

WORAUF WARTEN WIR NOCH?

21 Handlungsräume: 21. All together, now!

TEIL 1

Diese Zeilen entstehen am 30.03.2020 während der Zeit der Corona-Quarantäne. Gerade jetzt können wir diesen Zusammenhalt, eine gehörige Portion Tatkraft, Mut und Vertrauen in die Zukunft ganz besonders gut vertragen. Die Frühlingssonne scheint verheißungsvoll auf meinen Schreibtisch. Sie sagt mir:

» *„Das Leben selbst hört niemals auf. Die Frage ist, ob Du und ich noch eine Rolle darin spielen werden. Wir sind jetzt gefragt, unser Bestes zu geben, dass dem so sein wird."*

Und womit beginnt Dein Bestes? Indem Du Kraft sammelst, nach Deinen Wurzeln fahndest, Dich auf Deine Träume besinnst, indem Du und ich, wir, als Kollektiv und als einzelne Menschen zu dem werden, zu dem wir bestimmt sind.

FILMTIPP:

Catharina Roland: Awake2Paradise.
Ein Reiseführer ins Leben.

LESEEMPFEHLUNGEN:

Charles Eisenstein: Die schönere Welt, die unser Herz kennt, ist möglich.

Sina Trinkwalder: Zukunft ist ein guter Ort. Utopie für eine ungewisse Zeit.

Harald Welzer: Alles könnte anders sein. Eine Gesellschaftsutopie für freie Menschen.

» Weitere Literatur- und Medientipps sowie Links auf make-world-wonder.net

BUCHTEIL 2

WELT, WUNDER DICH NOCH MEHR

Die Kraft des Träumens kultivieren

„Es kommt der Tag,
da wirst du einfach du sein.
Dann fliegst du los
und machst dich nicht mehr so klein.
Weil du alles hast,
was die Welt so dringend braucht.
Hör auf dein´ Bauch,
er weiß es genau.
Deine Träume
malen die Welten von morgen."

(aus: „Einfach du sein" von Eva Croissant)

Teil II   Welt, wunder Dich noch mehr

Nun sind wir also hier angekommen. In den Tagen, in denen ich diesen Buchteil noch einmal überarbeite, steht unser Land still. Die Menschen sind zu Hause, ganz bei sich. Ein kleiner Virus gebietet uns, Abstand voneinander zu wahren. Respektvoll halten wir inne.

> „Die Zukunft gehört denen, die an die Schönheit ihrer Träume glauben."
>
> Eleanor Roosevelt

Wie kann es sich zum Guten wenden?

Ein möglicher Weg ist jener, Kraft zu sammeln, nach unseren Wurzeln zu fahnden, uns auf unsere wirklichen Träume zu besinnen - jede und jeder auf seinen/ihren individuellen wie auch auf unseren kollektiven Traum. Eine starke Vision ist zweifelsohne imstande, Berge zu versetzen.

Wie kann es sich zum Guten wenden?

TEIL 2

Doch gibt es einen derartigen kollektiven Menschheitstraum?

Ja, es gibt ihn. Denn ein wichtiges Momentum der Menschheitsgeschichte der letzten Jahrzehnte, das viel bedeuten könnte, fehlt in der Erzählung des ersten Buchteils. Es liegt an uns, dieses Ereignis aufzugreifen und es wirklich bedeutsam werden zu lassen. Noch lässt es sich so umwidmen, doch viel Zeit bleibt uns nicht mehr. Treten wir also wiederum eine Zeitreise an - zu einem Tag, der eigentlich in die Geschichtsbücher hätte eingehen müssen. Einen Tag, an dem wir alle auf den Straßen hätten tanzen, uns in den Armen liegen und folgenden Song lauthals mitgrölen müssen:

„An Tagen wie diesen
wünscht man sich Unendlichkeit.
An Tagen wie diesen
haben wir noch ewig Zeit.
In dieser Nacht der Nächte,
die uns so viel verspricht,
erleben wir das Beste,
kein Ende ist in Sicht."

(aus: „Tage wie diese" von Die Toten Hosen)

Wenn Du jemanden - zumindest einen Menschen aus Deutschland - danach fragst, was am 9. November 1989 passierte und was er oder sie an diesem Tag getan hat, dann wird er oder sie sehr schnell eine Antwort darauf wissen.

Der 9. November 1989, der Tag des Mauerfalls, ist in unsere kollektive DNA eingebrannt.

Wir sind Teil dieser Tagesgeschichte, weil sie unsere Lebenswirklichkeit in Deutschland für immer verändert hat. An solchen geschichtsträchtigen Tagen fallen Grenzen, vereinen sich Staaten, liegen sich fremde Menschen in den Armen, feiern sich und die Kraft des Lebens, das immer ein gutes Ende findet.

Das sind Tage, aus denen sich unsere stille Hoffnung nährt, dass so etwas wie ein Weltwunder möglich ist. Dass es beispielsweise sein kann, dass wir das 1,5-Grad-Ziel doch noch schaffen, Armut und Hunger beenden und den Lebensstil kultivieren, den es braucht, damit wir alle ein gutes Leben führen können und nicht nur ein Teil.

Den 9. November habe ich mir für diesen Moment aufgespart. Und ein weiteres Ereignis lohnt sich herausgestellt zu werden, weil es die Orientierung schenken könnte, die Welt zu erschaffen, die wir uns wünschen.

Teil II   Welt, wunder Dich noch mehr

DER 25. SEPTEMBER 2015 – EIN TAG FÜR DIE GESCHICHTSBÜCHER?

Genauso wegweisend wie jener 9. November 1989 könnte auch der 25. September 2015 für uns gewesen sein. Denn an diesem Tag ereignete sich etwas noch nie Dagewesenes, ein Akt, der von vielen tausend Menschen – den besten Frauen und Männern ihres Fachs – akribisch und gewissenhaft mit ihrer ganzen Profession vorbereitet wurde.[1] Bei einer Vollversammlung der Vereinten Nationen unterzeichneten 193 Mitgliedsstaaten die *Sustainable Development Goals (SDGs, die neuen Globalen Nachhaltigkeitsziele)*:

INSGESAMT 17 ZIELE FÜR EINE BESSERE WELT

» Vom Abwenden des Klimawandels
» über die Gleichstellung der Geschlechter
» bis hin zur Beendigung von Hunger und Armut,
» vom Schutz der Ozeane
» von der Förderung, Erhaltung der Artenvielfalt auf dem Land
» bis hin zur Erlangung von Frieden,
» von einer flächendeckenden Gesundheitsversorgung
» bis hin zur Förderung achtsamer Infrastrukturen und nachhaltiger Nachbarschaften.[2]

Die 17 Sustainable Development Goals (SDGs) nennen die Großbaustellen, die wir selbst als Menschheit geschaffen haben, beim Namen und versehen ihr Meistern mit einem Zielhorizont, der zumeist ins Jahr 2030 reicht. Deswegen werden die SDGs auch *Agenda 2030* genannt.

In dieser Form, in dieser Ganzheit, sind unsere globalen Herausforderungen noch nicht zusammengeführt worden. Die zuvor geltenden *Milleniumsziele* kaprizierten sich beispielsweise lediglich auf acht Themenbereiche: Der Klimawandel, die Veränderung unseres Wirtschaftssystems oder auch das Erreichen des Weltfriedens spielten bei ihnen keine Rolle.[3] Außerdem richteten sie sich maßgeblich an die Länder des globalen Südens. ==Die SDGs hingegen adressieren ALLE Länder, arm wie reich, sie beschreiben die Hausaufgaben der ganzen Welt. Ein Masterplan für ALLE Musketiere.==

==Die 17 globalen Nachhaltigkeitsziele markieren einen Meilenstein von unglaublicher Tragweite für unsere Menschheit.== Hier einigten sich erstmals die Vereinten Nationen auf einen gemeinsamen Zielhorizont und verabredeten sich, mit vereinten Kräften diese Landkarte des Wandels anzugehen, um unseren Kindern und Kindeskindern auch in Zukunft ein gutes Leben zu ermöglichen.

Der 25. September 2015 - Ein Tag für die Geschichtsbücher

Hier siehst Du die globalen Nachhaltigkeitsziele auf einen Blick:

Zeit für ein weltumspannendes Fest! Eigentlich …

Im Prinzip hätten wir am 25. September 2015, dem Tag, an dem sich die Vereinten Nationen auf den Masterplan zur Weltrettung geeinigt haben, also ein weltumspannendes Fest feiern dürfen - so wie wir am 9. November 1989 oder beim Gewinn der Fußballweltmeisterschaft am 13. Juli 2014 vor Glück taumelten. Die ganze Welt hätte sich dafür in den Armen liegen MÜSSEN, dass wir nun unsere Hausaufgaben ganz klar benannt haben, dass wir nun erkannt haben, worum es wirklich und wesentlich geht, dass wir nun all die Ablenkungsmanöver und Konsum-Kompensationen beiseitestellen können, um uns voller Freude, in Freiheit, Gleichheit und Geschwisterlichkeit darauf zu besinnen und für die Dinge zu wappnen, die es anzupacken gilt, dem Horizont der Herausforderungen entgegen, um aus ihnen Möglichkeiten zu machen. So wie die Held*innen in den großen Geschichten feiern, bevor sie in die Schlacht ziehen …

Die Horizonte der globalen Nachhaltigkeitsziele zu erreichen, wird in den kommenden Jahrzehnten unser aller Held*innenreise, unsere Menschheits-Held*innenreise, werden.

Teil II   Welt, wunder Dich noch mehr

Warst Du eingeladen zu diesem Weltwunderfest?

Nein, Du warst es sicher nicht, denn eine Party hat gar nicht stattgefunden. Und die Ratifizierung der SDGs war den großen Medien dieser Welt lediglich eine Randnotiz wert. Top-News dieses Tages waren (schon damals!): der Abgasskandal bei Volkswagen; Martin Winterkorn tritt als Vorstandsvorsitzender der Volkswagen AG zurück, Matthias Müller wird sein Nachfolger (der mittlerweile auch Geschichte ist).[4]

Ich nehme auch an und bin mir sogar ziemlich sicher, dass Du noch nicht viel von den „SDGs" gehört hast - es sei, Du bist in einem Bereich tätig, der etwas damit zu tun hat.

Und ich schätze darüber hinaus, dass Du diese Zeilen vielleicht mit Skepsis liest, wenn Du „an die Politik" denkst, die dieses Werk verantwortet.

Die Politik und die globalen Nachhaltigkeitsziele

Die Zweifel scheinen auch verständlich: Zwar hat die deutsche Bundesregierung Anfang 2017 eine neue deutsche Nachhaltigkeitsstrategie willkommen geheißen, die sich auf die globalen Nachhaltigkeitsziele bezieht.[5] Allerdings findet sich von der ehemaligen Klimakanzlerin Angela Merkel, die sich noch im Dezember 2015 beim Pariser Weltklimagipfel vehement für das Einhalten des 1,5-Grad-Zieles einsetzte und beim Folgegipfel in Bonn im November 2017 ins gleiche Horn blies, in der tatsächlichen Politik wenig wieder.[6]

Auch das neue deutsche Klimaschutzgesetz, das sich in der Entwicklung und Verhandlung befindet, drohte ausgesessen zu werden. Doch dann keimte die „Fridays for Future"-Bewegung auf [7] - und obendrein formierten sich auch die Scientists for Future und stellten sich mit Tausenden Wissenschaftler*innen - darunter einige prominente Zugpferde - hinter die jugendlichen Demonstranten.[8] Zusätzlicher Druck kam von der Extinction-Rebellion-Bewegung.[9]

All das produzierte ein gehöriges Medienecho. Doch das Klimaschutzgesetz wurde schließlich nur eines, das nicht wehtut[10] - und das, obwohl nahezu zeitgleich zu den Verhandlungen am 20.09.2019 1,4 Millionen Menschen für Klimaschutz demonstrierten.[11] Ohnehin scheinen in Corona-Zeiten andere Themen wichtiger als der Klimaschutz; zwar war die Abwrackprämie aufgrund des gesellschaftlichen Drucks vom Tisch, doch das 130 Milliarden Euro starke Konjunkturpaket ermöglicht keinen ökologischen Neustart, wie die Opposition befand.[12]

Bei all der Kritik: Es gibt sicherlich auch genügend Politiker*innen - und zwar aus allen politischen Richtungen (ausgenommen den rechtspopulistischen), denen das Erreichen der globalen Nachhaltigkeitsziele am Herzen liegt. Es wünschen sich mehr Politiker*innen wirklich und wahrhaftig, dass sich diese Welt hin zum Besseren verändert, als Du denkst. Und sie wünschen sich das nicht nur, sie

Der 25. September 2015 - Ein Tag für die Geschichtsbücher

TEIL 2

tun auch etwas dafür. Sie brauchen unseren bestärkenden Rückenwind und konstruktive Schulterschlüsse, anstatt dass wir ihnen die Schuld geben oder über sie schimpfen.

Und es bleibt dabei: Die globalen Nachhaltigkeitsziele sind eine intellektuelle Meisterleistung, die ihresgleichen sucht. Allerdings wissen nur wenige „eingeweihte Menschen" von ihrer Existenz. Dabei bräuchte es Menschen - begeisterte Menschen - aus allen gesellschaftlichen Schichten, die mit voller Leidenschaft dafür einstehen, dass wir unsere Zielhorizonte auch wirklich erreichen.

Es braucht ein Verständnis dafür, dass die globalen Nachhaltigkeitsziele unser gemeinsames großes Ding sind, das größte Abenteuer der Menschheit in diesen Tagen. Im Prinzip brauchen die globalen Nachhaltigkeitsziele die Begeisterungsstürme, die eine Fußballweltmeisterschaft, die Olympischen Spiele oder ein Riesen-Popfestival auslösen. Die globalen Nachhaltigkeitsziele wie das Thema Nachhaltigkeit generell brauchen die Schönheit, Sexyness und Attraktion, die diese Themen verdienen.

Doch vielleicht magst Du mir recht geben: Es turnt nicht gerade an, sich mit den globalen Nachhaltigkeitszielen zu befassen. Sie werden so lieblos transportiert wie oft schönste Rilke-Gedichte in Klassenzimmern. Als würde man über die Bedienungsanleitung für einen Kühlschrank reden. Wäre hingegen jener unkonventionelle Mr. John Keating, der Lehrer aus dem Film „Club der toten Dichter", am Werk gewesen, dann hätte er leidenschaftlich vermittelt, welch wichtige Lebensfragen Rilke thematisiert. Er hätte die Menschen damit berührt und sie in ihre ganz eigenen Antworten „hineinleben" lassen.

Die globalen Nachhaltigkeitsziele brauchen mehr Poesie und Magie. Nach ihnen zu streben, sie zu erreichen, ist kein rein „kognitiver, vernünftiger Prozess" mit Projektmanagement-Wording, kein Gesetz oder auch Regierungsprogramm.

DIE AGENDA 2030 BEINHALTET NICHTS WENIGER ALS DEN MASTERPLAN ZUM ERREICHEN UNSERER KOLLEKTIVEN VISION FÜR EINE LEBENSWERTE ZUKUNFT DER MENSCHHEIT AUF DIESEM PLANETEN.

Der 25. September 2015 - Ein Tag für die Geschichtsbücher

TEIL 2

Die 17 Ziele sind kein Projekt allein für Staatsoberhäupter. Für ihr Erreichen brauchen wir ALLE und ALLES. Wir brauchen nicht nur Hirn, sondern auch Herz und Hand - die neue Aufklärung, wie der *Club of Rome* sie in seinem aktuellen Bericht „Wir sind dran" einfordert.[13] Die SDGs brauchen guten Geist, Leidenschaft und Tatendrang. Sie dürfen eine Begeisterungswelle durch alle Bevölkerungsschichten schwappen lassen. Eine La-Ola-Welle für eine bessere Welt.

> Ohne Begeisterung ist noch nie etwas Großes erreicht worden.
>
> (Ralph Waldo Emerson)

Es geht darum, das riesige Potenzial der SDGs aufzubereiten und daraus etwas Großes zu machen. Denn dann schaffen wir gemeinsam dieses Weltwunder, tun die Wunder in uns als einzelne Menschen und als Kollektiv auf, um diese Ziele auch wirklich zu erreichen.

ALSO ...

machen wir uns bereit, uns kraft unserer Träume mit Lust und Freude auf diesen Weg zu begeben und immer mehr Menschen zu werden, die diesem großen Ziel dienen.

DAS IST EINE RIESIGE CHANCE – VIELLEICHT DIE LETZTE CHANCE, DIE WIR HABEN, UM DIE KURVE NOCH ZU KRIEGEN.

Teil II Welt, wunder Dich noch mehr

Die Kunst des Träumens in unser Leben zurückholen

„Wenn einer allein träumt,
ist es nur ein Traum.
Wenn viele gemeinsam träumen,
ist das der Beginn einer neuen Wirklichkeit."

(Dieses Zitat wird sowohl dem brasilianischen Theologen Dom Hélder Pessoa Câmara als auch dem österreichischen Künstler Friedensreich Hundertwasser zugeschrieben)

„Ich habe einen Traum." Du kennst sicherlich diesen Ausspruch von Martin Luther King. Und vielleicht erinnerst Du Dich - genau wie ich - auch daran, dass er im Jahr 1963 in Washington diese berühmte Rede hielt, die zu einer wichtigen Wegmarke für die Gleichstellung der Afroamerikaner*innen in den USA wurde. Zweifelsohne eine Jahrhundertrede, eine der Sternstunden einer erwachenden Menschheit.

Die globalen Nachhaltigkeitsziele wirklich erreichen zu wollen, ist ein noch viel größeres Vorhaben. Die Gleichstellung aller Menschen ist nur ein kleiner Teilaspekt davon.

Es braucht also einen noch größeren Traum, einen kollektiven Traum von einer besseren Welt. Denn Träume sind verdammt kraftvoll. Nach der *Walt-Disney-Strategie* beginnt ein großes Vorhaben, indem alle Beteiligten zunächst den Raum des Träumers betreten, erst danach dürfen die Realisten und Zweifler sich melden.[14] Was das Meistern der Herausforderungen auf dieser Welt angeht, so können wir diese Perspektive gut gebrauchen. Die Räume der Realisten und Zweifler haben wir in diesem Fall schon zur Genüge erkundet.

Damit die sogenannte *„große Transformation"* gelingt, wird es nicht mehr reichen, dass wir uns mal nett angucken, was die „da oben" verkünden, und es abnicken. Oder alle paar Jahre mal zur Wahlurne schreiten.

Jede*r von uns ist gefordert, seinen und ihren Platz einzunehmen, in seiner und ihrer ganzen Präsenz und Kraft.

Wanted:
Ein neuer kollektiver Traum

So viele Menschen wie möglich dürfen wieder beginnen zu träumen, nicht nur von ihrem individuellen Erfolg, sondern auch von einer besseren Welt. Ja, auch Du.

Doch eine Vision von einer besseren Welt - ist das nicht ganz schön vermessen?

Wem steht es zu, einen solch großen Traum zu formulieren? Natürlich jede*r von uns.

Die Kunst des Träumens in unser Leben zurückholen

TEIL 2

Es geht vor allem darum, dass viele von uns sich erheben und sich wieder zu träumen trauen, anstatt in unseren engen Alltagskorsetten zu verharren und darüber zu lamentieren, was alles schlecht ist und nicht funktioniert.

Selbstverständlich sollte es nicht beim Träumen bleiben, doch ein großer Traum ist ein wichtiger Ausgangspunkt - er versprüht Anfängergeist und versetzt Berge. Und Letzteres haben wir zu schaffen: Wir dürfen mal eben ein Weltwunder gestalten.

Die Zeit der großen Träume ist JETZT

Erfreulich und wohl ein Zeichen dafür, dass wir uns offenbar in einer ganz besonderen Zeit befinden, die offen für neue, große Träume ist, dass gerade in diesen Tagen einige Menschen vorangehen und große Träume auszusprechen wagen. Neben all dem Zaudern und Wegschauen, das wir dieser Tage erleben, dürfen wir gerade jetzt ebenfalls Zeug*innen solch wacher Sternstunden sein, wie sie uns Martin Luther King beschert hat - und zwar so eng getaktet wie vielleicht noch niemals zuvor.

Denke an die mutige Greta Thunberg, die für den Klimaschutz zunächst den Schulbesuch verweigerte und wenige Wochen später in einer viel beachteten Rede auf dem Weltklimagipfel in Kattowitz im Dezember 2018 ihre Stimme für die Rettung der Erde erheben durfte.[15]

Denke an Alexander Gerst, den Kommandanten der ISS, der zum Ende seiner Mission „Horizons" berührende Worte an unsere Enkelkinder richtete.[16]

Stell Dir vor, was passieren würde, wenn wir uns alle noch entschiedener mit unseren Träumen zeigten!

Teil II Welt, wunder Dich noch mehr

Wie wir leben werden: Ein Zielhorizont für Dich, mich und die Welt

TEIL 2

Du und ich: auf dem Weg zu unserem Menschheits-Traum

Greta Thunberg und Alexander Gerst sprechen das mutig aus, von dem Millionen Menschen träumen. Wir dürfen sie nicht allein lassen. Um die Welt zu erschaffen, die wir uns wünschen, braucht es viele Menschen vom Schlage Martin Luther Kings, Greta Thunbergs und Alexander Gersts. Menschen, die beherzt zu ihren Träume stehen.

Es braucht Dich und mich.

Um einen Startschuss zu geben, teile ich hier ganz mutig, frei und mit großen, weiten Gedanken und offenem Herzen meinen ganz persönlichen Traum von einer besseren Welt mit Dir. Dafür riskiere ich, dass Du mich naiv nennst. Doch das ist es mir wert.

Denn ich wünsche mir von ganzem Herzen, dass Dich das inspiriert, Deinen eigenen Traum von der Welt, die Du Dir wünschst, zu formulieren.

Mein Traum ist inspiriert von den globalen Nachhaltigkeitszielen, die ich für einen herausragenden Orientierungsrahmen zum Träumen halte, eben weil sie unser aller Menschheits-Baustellen ganzheitlich benennen.

Auf der kommenden Seite beginnt er, mein Menschheitstraum.

Also los ...

Teil II   Welt, wunder Dich noch mehr

WIE WIR LEBEN WERDEN

Ein Zielhorizont für mich und Dich und die Welt
(inspiriert von den globalen Nachhaltigkeitszielen der Vereinten Nationen)

Ich bin Stephanie, einer von knapp acht Milliarden Menschen auf diesem Planeten.

Ich habe das Glück, in einem Land geboren zu sein, in dem ich sicher, geborgen und ohne Sorgen leben kann und in dem ich außerdem eine hervorragende Bildung genießen darf. Ich lebe hier so privilegiert: Meine Gedanken sind frei. Ich bin in einem Land aufgewachsen, das zwar auch große Schatten in diese Welt brachte - doch das zugleich auch das Wunder einer friedlichen Revolution beheimaten durfte.

Wunder geschehen, wenn ihre Zeit reif ist.

Ich finde, vor gar nicht allzu langer Zeit ist wieder einmal ein Wunder passiert, und ich möchte Dir gern davon erzählen. Viele von uns haben es nur noch nicht bemerkt, weil es den großen Nachrichten bisher nur eine Randnotiz wert war. An diesem 25. September 2015, dem Tag, an dem sich ein Weltwunder ereignete, einigten sich die Staatschefs der 193 Vereinten Nationen mit den globalen Nachhaltigkeitszielen auf einen gemeinsamen Zielhorizont für eine bessere Welt.

Wenn Du nun aber das, was am 25. September 2015 geschehen ist, belächelst und als absurdes Politikergeschwätz abtust, dann frage ich Dich, lieber Mensch: Was sind denn Deine Träume? Träumst Du nicht auch davon, dass wir genau DAS einmal schaffen? Bei aller Systemkritik sollten wir unsere Staatschefs mit ihren Zielen ernst nehmen. Wir dürfen sie einfordern - und vor allem diese Ziele selbst leben. Gemeinsam in sie hineinleben. Denn der Staat, denn die Welt, das sind wir alle gemeinsam.

Demokratie, diese hohe Staatsform, die wir uns in Jahrhunderten errungen haben, beschränkt sich nicht auf die „Abgabe" Deiner Stimme und Deiner Verantwortung. Da haben viele von uns in den vergangenen Jahrzehnten etwas missverstanden. Deine Stimme ist Deine Aufgabe. Immer. Egal, wo und wer Du bist. Demokratie lebt davon, dass DU sie lebst, heiligst und Dein Recht auf Teilhabe wahrnimmst. DU bist genauso wichtig, wie ich es bin.

Was ich nun gleich mit Dir teile, ist MEIN Traum, mein Manifest von einer besseren Welt.

Mein Traum orientiert sich an den globalen Nachhaltigkeitszielen, denn ich halte sie für eine ganzheitliche und umfassende Landkarte des Wandels, einen herausragenden Orientierungsrahmen. Ich habe diese Ziele in der Form aufgeschrieben, als wären sie bereits erreicht, als würden wir bereits in diesem Traum leben. Ich habe diese Ziele und Qualitäten so formuliert, dass sie mir selbst Lust machen, in sie hineinzuleben, ja - sie ziehen mich förmlich in sich hinein.

Dies ist mein Traum. Ich erhebe keinen Anspruch darauf, dass er der Traum ALLER werden soll.

Auch da haben wir bislang etwas missverstanden. Wir versuchten stets, uns auf einen gemeinsamen Traum zu einigen, und gerieten häufig darüber in Streit, welcher dieser Träume der beste aller Träume zu sein habe. Doch es zählen ALLE Träume.

Wie wir leben werden: Ein Zielhorizont für Dich, mich und die Welt

TEIL 2

Erinnern wir uns an Mahatma Gandhi, der einmal so wunderschön und treffend sagte:

„Jeder einzelne Mensch, jede einzelne Stimme in einer Gesellschaft ist wichtig. Keiner und keine ist überflüssig oder unwichtig. Wir bilden ALLE einen gemeinsamen Klang."

Genau deshalb sind auch DEINE Träume gefragt.

Wir dürfen uns unserer Träume wieder erinnern und einander ermutigen, sie wachzuküssen. Jede*r Einzelne von uns. So schaffen wir neue Realitäten. Die, die wir uns wirklich wünschen.

ALSO, LIEBER MENSCH, TRÄUMST AUCH DU MIT?

17 LEBENSQUALITÄTEN FÜR DIE WELT, DIE WIR UNS WÜNSCHEN.

1. REICHTUM UND FÜLLE

Wir erfreuen uns demütig an den Reichtümern dieser Welt und teilen sie achtsam miteinander. Wir wissen, dass wir hier zu Gast sind und uns im Grunde nichts gehört.
Jeder Mensch auf der ganzen Welt hat den Anspruch auf eine **angemessene Grundversorgung**, wenn er oder sie aufgrund von Krankheit, Krise oder Neuorientierung bedürftig ist. **Diese Grundversorgung wird bedingungslos gewährt**, denn wir sind im Vertrauen zueinander und wissen, dass jede*r sich in dieser Gesellschaft einbringen und zu einer besseren Welt beitragen möchte. Dafür ist es manches Mal notwendig, **sich schöpferische Pausen, Müßiggang und Innehalten** zu gönnen, um sich nach diesen verdienten Ruhephasen noch viel besser wieder einbringen zu können.

Wie wir leben werden: Ein Zielhorizont für Dich, mich und die Welt

TEIL 2

2. GESUNDE NAHRUNG FÜR ALLE

Köstliche, gesunde, mit Liebe und Achtsamkeit gegenüber allen Wesen produzierte Lebensmittel aus der Region sind für alle Wesen verfügbar. **Wir können 12 Milliarden Menschen mit Lebensmitteln versorgen und haben Lösungen dafür gefunden, dass sie gerecht geteilt werden.**
Unsere Lebensmittel produzieren wir mit Liebe und auf natürliche Weise. Chemische Substanzen, die unsere Erde vergiften, haben bei ihrer Produktion keinen Platz. Wir respektieren und wertschätzen die Menschen, die Lebensmittel für uns herstellen, und bezahlen sie dafür angemessen. Die Verschwendung von Lebensmitteln haben wir abgeschafft.

Teil II   Welt, wunder Dich noch mehr

3. Heilung und Gesundheit in vielen Facetten

Indem wir einander guttun, uns vertrauensvoll begegnen, uns liebevoll in unserer Potenzialentfaltung fördern und allen Menschen und Wesen den Zugang zu köstlicher und gesunder Nahrung, gutem Wasser, ausreichend Bewegung und Entspannung ermöglichen, tragen wir bereits im besten Sinne dazu bei, dass wir gesund bleiben.

Wenn ein Mensch erkrankt, dann sorgen wir umfassend und mit ganzheitlichem Ansatz dafür, diesen Menschen bei seiner Gesundung zu begleiten - sowohl **schulmedizinisch als auch mit alternativen Lösungen**. Wir wissen um die **psychischen Ursachen** von Erkrankungen und beziehen diese Aspekte in den Heilungsprozess ein.

Wie wir leben werden: Ein Zielhorizont für Dich, mich und die Welt

TEIL 2

4. LEBENSLANG BEGEISTERT LERNEN

Wir haben erkannt, dass wir Menschen einen Großteil unseres Potenzials mit Mitteln der klassischen Bildung haben verkümmern lassen, weil wir Bildung als Pflichtprogramm angesehen und uns vornehmlich auf die Schulung unserer geistigen Kapazitäten konzentriert haben.
Mittlerweile sehen wir Bildung als ein großartiges Geschenk, auf vielfältige Art und Weise mit allen Sinnen lernen zu dürfen. Mit allen Sinnen zu lernen heißt, **mit Herz, Hirn und Hand dabei zu sein** - Bildung ist nicht allein Kopftraining, sondern ganzheitlicher Natur. **Wir lernen in unterschiedlichsten vielfältigen Formaten mit Freude, Spiel und Ernsthaftigkeit**, indem wir ausprobieren, reflektieren und auch mal innehalten. Zu lernen ist ein lebenslanger Prozess, der niemals aufhört. Jeder Mensch bekommt den Zugang zu den Bildungsmöglichkeiten, die er oder sie sich wünscht.

5. UNSERE MENSCHLICHE VIELFALT FEIERN

Wir würdigen und wertschätzen unser aller Vielfalt. Gleichberechtigung und Inklusion sind eine Selbstverständlichkeit. Wir feiern unsere kulturelle Diversität und unterstützen uns dabei, uns unserer kulturellen und religiösen Wurzeln zu erinnern und sie in ihrer weiteren Entfaltung zu fördern.

Auch in unseren Rollen und geschlechtlichen Identitäten und sexuellen Neigungen gestehen wir uns Vielfalt und Gestaltungsfreiheit zu - sofern sie die Würde und Wertschätzung anderer Wesen wahrt. Es gibt nicht nur Frauen und Männer, sondern **viele „Zauberwesen"**. Uns eint, dass wir alle Menschen sind.

Wie wir leben werden: Ein Zielhorizont für Dich, mich und die Welt — TEIL 2

6. DAS LEBENSELEMENT WASSER SCHÜTZEN

Neben der Erde, der Luft und dem Feuer ist das Wasser eines der zentralen Lebenselemente. Die Erde besteht zu 70 Prozent aus Wasser, der Mensch auch. **Alles, was wir ins Wasser geben, wird zu uns zurückkommen.** Deswegen ist es besonders schützens- und bewahrenswert. Das haben wir erkannt, und so handeln wir auch. Wasser ist frei und unveräußerlich - genauso wie die Luft, die wir atmen. **Wasser ist ein Menschenrecht**, ein freies Gut, das für alle verfügbar ist.

Teil II   Welt, wunder Dich noch mehr

7. Positive Energie gewinnen

Bereits vor einigen Jahrzehnten erkannten wir, dass zwar einige hochpotente Energiequellen wie etwa die Atomenergie oder auch fossile Energieträger existieren, ihre Nutzung aber höchst gefährlich ist und die Balance des Gesamtsystems zerstört. **Jetzt haben wir es geschafft, genügend Energie aus förderlichen Quellen (Sonne, Wind und Wasser) zu schöpfen**, dass wir damit auf der Erde versorgt werden. Die Energiewende ist uns gelungen.

Wie wir leben werden: Ein Zielhorizont für Dich, mich und die Welt

TEIL 2

8. Eine Wirtschaft, die dem Leben dient

Wir haben erkannt und korrigiert, dass monetäres Wachstum nicht primäres Ziel des Wirtschaftens ist. Das Augenmerk der neuen Wirtschaftsordnung, die wir etabliert haben, ist darauf gerichtet, **dass wir mit ihr ein gutes Leben für alle ermöglichen können** - mit den Aspekten, die allen Wesen dienlich sind. Eine derartige Wirtschaft beutet nichts und niemanden mehr aus und hat stets das Wohl aller im Blick. Zur Entwicklung dieser neuen Wirtschaftsordnung waren die **Konzepte der Postwachstums-Ökonomie, der Degrowth-Bewegung und der Gemeinwohlökonomie** sehr hilfreich.

Wir haben außerdem verinnerlicht und werden von Vertrauen zueinander getragen: **Jede*r möchte schöpferisch tätig sein. Wir vertrauen einander, dass jede*r Mensch sich mit seinen Talenten und Fähigkeiten in dieser Gesellschaft einbringt, wie er oder sie es vermag.** Dazu braucht es auch Pausen.

Teil II   Welt, wunder Dich noch mehr

9. Achtsame Innovationen und Infrastrukturen

Alle Erfindungen, die wir machen, sind heute von dem Geist getragen, dass sie uns weiterbringen und dem Leben dienlich sind. **Wir entwickeln nichts mehr „des Geldes" wegen, sondern weil es Werte schafft und sinnvoll ist.** Die Infrastrukturen (Straßen, Staudämme, Kraftwerke, „Datenautobahnen") werden in Achtsamkeit gegenüber den Ressourcen der Welt errichtet.

Wie wir leben werden: Ein Zielhorizont für Dich, mich und die Welt

TEIL 2

10. GERECHTES TEILEN MACHT FREUDE

Wir erinnern uns staunend an eine Zeit, als 62 superreiche Menschen genauso viel besaßen wie die halbe Welt. Das ist für uns heute unvorstellbar. Natürlich verdienen wir nicht alle gleich viel, **aber die reichsten Menschen verdienen „nur noch" rund zehnmal so viel wie gut situierte Menschen.** Dabei ist jemand, der zehnmal so viel verdient, nicht mehr wert und wichtiger als jemand, der weniger verdient und weniger reich ist.
Wenn ein Mensch bedürftig ist, dann teilen wir unser Hab und Gut mit ihm oder ihr. Jeder hat ein bedingungsloses Recht auf einen Schlafplatz und Grundversorgung.
Wichtig ist uns auch, dass jeder Mensch die gleichen Chancen hat, Bildung zu genießen, eine Unterkunft und Lebensmittel zu bekommen - und zwar bedingungslos. Und so, wie jeder Mensch (Chancen-)Gleichheit genießt, so verhalten sich auch Staaten untereinander. Es gibt keine Unterteilung in Entwicklungsländer und wohlhabende Länder mehr.

Teil II   Welt, wunder Dich noch mehr

11. IN GUTER NACHBARSCHAFT

Noch zu Beginn unseres Jahrtausends gab es eine Entwicklung, die sich Gentrifizierung nannte. Auf der einen Seite bildeten sich Stadtviertel, in denen Wohnraum immer teurer wurde, und auf der anderen Seite entstanden Slums. Dieses Phänomen gehört heute der Vergangenheit an. **Wohnraum ist überall bezahlbar.** Wir achten darauf, dass es neben behaglichem Wohnraum, der nach ökologischen Kriterien instand gehalten und renoviert wird, auch **ausreichend Grünflächen** gibt, in denen wir uns erholen können. Viele Städte und Gemeinden sind zu **essbaren Städten** geworden, d. h., Nutzflächen sind begrünt und mit Obst und Gemüse bebaut, das zur freien Verfügung steht. **In vielen Stadtvierteln und Gemeinden gibt es „Suppenküchen" - Nachbarschaften tun sich zusammen, um zu kochen, zu bauen, zu handwerken, zu basteln und zu spielen.** Vielfältige Familienformen und Lebensgemeinschaften erblühen einträchtig nebeneinander.

Wie wir leben werden: Ein Zielhorizont für Dich, mich und die Welt

TEIL 2

12. DER KREISLAUF VON GEBEN UND NEHMEN

Wir haben erkannt und umgesetzt, dass jede unserer (Kauf-)Handlungen und Tätigkeiten Auswirkungen auf unsere Umwelt hat. Deshalb sind wir viel achtsamer unterwegs als noch vor einigen Jahrzehnten, als wir nach dem Konzept lebten, als ob die Ressourcen dieser Erde fortwährend nachwachsen würden. Wir haben verstanden, **dass das Leben sich in Kreisläufen vollzieht, und so konsumieren wir bewusster.**
(Lebensmittel-)Verschwendung gehört der Vergangenheit an, unser Abfallaufkommen ist auf ein Minimum reduziert, weil wir ebensolche **Produktionskreisläufe kreiert haben - beispielsweise nach dem Prinzip des Cradle to Cradle.**

Teil II   Welt, wunder Dich noch mehr

13. Frischer Wind für gutes Klima

Durch die Nutzung natürlicher Energiequellen wie Sonne, Wind und Wasser und dem damit einhergehenden Verzicht auf Energieträger, die die Luft verschmutzen (wie Kohle, Erdöl und Erdgas), ist es uns gelungen, die Luft und unsere Atmosphäre reiner zu halten. **So konnten wir dem drohenden Klimawandel in letzter Sekunde Einhalt gebieten.**
In unserem gesamten Alltag, in unserem Konsum und unserer Mobilität sind wir achtsam gegenüber der Umwelt unterwegs. **Wir haben unseren ökologischen Fußabdruck drastisch reduziert.**

Wie wir leben werden: Ein Zielhorizont für Dich, mich und die Welt — TEIL 2

14. DIE MEERE SCHÜTZEN

Eine ganze Zeit lang nutzten wir Menschen die Meere einfach als kostenlose Mülldhalde, bis uns die Folgen bewusst wurden: Die Ozeane waren verdreckt und übersäuert, viele Tiere verendeten, weil sie unwissentlich zu viel Müll verschluckt hatten, der sich nicht verdauen ließ. Außerdem überfischten wir die Meere, sodass viele Fischarten vom Aussterben bedroht waren. **Dank einiger Programme zur Meeressäuberung und intelligenteren, achtsameren Fischfangsystemen konnten wir diese Entwicklung abwenden. Heute wissen wir um den Kreislauf des großen Ganzen und achten darauf, die Meere zu schützen.**

Teil II Welt, wunder Dich noch mehr

15. Die Erde heiligen

Haben wir noch bis in dieses Jahrtausend hinein nach dem Prinzip gelebt, dass wir uns die Erde untertan machen können, so haben wir verinnerlicht, dass wir Teil der Erde und Teil der Schöpfung sind. Wenn wir die Erde und die Artenvielfalt nicht bewahren, werden auch wir Menschen uns abschaffen. Wir haben uns eingestanden, dass schon viele Arten auf dieser Welt durch unser Zutun aussterben. **Deswegen achten wir heute darauf, die Natur und ihre Wesen zu schützen. Wir bewahren Wälder und Naturschutzgebiete.** Für jeden Baum, den wir roden, werden zwei neue gepflanzt.

Wie wir leben werden: Ein Zielhorizont für Dich, mich und die Welt

TEIL 2

16. Give Peace a Chance

Wir haben erkannt, dass Waffen die unsinnigste Erfindung der Menschheit überhaupt waren - zumindest jene Waffen, die dazu dienten, Krieg zu führen. **Wir Menschen misstrauen einander nicht mehr und haben einen Großteil der Waffen daher auch gar nicht mehr nötig. Gewalt ist keine Lösung mehr, und natürlich ist auch die Folter abgeschafft.** Weil wir wissen, dass wir unendlich reich sind, gehören auch Korruption und Bestechung der Vergangenheit an. Ferner hat jeder Mensch Zugang zu einer unabhängigen Justiz.
Die ehemaligen Konfliktmanager*innen heißen heute Friedensstifter*innen und sind hoch geachtet.

Teil II   Welt, wunder Dich noch mehr

17. WE ARE THE WORLD

Das Internet und die sozialen Netzwerke haben uns sehr deutlich vor Augen geführt, dass wir alle miteinander verbunden sind, dass wir Menschen alle gleich sind, ganz unabhängig davon, wo wir leben und welche unterschiedlichen Wurzeln wir haben. Auch indigene Völker erinnern uns mit ihren Lebensphilosophien wie Ubuntu und Buen Vivir fortwährend daran: **Wir sind Teil eines großen Organismus und Gewebes.** Und so ist es uns bewusst und wichtig, dass jede*r seinen/ihren Teil dazu beiträgt, dass wir alle ein gutes Leben genießen können.
Wir sind alle so mächtig, und wir ermächtigen uns gegenseitig und stärken uns und alle Netzwerke, die in diesem Dienst unterwegs sind.

Wie wir leben werden: Ein Zielhorizont für Dich, mich und die Welt — Teil 2

Damit wir diesen Zielhorizont erreichen konnten, haben unendlich viele Menschen dazu beigetragen:

*Viele ehrenamtliche Menschen wie Du und ich, die sich in Millionen von Projekten engagiert haben
*Angestellte und Führungskräfte von Unternehmen
*Politiker*innen
*Wissenschaftler*innen
*Lehrer*innen
*Geschichtenerzähler*innen
*Heiler*innen
*Liebende.

Jede*r ist richtig und wichtig an seinem/ihrem Platz. Wir sind organisiert in kleinen Gemeinschaften, sodass jede*r sich gesehen fühlt.

Danke an uns alle gemeinsam. Gemeinsam mit allen Mitwesen sind wir die Vereinten Nationen dieser Erde.

UND JETZT?
KOMMT DEIN GROSSER TRAUM!

Ich finde, an diesem Motto von Friedensreich Hundertwasser/Dom Hélder Pessoa Câmara, das ich schon vorher einmal in diesem Kapitel zitiert habe, ist sehr viel dran:

> „WENN EINER NUR ALLEIN TRÄUMT, IST ES NUR EIN TRAUM. WENN VIELE MENSCHEN GEMEINSAM TRÄUMEN, IST ES DER BEGINN EINER NEUEN WIRKLICHKEIT."

Die neue Realität erschaffen wir, indem viele von uns sich zu träumen wagen. Bitte lass es uns gemeinsam wahr machen.

Natürlich bleibt es nicht bei Deinem Traum von einer besseren Welt. Genauso sind auch Deine Taten gefragt. Dazu kommen wir noch.

Außerdem stelle ich Dir in den Materialien zu meinem Buch einen Realitätscheck zur Verfügung, mit dem ich erläutere, welche Teile meiner Vision bereits jetzt schon Wirklichkeit sind.

> Wenn Du mitträumen magst, findest Du in Buchteil 4 ab Seite 262 einige Inspirationen, wie Du eine eigene Vision von einer besseren Welt erschaffst.

Und jetzt? Kommt Dein großer Traum

TEIL 2

Vielleicht landen wir damit einmal
in den Geschichtsbüchern und können
unseren Enkelkindern noch davon erzählen,
dass wir in diesen Zeiten
voll aktiv dabei waren
und die große Transformation
mitgestaltet haben.

ARE YOU READY?

BUCHTEIL 3

DIE WUNDER IM WIR

Unsere kollektive Weisheit entfalten

> Erkennt Eure Macht,
> um alle Schwachen zu schützen
> und die Stärke Eurer Kraft immer
> achtsam zu nützen.
> Das Leben ruft Euch über
> die Hügel und Meere.
> Seid die Wächter des Planeten –
> meine Hüter der Erde.
>
> (aus: „Hüter der Erde" von SEOM)

So viel von dieser Vision einer neuen Welt ist bereits da. Davon handelt der erste Buchteil „Eine Welt voller Wunder".

==Wir sind hier, um einen weiteren Teil dieser Reise anzutreten.==

Dazu versammeln sich Menschen an so vielen Orten auf dieser Welt. Sie sind vereint in einem Anliegen: der Sehnsucht danach, diese neue Welt zu erschaffen. Eine Welt, in der wir in Frieden und Liebe miteinander leben, in Demut, Respekt und in Ehrfurcht vor dem Leben.

==Eine Welt, in der wir uns nicht als die Krone der Schöpfung, sondern als ihr*e Diener*innen erleben.==

Eine Welt, in der wir das Leben wachsam durch uns hindurchfließen lassen, uns als eins mit ihm begreifen und entsprechend agieren.

Die Menschen versammeln sich viele, viele Jahre schon.

Auch wenn sie sich phasenweise nicht im Realen begegnen können, haben sie dennoch Formen gefunden, sich weiterhin zu verbinden. Gerade jetzt.

Die Menschen an diesen Orten befinden sich an unterschiedlichen Plätzen: in ihrem Zuhause, in ihren Unternehmen, in Ökodörfern, in Bildungsstätten, in Vereinen, in Häusern der Heilung, in Hainen, Kirchen, Synagogen, Moscheen und Tempeln. Es ist so wichtig, dass diese Plätze so vielfältig sind, wie sie nur sein können. Jede*r ist hier richtig.

==Noch sind diese Orte vereinzelt, kleine Lichtpunkte. Doch diese Lichtpunkte beginnen, sich zu verbinden.==

Anfangs ganz zaghaft und zart. Nun immer gezielter. Sie wissen, dass sie gemeinsam kraftvoller zu leuchten imstande sind, dass SO der Wandel gelingen kann. Gelingen wird.
Die Menschen, die an diesen Orten und leben und arbeiten, sie sind vorbereitet, sie sind geklärt, sie sind bereit für diesen nächsten großen Schritt.

==Denn sie sind unterwegs, zu denjenigen zu werden, auf die wir so lange gewartet haben.==

Sie haben die Angst verlassen. Die Angst unterzugehen in der Vielfalt der Einheit, die Angst, keine Rolle zu spielen und unbedeutend zu sein, die Angst, darum kämpfen zu

müssen, gesehen zu werden, einen Platz in diesem großen Ganzen zu haben.

Sie haben erfahren: Jede*r hat seinen/ihren Platz. Jede*r ist wichtig, ein wichtiger Teil. Es braucht uns alle gemeinsam.

Sie haben die Angst verlassen, und nun lassen sie sich ein. Geführt, fair führend, sich selbst führend. Stets verbunden und in sich ruhend.

Die Zeit ist reif.

Die Bande sind geknüpft, noch wenig sichtbar. Doch die Verzweigungen werden immer dichter. Die Stürme können anheben. Sie werden diesen Orten, Initiativen, Menschen nichts anhaben können. Weil sie sich halten und füreinander einstehen werden. Und sie haben schon so lange geübt und machen einfach weiter damit.

Jeden Tag.
Dafür bete ich.
Jeden Tag.

Ja, schon vor Jahrzehnten begannen sie sich zu sammeln, eigentlich währt ihre Bewegung schon Jahrhunderte, vielleicht gar Jahrtausende. Sie ist tief verwoben mit der Idee einer wahrhaftig gelebten Demokratie und dem Wissen darum, dass es ETWAS gibt, das uns alle gemeinsam verbindet und führt.

» Nun ist die Zeit des zögerlichen Nebeneinanders vorbei. Die Zeit der Sammlung intensiviert sich. Wir dürfen uns trauen. Daran glaube ich.

Teil III Die Wunder im WIR

Eine namenlose Bewegung von unglaublicher Tragweite

Vor über zehn Jahren, da waren es schon Millionen, wie der US-amerikanische Umweltschützer und Bestseller-Autor Paul Hawken damals verkündete:

„Ich glaube von ganzem Herzen, dass wir Teil einer Bewegung sind, die größer und tiefer und weitgefächerter ist, als wir es uns in unseren kühnsten Träumen vorstellen können. Sie fällt komplett aus dem Radar der Medien, sie ist gewaltfrei, sie ist eine Graswurzelbewegung, sie benötigt weder Armeen noch Hubschrauber, sie hat keine zentrale Ideologie, und sie ist nicht von einem Mann angeführt.

Diese namenlose Bewegung ist die vielfältigste Bewegung, die die Welt jemals gesehen hat. Das Wort Bewegung selbst ist zu klein, um sie zu beschreiben. Niemand ist mit ihr gestartet, niemand steht ihr vor oder regiert sie, sie ist global und klassenlos. [...] Diese Bewegung wächst und gedeiht weltweit, ausnahmslos überall. Sie hat viele Wurzeln, doch ihre originären Ursprünge liegen bei den indigenen Völkern sowie ökologischen und sozialen Strömungen. Diese drei Sektoren verwandeln und erweitern die Welt. Es geht längst nicht mehr nur um einzelne Teilbereiche. Dies ist eine Bürgerrechtsbewegung, eine Menschenrechtsbewegung, eine Demokratiebewegung. Diese Bewegung schafft die Welt von morgen."[1]

Dies ist ein kleiner Teil einer feierlichen, verheißungsvollen Rede, die Paul Hawken im Rahmen des jährlichen Kongresses der *Bioneers-Organisation*[2] hielt, die quasi eine Launchparty seines damals gerade frisch veröffentlichten Buchs *„The Blessed Unrest"* darstellte (erschienen in deutscher Übersetzung mit dem Titel „Wir sind der Wandel. Warum die Rettung der Erde bereits voll im Gang ist und kaum einer es bemerkt"). Paul Hawken wurde für diese Rede frenetisch mit Standing Ovations gefeiert. Das war bereits im Jahr 2007!

Millionen von Menschen auf dem Weg

Paul Hawken hatte damals auch ungefähre Zahlen parat, die eine Vorstellung darüber gaben, wie groß diese namenlose, vielfältige Bewegung tatsächlich sein könnte. Auf die Idee, dass diese Bewegung ungeheuer groß sein könnte, kam er durch eine ganz simple Tatsache: Nach seinen Vorträgen, die ihn durch viele Bundesstaaten der USA führten, bekam er oft Visitenkarten von Menschen zugesteckt, die sich für ein ökologisches oder soziales Anliegen einsetzten.

Eine namenlose Bewegung von unglaublicher Tragweite

TEil 3

Irgendwann begann Paul Hawken zu zählen und zu recherchieren. Die Zahl, die er schlussfolgerte, ist ebenso unglaublich wie glaubwürdig, und bei der besagten Buchpräsentation im Jahr 2007 inszenierte der Umweltaktivist sie sehr eindrucksvoll.[3] Er spielte auf einem Screen eine Liste von Organisationen ab – einem Filmabspann gleich – und kommentierte:

„Hier seht ihr den Beginn einer Liste der mindestens 130.000 Organisationen, die sich für soziale Gerechtigkeit und Umweltschutz einsetzen. Das ist das absolute Minimum, vermutlich sind es viel mehr Gruppen, vielleicht 150.000 oder auch 500.000.

Wir wissen nicht, wie groß diese Bewegung tatsächlich ist. Jede Gruppe hat einen unterschiedlichen Kern, es geht um Symbiose, es geht um Pachamama,[4] es geht um die erwachende Erde.

Ich will euch einen Eindruck geben, wie groß diese Bewegung wirklich ist: Wenn ich mit diesem Video am Freitagmorgen um 9.00 Uhr gestartet wäre, als diese Konferenz begonnen hat, und wir würden hier den ganzen Freitag, tagsüber und nachts, sowie Samstag und Sonntag tagsüber und nachts und den ganzen Montag hier verbringen – wir würden noch immer nicht die Namen aller Gruppen weltweit gesehen haben, die sich dafür einsetzen."

Critical Mass oder: die magischen fünf Prozent

Schon eindrucksvoll, oder? Doch wie viele müssen „Wir" sein, um den Wandel hin zu einer Welt zu schaffen, die friedvoller und achtsamer mit den Ressourcen der Erde wie auch achtsamer mit uns selbst umgeht?

Eine exakte Zahl lässt sich natürlich weder nennen noch vorausberechnen. Doch Hinweise dazu zu finden, mag ermutigen.

Ein solch inspirierende Zahl, die Machbarkeit transportiert, liefert Richard David Precht in seinem Buch *„Die Kunst, kein Egoist zu sein"*. Darin interviewt Precht den Schwarmforscher Jens Krause. Der ist sich sicher, dass lediglich ungefähr fünf Prozent einer Population notwendig sind, um einen fulminanten Richtungswechsel herbeizuführen.[5]

Magische fünf Prozent.

Freilich geht es hierbei um Beobachtungen aus dem Tierreich, die nicht so ohne Weiteres auf menschliche Gesellschaften übertragbar sind. Doch auch der Soziologe Harald Welzer schreibt in seinem Buch *„Selbst denken. Eine Anleitung zum Widerstand"* von drei bis fünf Prozent einer Bevölkerung, die es brauche, damit ein großer Wandel gelinge.

Freilich präzisiert er, dass diese Personengruppe sich aus allen gesellschaftlichen Schichten zusammensetzen müsse:

„Soziale Bewegungen werden dann mächtig, wenn ihre Träger nicht aus Subkulturen kommen, sondern aus allen gesellschaftlichen Gruppen. [...] Es müssen drei bis fünf Prozent der Unternehmer und Vorstände sein, die sich in die Geschichte einschreiben, drei bis fünf Prozent der Unterhändler auf den internationalen Klimaverhandlungen, drei bis fünf Prozent der Staatschefs, drei bis fünf Prozent der Professorenschaft, der Lehrer, der Polizistinnen, der Anwälte, der Journalisten, der Schauspielerinnen, der Hausmeister, der Arbeitslosen usw.

Dann potenzieren sich die Kräfte, weil das, was die einen tun, von den anderen gefördert werden kann. [...] Tatsächlich machen die drei bis fünf Prozent den Unterschied, weil sie praktisch zeigen und darauf beharren, dass die Dinge anders laufen sollen und können."[6]

Teil III   Die Wunder im WIR

ZAHLENSPIELE AM BEISPIEL VON FRIDAYS FOR FUTURE

Angesichts dessen, dass sich zu Beginn des Jahres 2019 allein in Deutschland eine Millionen Menschen starke Klimaschutz-Bewegung sichtbar gesammelt und formiert hat, angestoßen durch die „Fridays for Future"-Demonstrationen vieler Tausender Schüler*innen, scheint diese Zahl im Bereich des Machbaren zu sein. An der größten „Fridays for Future"-Demo am 20. September 2019 nahmen in Deutschland 1,4 Millionen Menschen teil, die Demo wurde unterstützt von etwa 200 Unternehmen und Initiativen.[7]

Denn es blieb ja nicht bei Schüler*innen allein. Es gründeten sich zahlreiche weitere „For Futures"-Bewegungen, die sich mit den Forderungen der „Fridays" solidarisierten - nahezu alle Berufs- und Altersgruppen waren vertreten:

» Die Scientists for Future beispielsweise starteten Anfang März 2019 mit einer Petition für mehr Klimaschutz und stärkten den Freitagsdemonstrationen der Schüler*innen den Rücken - mit dabei so prominente Zugpferde wie Dr. Eckhart von Hirschhausen oder Ranga Yogeshwar wie auch der ehemalige Direktor und Gründer des Potsdam-Instituts für Klimafolgenforschung Prof. Dr. Hans Joachim Schellnhuber oder die Generalsekretärin des WBGU (Wissenschaftlicher Beirat der Bundesregierung Globale Umweltveränderung) Prof. Dr. Maja Göpel, die zu den Initiator*innen und Erstunterzeichner*innen gehörten.[8] Insgesamt unterschrieben mehr als 26.800 Wissenschaftler*innen diese Petition.[9]

» Auch Unternehmer*innen haben sich mittlerweile zur „Fridays for Future"-Bewegung bekannt und als Entrepreneurs for Future organisiert. Sie sind mit einer eigenen Stellungnahme gestartet, die mittlerweile mehr als 4.500 Unternehmen unterzeichnet haben, die 180.000 Arbeitsplätze und mehr als 30 Mrd. EUR Umsatz repräsentieren.[10]

» Darüber hinaus gründeten sich bspw. die Parents for Future[11], und daran angeschlossen, auch die Grandparents for Future;[12] parallel dazu existieren auch die Omas gegen Rechts.[13]

» Außerdem haben sich in vielen weiteren Berufs- wie auch Interessensgruppen weitere „For Futures"-Initiativen formiert - die Artists, die Psychologists, die Teachers etc.

» Und damit nicht genug: Weitere Klimaschutzbewegungen haben sich den großen Demonstrationen angeschlossen - wie etwa Extinction Rebellion, Ende Gelände oder auch die Initiative GermanZero, die einen Klimaplan von unten entworfen hat, mit dem Deutschland im Jahr 2035 klimaneutral sein könnte.

Noch eine Zahl: Allein die Tatsache, dass die Top Ten der größten Umweltschutzorganisationen in Deutschland bereits ca. 2,9 Millionen Mitglieder zählen, gibt Grund zur Hoffnung.[14]

Neben den klimatischen Kipp-Punkten könnte sich auf der anderen Seite hier ein gesellschaftlicher Kipp-Punkt ankündigen.

Eine namenlose Bewegung von unglaublicher Tragweite — TEIL 3

DIE GROSSE DUNKELZIFFER

Denn noch besser: Die Zahl der Menschen, die latent bereit sind, zu diesem Wandel beizutragen, ist immens hoch, eine große Dunkelziffer.

Hierfür finden sich so einige Belege:

Aus einer repräsentativen, aktuellen Studie des Umweltbundesamtes geht etwa hervor, dass für 99 Prozent aller Befragten eine intakte, natürliche Umwelt und ihre Erhaltung wichtig sind. 96 Prozent sind sogar dazu bereit, Verantwortung zu übernehmen, ihren Teil beizutragen, unsere Umwelt zu schützen.[15]

Weitere repräsentative Studien des Umweltbundesamtes bestätigen diese Zahlen.[16]

und der Schutz der Umwelt wichtiger seien, als ihr Geld und ihr Eigentum zu sichern und zu mehren. Zudem glauben zwei Drittel der Befragten nicht mehr daran, dass unser Wirtschaftswachstum die eigene Lebensqualität steigere.[17] In Meinungsumfragen Absichtserklärungen abzugeben - heißt zwar noch lange nicht, dass diese Menschen tatsächlich aktiv werden. Die Zahlen sprechen allerdings eine recht deutliche Sprache, was ein Großteil der deutschen Bevölkerung sich eigentlich wünscht.

Doch was darf passieren, damit diese Dunkelziffer nicht weiter eine „wartende Dunkelziffer" bleibt, sondern sich aus einem Teil davon die kritische Masse formiert, die es braucht, um die Transformation herbeizuführen?

Wie darf sich unsere Gesellschaft verändern, unser Selbstverständnis von Gesellschaft, damit wir tatsächlich in Aktion kommen? Damit das, was wir uns wünschen, nicht reines Lippenbekenntnis bleibt, sondern wir uns dahin aufmachen?

> Die Dunkelziffer derer, die bereit sind, sich für eine bessere Welt zu engagieren, ist also immens.

Dafür sind die Menschen übrigens auch bereit zu verzichten: In einer Umfrage des Meinungsforschungsinstitutes TNS Emnid im Auftrag der Bertelsmann Stiftung gaben die Menschen an, dass ihnen ideelle Ziele wie Gesundheit und Zufriedenheit mit der persönlichen Lebenssituation

Teil III   Die Wunder im WIR

DIE ANDERE SEITE DER MEDAILLE:

Von Gewinnern, Verlierern und grauen 08/15 zu den Held*innen für ein neues Morgen

„Denn es werden wieder Helden gesucht,
Die unterm Feuer was vertragen.
Unaufhaltsam, nie zu stolz, sich zu verlier'n.
Denn es werden wieder Helden gesucht,
Die erst gar nicht danach fragen.
Fragen, wofür, fragen, weswegen, fragen, für wen …"

(aus: Thomas Godoj „Helden gesucht")

Dazu ist meine These, dass wir unsere Hauptbeziehungsmuster zueinander verändern dürfen. Im kommenden Abschnitt zeichne ich Dir ein Bild unserer heutigen gesellschaftlichen Großwetterlage.

Ich betone: Es ist ein Bild, ein Bild meiner Wahrnehmung. Es ist nicht DAS Bild. Und ich kann dieses Bild auch nicht mit einer Sinus-Milieustudie untermauern. Natürlich können wir also darüber streiten, denn es ist nicht repräsentativ. Doch vermutlich steckt in ihm auch ein Körnchen Wahrheit. Lass es auf Dich wirken.

In meinem vereinfachten Bild unserer Gesellschaft fächert sich diese grob in drei verschiedene Lager auf:
» in das der Gewinner*innen,
» das der Verlierer*innen und
» in das große Feld der grauen 08/15.

Diese drei Lager finden sich sowohl in Staaten als auch in der Weltgemeinschaft als Ganzer.

Die Verlierer*innen stehen im Abseits.

Sie haben das Spiel verloren, weil sie einige Kriterien der Leistungsgesellschaft nicht erfüllen. Sie haben Pech gehabt. Oder sie haben das Spiel nicht verstanden. Manchmal haben sie auch Fehler verursacht, oder das Schicksal hat ihnen einen Strich durch die Rechnung gemacht. Vielleicht haben sie sich in den falschen Partner verliebt, sind nun alleinerziehend und müssen schauen, dass sie sowohl die Erziehung ihrer Kinder als auch den Familienunterhalt unter einen Hut bekommen. Oder sie erkrankten schwer und schaffen es nun nicht mehr, beruflich in Gang zu kommen.

Geschichten und Gründe, warum diese Menschen da gelandet sind, gibt es viele. Bezogen auf Deutschland, lebt laut einer Studie des Paritätischen Wohlfahrtsverbandes ungefähr jeder sechste Deutsche in dieser Armut.[19]

 Die Gewinner*innen sind die, die vermeintlich alles richtig gemacht haben.

Sie haben die Gesetze des Erfolgs erkannt, funktionieren prächtig im „Höher, Schneller, Weiter"-Spiel. Sie haben das Sagen und verfügen über große finanzielle Spielräume. Sie haben die Macht, und den Studien von Oxfam zufolge wird diese Macht immer größer.[18]

Einigen wenigen von ihnen gelingt es freilich aufzusteigen, die meisten, die einmal in dieser „Kaste" gelandet sind, verbleiben allerdings dort.

Von Gewinnern, Verlierern und grauen 08/15 zu den Held*innen für ein neues Morgen

TEIL 3

Die grauen 08/15, das sind die, die nicht weiter auffallen. Sie sind gut getarnt und laufen mit.

Das sind die mit dem normalen Leben, das aber auch irgendwie langweilig ist. Die, bei denen sich eh nichts mehr ändern wird, weil das letzte Quäntchen zum Aufstieg fehlt. Aber die weiter fleißig strampeln - entweder, um es doch noch zu schaffen oder um nicht abzusteigen. Das sind die, die sich ihr Leben mit vielerlei Ablenkungen irgendwie spannend machen - vielleicht mit einem aufregenden Sexleben, Videogames, Vorabend-Soaps, atemberaubenden Urlauben oder Extremsport, der ein Stück aus der Komfortzone herausführt. Die, die ihr Leben mit Konsum oder anderen Süchten aufpimpen, weil sie kein anderes Ventil finden.
Viele dieser grauen 08/15 haben sich mit diesem Schicksal abgefunden, weil „das Leben sowieso kein Zuckerschlecken ist". Dabei strampeln sie gleichzeitig weiter, damit sie nicht zu den Verlierer*innen abfallen; einige von ihnen strengen sich sogar noch mehr an und bemühen sich, zu den Gewinner*innen aufzuschließen.

WAS FÜR KRAFTAKTE!

Wie soll da bitte schön noch Energie dafür übrig bleiben, die Welt zu retten?

Doch in diesem Gesamtsystem fühlen sich nicht nur die grauen Mäuse und die Loser schlecht und verloren. So einigen Gewinner*innen geht es im Grunde genommen ähnlich, denn sie haben nicht den Eindruck, etwas Substanzielles zum Wohle aller beitragen zu können, ihre Sinnfragen laufen ihnen hinterher. Außerdem müssen sie natürlich weiterkämpfen, um nicht zu den grauen 08/15 zurückzufallen.

Teil III   Die Wunder im WIR

WIR: OPFER DER LEiSTUNGSGESELLSCHAFT?

Mithin sind wir alle - Gewinner*innen, Verlierer*innen und graue 08/15 - Opfer dieses Hamsterrades, das sich Leistungsgesellschaft nennt. Wir dienen dem „Höher, Schneller, Weiter" und dem obersten Grundgesetz, dass nur monetärer Erfolg wirklicher Erfolg sei. Um diesem Erfolg zu dienen, das zu erreichen, sind wir zu so einigem bereit - und damit wären wir wieder bei den Schizophrenien unseres heutigen Lebens angelangt, die ich bereits in einem früheren Abschnitt skizziert habe:

» Es tut vielen von uns so weh, doch wir müssen unsere Babys in Krippen und unsere Eltern in Altersheimen parken, weil wir es nicht anders organisiert bekommen.
» Wir optimieren unsere Tagesabläufe und quetschen noch mehr Leistung aus uns selbst heraus.
» Wir alle - Gewinner*innen, Loser*innen und 08/15 - erkennen zunehmend weniger Sinn in diesem ganzen Zusammenspiel. Der Soziologe David Graeber spricht davon, dass 40 Prozent aller Jobs „Bullshit-Jobs" seien.[20]
» Wir erschöpfen die Ressourcen des Planeten Erde genauso, wie wir uns selbst erschöpfen.
» Wir quälen Tiere, und wir quälen viele Millionen Menschen in den ärmeren Regionen der Welt.

Die Mär vom Homo oeconomicus

Das ist schon irre, oder nicht? Wir wünschen uns, glücklich zu sein und einen Beitrag zu leisten zu unserem Wohl - und vermutlich auch zum Wohl aller. Doch stattdessen kämpfen wir - und fügen damit anderen und sogar uns selbst Schaden zu. Jede*r auf seine und ihre Weise, weil wir glauben, wir müssten das tun, weil man uns gesagt hat, dass wir nur SO dorthin kommen könnten, wohin wir möchten, oder auch, dass wir nur SO unseren Status erhalten können. Den Status des/der Besseren, dessen, der oder die gewonnen hat, weil sie oder er schneller und cleverer ist.

Doch anstatt dadurch Wohl zu erschaffen, kreieren wir nur Leid und säen Misstrauen. Ein verrücktes Spiel.

Wir kämpfen, weil man uns gesagt hat, dass wir der Homo oeconomicus seien, der rationale Agent, der Nutzenmaximierung anstrebe. Und zwar seinen eigenen Nutzen. Doch wie zufrieden sind wir wirklich, wenn wir uns nur um uns und um unsere eigene kleine Scholle kümmern (die wir dann obendrein weiter beschützen müssen, wenn wir sie denn erwirtschaftet haben)?

Von Gewinnern, Verlierern und grauen 08/15 zu den Held*innen für ein neues Morgen

Teil 3

Teil III   Die Wunder im WIR

BARBIE, KEN UND CO. – DIE HELD*INNEN UNSERER TRÄUME?

Im Paradigma der Leistungsgesellschaft ...

... kann eben „nur eine Germany's next Topmodel werden" - und deren größtes Abenteuer besteht darin, eine möglichst gute Figur auf den Laufstegen dieser Welt und vor den Kameras der geilsten Fotograf*innen und Kameramenschen zu machen. Diese Modelkörper markieren buchstäblich die schönsten Nabel der Welt, an denen wir uns alle orientieren.

... gibt es nur wenige Top-Manager*innen, die die Strippen in den mächtigsten Konzernen dieser Welt in der Hand haben und täglich über Milliarden verfügen. Und genauso wenig Start-up-Unternehmer*innen gelingt das nächste große Ding.

... machen uns Influencer*innen auf ihren Instagram-Accounts vor, was ein wirklich geiles Jetset-Leben ist, das heute in New York, morgen in St. Tropez und übermorgen schon in Dubai tobt.

Die Pauschal-Held*innen von heute. In der Regel genormt und geeicht auf maximalen monetären Profit. Und Du guckst zu?

Nun, wenn sich der Held*innenstatus in medialer Aufmerksamkeit und finanziellem Erfolg abbildet, dann sind genau DAS unsere Held*innen. Sie zeigen uns ihr tolles Leben, und die Regenbogenpresse und viele bunte Magazine machen uns glauben, die Lebenswelt genau dieser Menschen sei ein erstrebenswertes Ideal.

Wenn Du dazugehören willst, eifere ihnen nach, werde gefälligst eine*r von ihnen.

Wenn Du Dir vergegenwärtigst, wer also unsere Pauschal-Held*innen sind, die auf unserer Lebensbühne die Hauptrollen spielen, dann sieht es so aus, als ob die meisten von uns Zuschauer*innen wären - und das Programm, dem wir beiwohnen, doch recht eintönig ist. Es gleicht einer Daily Soap, die die immergleichen Geschichten aufwärmt:

> » Wer mit wem?
> » Wer ist am schönsten und entspricht am ehesten den 90-60-90-Modelmaßen?
> » Wer hat die meiste Kohle und die schönste Hütte?

Unser heute gängiges Gesellschaftsspiel

Derweil lachen wir die „biggest loser" gern mal aus - und hoffen, nicht selbst dazuzugehören. Wir spielen dieses Spiel mit, streben Makellosigkeit und einen bestimmten BMI, ein bestimmtes Gewicht, an, darum bemüht, die Gesetze DIESES Erfolgs zu erlernen.

Darauf liegt unser Augenmerk. Auf dem perfekten Leben.

Von Gewinnern, Verlierern und grauen 08/15 zu den Held*innen für ein neues Morgen — Teil 3

NUR KEINE FEHLER MACHEN. RICHTIG SEIN.

Im Umkehrschluss denken wir, wir seien falsch, wenn wir nicht in diese Form passen. Und müssten deshalb erst noch zehn Kilo abnehmen oder lernen, wie man die erste Million verdient, bevor wir dazugehören dürfen. Vorher müssen wir uns erst noch mal anstrengen. Und halten mal lieber unsere Klappe. Weil wir es ja eben noch nicht draufhaben.

Was für immense Energien investieren wir, um diesen gesellschaftlich vorgegebenen Idealen zu entsprechen - wie viele Diäten machen wir, wie viele Kleider und Autos kaufen wir, wie vieles tun wir?

Alles nur, um dazuzugehören!

So einige von uns ziehen es daher vor, lieber einzuschlafen. Sie sind so müde von diesem Kampf, befürchten, dass sie dem nicht standhalten können, haben es schon so lange versucht. Ihnen fehlt mittlerweile die Kraft. Sie machen nur noch halbherzig mit. Ergibt ja eh keinen Sinn mehr! Da sind sie wieder, die grauen 08/15!

> » Vielleicht sind sie aber auch müde von diesem Kampf, weil er ihnen nicht wesentlich erscheint.

Denn geht es hier in diesem Leben wirklich nur um 90-60-90?

Um die schickste Hütte und das geilste Gefährt? Um diese Dinge, die vermeintlich wichtig sind?

==Mal ehrlich, hast DU Lust auf DIESES Spiel angesichts der Tatsache, dass uns die Welt bald um die Ohren fliegen könnte?==

Haben wir da nicht eigentlich ganz andere Abenteuer zu meistern, als uns um uns selbst und unsere Statussymbole zu drehen?

SELBSTGEMACHTE ILLUSION:

Das vermeintliche Gesetz von 90-9-1

Weil so viele in diesem Spiel nicht mehr mitspielen, weil es nicht ihr Spiel ist oder weil sie sowieso verlieren, entsteht der Eindruck, dass nur ein lächerlich kleiner Teil unserer Gesellschaft dieses Spiel bestimmt und der große Teil billigend zuschaut.[21]

Dabei würde diese stille Masse vielleicht sehr gern mitspielen oder auch mal den Ton angeben wollen. Doch sie vermag es nicht.

Denn schon früh, sehr früh, haben wir ein Grundprinzip dieses Spiels erlernt: dass nur ein ganz kleiner Teil von uns gewinnen kann.

==Deswegen halten sich diese Spielzüge auch so hartnäckig. Bereits in der Schule gab es diese drei Lager, bestens eingeteilt durch die Noten, die uns unsere Lehrer verpasst haben. Schließlich haben wir jahrelang genau das inhaliert: einen vorgesetzt oder -gestellt zu bekommen, dem wir zuschauen müssen – und dabei oft einschlafen.== Du kennst sicher diesen Spruch von Wilhelm Busch: „Wenn alles schläft und einer spricht, das nennt der Lehrer Unterricht."

Das haben wir gelernt: uns zu fügen. Zuzuschauen und dabei wegzudösen. Hilf- und Tatenlosigkeit. Opferbewusstsein. Wir haben gelernt, dass es nur eine begrenzte Zahl „nach oben" schafft und auf der Bühne stehen darf.

ZEIT, DASS SICH WAS ÄNDERT, FINDEST DU NICHT AUCH?

Von Gewinnern, Verlierern und grauen 08/15 zu den Held*innen für ein neues Morgen

Denn SO halten wir diesen Status weiter aufrecht, so wird es nichts mit dem Weltwunder, das wir so dringend brauchen.

 Doch unsere Lebensbühne ist groß. Sehr groß.

Eine Spielwiese für viele. Auf ihr ist Platz für ALLE.

Für jede*n an seinem/ihrem Platz.

Außerdem: Wenn wir richtig was ändern wollen, braucht es jede Menge wacher Menschen. Und glaub mir: JETZT wirst Du gleich richtig wachgekitzelt. Du brauchst nämlich keine 90-60-90-Maße und auch kein High-Performance-Erfolgszertifikat, um voll mitzumischen. Das ist eine Illusion!

Du bist schon JETZT richtig. Jede*r von uns.

Teil III   Die Wunder im WIR

HALLO, WACH?
DIE HELD*INNEN IN DEN GROSSEN GESCHICHTEN SIND WIE DU UND ICH!

Dass wir nun wirklich keine Topmodels und Supermänner sein müssen, um in diesem Lebensspiel mitmischen zu dürfen, zeigt uns der Blick auf die berühmten Heldenreisen:

Wer wird im „Herrn der Ringe" zum Ringträger?

Nicht der große, starke Aragorn, der spätere König, und auch nicht der weise Zauberer Gandalf. Ein kleiner, unscheinbarer, schüchterner, ängstlicher Hobbit: Frodo Beutlin, der unwahrscheinlichste aller Helden. An seiner Seite acht weitere Gefährten, jeder auf seine Weise fehlbar, bemerkenswert. Und ein essenzieller Teil der Gemeinschaft. Dass schließlich auch noch Gollum, ein gefallener Hobbit, eine ganz große Rolle dabei spielt und die Geschichte zum guten Ende führt, indem er gemeinsam mit dem EINEN Ring in die Schicksalsklüfte stürzt, steht noch einmal auf einem ganz anderen Blatt.

Wer nimmt es in „Harry Potter" mit dem großen schwarzen Zauberer Voldemort auf?

Harry Potter, ebenso unscheinbar und ohne jegliche Perspektive. Bis er als zwölfjähriger Junge nach Hogwarts, der Zaubererschule, gerufen wird, haust er als ungeliebtes Adoptivkind in einem kleinen Kabuff unter der Treppe, trägt die alten Klamotten seines Stiefbruders Dudley auf. Auch Harrys Freund*innen sind ebenso schräg und liebenswert, jede und jeder von ihnen ein kleiner Außenseiter, eine kleine Außenseiterin.

Sowohl Frodo Beutlin als auch Harry Potter und alle ihre Gefährt*innen wachsen in ihrer Held*innenreise über sich hinaus.

SIE BRINGEN DIE WUNDER IN SICH ZUR ENTFALTUNG.

Sie sind eine einladende Metapher für Dich und wollen Dir zeigen: „Ja, so kannst auch DU sein."

Von Gewinnern, Verlierern und grauen 08/15 zu den Held*innen für ein neues Morgen — TEIL 3

Nun magst Du mir entgegnen:

„Das sind doch bloß erfundene Geschichten, das reale Leben ist doch nun einmal ganz anders. In der Realität gewinnen eben nur die, die es geblickt haben. Die Reichen und Schönen. Alle anderen haben eh keinen Einfluss. Ich setz mich dann mal wieder vor meinen Fernseher oder gucke YouTube."

HALT! STOPP!

Jetzt gibt es zwölf ganz reale Beispiele, die dir zeigen, dass es auch im Hier und Jetzt ganz andere Held*innen gibt.

Im folgenden Abschnitt stelle ich Dir einige ganz reale, große Held*innen von heute vor, die Dir sehr eindrücklich zeigen, dass wirklich JEDE*R seinen und ihren Beitrag dazu leisten kann, diese Welt zu einem besseren Ort zu machen. Dazu braucht es weder einen perfekten Körper noch eine Eins mit Sternchen. Und auch kein dickes Konto.

DU kannst einen Unterschied machen.
Hier und jetzt. So, wie Du bist.

ALSO, BIST DU BEREIT?

Teil III   Die Wunder im WIR

Geschichte von einer, die bereits Geschichte geschrieben hat

Alles begann damit, dass ein kleines Mädchen im Alter von acht Jahren in der Schule die Tatsache und die Ursachen der Erderwärmung kennenlernte – und sich diese sehr zu Herzen nahm. So sehr, dass sie das nicht einfach so stehen lassen wollte und ihre komplette Familie überredete, ihr Leben klimafreundlicher zu gestalten: nicht mehr Beleuchtung als notwendig, keine Flugreisen mehr, vegane Ernährung.

Doch war damit allein die Welt zu retten?

Das mittlerweile elfjährige Mädchen wusste schnell: „Das, was wir allein tun, ist zu wenig." Weltuntergangsstimmung breitete sich in ihr aus. Was konnte sie tun? Sie fühlte sich ohnmächtig. Also hörte sie für eine Weile auf zu essen, wurde sprachlos und depressiv. Konnten denn nur wenige andere die Welt mit ihren Augen sehen?

Schließlich steckte „man" das Mädchen in eine Box mit dem Namen „Asperger-Syndrom". Da war das Mädchen erst mal ruhiggestellt.
Es ging einige Zeit ins Land, und aus dem kleinen Mädchen wurde ein Teenager – mit denselben Ängsten und einer großen Frage:

Wie kann der Klimawandel gestoppt werden?

Die Teenager-Frau packte ihre Gedanken und Gefühle in gehaltvolle Texte – und gewann damit einen Schreibwettbewerb zum Thema Umweltschutz. Der Preis brachte Kontakte und neue Ideen, was sich für den Klimaschutz tun ließe. Protestaktionen. Solche und solche. Doch alle Vorhaben der Menschen, mit denen die Teenager-Frau nun verbunden war, überzeugten sie nicht.

12 Held*innen für ein gutes Morgen: Greta Thunberg

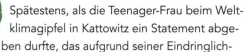

Sie entschied sich für ihren eigenen Weg.

Und der begann im Sommer 2018, als in ganz Europa Dürre und Hitze herrschten, offenbar Warnzeichen. Der Klimawandel klopfte laut und deutlich an die Tür. Am 20. August 2018, am ersten Schultag nach den schwedischen Sommerferien, beschloss das Mädchen, die Schule zu schwänzen, und platzierte sich vor dem schwedischen Reichstag, um für mehr Klimaschutz einzustehen.

Still, aber fest entschlossen. Ihre Eltern und viele andere Menschen fanden das doof, doch sie blieb trotz ihres jungen Alters beharrlich. Tag für Tag setzte sie ihren Schulstreik fort, bis zu den schwedischen Reichstagswahlen am 9. September 2018. Und auch danach machte sie weiter. Allerdings „nur noch" einmal die Woche. Am Freitag. Sie wolle so lange streiken, bis es Schweden gelinge, seine Klimaschutzziele zu erreichen und seine CO_2-Emissionen um 15 Prozent pro Jahr zu senken, verkündete sie.

Irgendwann konnte niemand mehr diese Teenager-Frau ignorieren. Ein kleines, zartes Mädchen mit einem entschlossenen Blick und einem Schild, das es fest umklammert hielt.

Es hatte nämlich jemand ein Foto von ihr gemacht, das rund um die Welt kursierte. Ob es sich bei diesem Jemand nun um einen Strippenzieher handelte, der alles arrangiert hatte, wie böse Stimmen munkeln, oder ob dieses Foto und die spätere Zusammenarbeit ein Wink des Zufalls oder auch des Schicksals war: Nobody knows.

Spätestens, als die Teenager-Frau beim Weltklimagipfel in Kattowitz ein Statement abgeben durfte, das aufgrund seiner Eindringlichkeit millionenfach in den Social Networks geteilt wurde, bekam sie auch in der Öffentlichkeit einen Namen: Greta Thunberg.

Doch was vielleicht noch viel wichtiger war: Greta lernte dort weitere engagierte junge Menschen aus der ganzen Welt kennen, die sich genau wie sie auch für den Klimaschutz engagieren wollten. Sie nahmen die Idee, am Freitag zu streiken, mit zurück in ihre Heimatländer. Wie ein Virus breitete sich die Idee aus.

Die Bewegung „Fridays for Future" entstand, explodierte binnen weniger Monate.

Die größte globale Klimaschutz-Demonstration der Welt erlebte die Menschheit wohl am 20. September 2019. Es gingen bis zu vier Millionen Menschen weltweit auf die Straße.[22] Diese junge Bewegung schrieb Geschichte. Es schien ALLES möglich.

Und dann ...
... dann setzte sich ein anderes, ein richtiges Virus einfach mal die Krone auf. Und verbannte uns alle von den Straßen. Vorerst.

Fridays for Future und Greta Thunberg - wie wird es weitergehen?

Diese Geschichte ist hoffentlich nur unterbrochen. Sie wartet auf ihre Fortsetzung und ein gutes Ende. Weil sonst unser existenzielles Ende droht. Die globale virtuelle Demonstration der Fridays for Future am 24. April 2020 machte Mut, denn sie zeigte: Die „Fridays" sind noch da.[23]

Teil III   Die Wunder im WIR

Mit seinem Tun und Handeln trägt Helmut Richard Brox dazu bei, dass jeder Mensch in Würde leben kann.

Ein ehemaliger Obdachloser, der zum Bestseller-Autor wurde und jetzt anderen Obdachlosen hilft

„Man sollte die Menschen, die auf der Straße leben, als Menschen respektieren und nicht als Schlachtvieh behandeln wie beispielsweise im Jobcenter. Oder auf der Straße als Nichts. Kein Mensch ist nichts, kein Mensch ist ein Schlachtvieh. Jeder Mensch ist gleich und hat Anspruch und ein Recht, als Mensch behandelt zu werden - mit Würde, Anstand und Respekt."[24]

Aus diesen Zeilen sprechen schmerzvolle persönliche Erfahrungen, Verbitterung, Traurigkeit. Aus diesen Zeilen spricht aber auch eine starke Kraft, eine Kraft, für sich selbst und seine Würde einzustehen, dafür zu kämpfen. Der Mensch, der diese Zeilen in einem TV-Interview ausgesprochen hat, hat es so oft erlebt, einfach ignoriert zu werden. An ihm wärest Du vor einiger Zeit vermutlich achtlos vorbeigelaufen, hättest ihn vielleicht sogar herablassend beäugt oder Dich mit Unbehagen vor ihm ferngehalten. Denn er war einer der vielen Penner, die sich auf der Straße tummeln und von denen man lieber Abstand hält, beschämt vorbeischaut.

Die Rede ist von Richard Brox - einer von ungefähr 335.000 Obdachlosen, die in Deutschland leben.[25]

Eine Drogensucht, mit der er Gewalt an Körper und Seele, Trauer und Schmerzen betäubte, hatte dazu geführt, dass er vor über 30 Jahren seine Wohnung verlor und nie mehr richtig Fuß fassen konnte im normalen Leben.

Doch trotz all der traumatischen Erfahrungen, die Richard zusätzlich zu seiner schweren Kindheit auf der Straße sicherlich zuhauf gemacht hat, stumpft er in diesen langen

12 Held*innen für ein gutes Morgen: Richard Brox — TEiL 3

harten Jahren der Obdachlosigkeit nicht ab. Denn in ihm ist ein tiefer Gerechtigkeitssinn für seinesgleichen verwurzelt - wie auch ein starker Wille, ihnen helfen zu wollen.

Und dann spielt Gott oder wer auch immer eines Tages Schicksal: An diesem Tag flüchtet sich Richard vor Kälte und Nässe in ein Internet-Café, platzt dabei in ein Treffen des Chaos Computer Clubs. Am Ende dieser Begegnung steht eine Website - in einer späteren Version mit folgender Webadresse: www.ohneWohnung-wasnun.blogspot.de. Sie stellt eine Art Ratgeber für Obdachlose dar und informiert über die Qualität und Beratungsangebote von Unterkünften. Über 1.000 Anlaufpunkte kommen im Laufe der Jahre zusammen sowie 3.000 Anlaufstellen für suchtkranke Menschen. Eine stolze Sammlung, die für viele Obdachlose hilfreich ist und entsprechende Resonanz findet. Für Richard Brox stellt sie eine Art Lebenswerk dar. Für diese Arbeit wird Richard Brox sogar für den Deutschen Engagementpreis und den taz-Panter-Preis nominiert.

„Kein Dach über dem Leben" - vom Obdachlosen zum Bestseller-Autor

Doch Richards Geschichte, Richards Schaffen geht noch weiter. Als der Investigativ-Journalist Günter Wallraff für seine Reportage „Unter Null",[26] einer Darstellung der Obdachlosenszene in den kältesten Nächten des Jahres, recherchiert, geht er gezielt auf Richard Brox zu und heuert ihn als seinen Assistenten und Berater an. Sie begegnen sich immer wieder.

In einem jahrelangen Prozess, mit Unterstützung der Journalisten Dirk Kästelt und Albrecht Kieser, entsteht schließlich das Buch „Kein Dach über dem Leben. Biographie eines Obdachlosen", das Richards Geschichte erzählt. Das Werk wird zum Bestseller und steht 21 Wochen lang auf der Spiegel-Bestsellerliste, erscheint schließlich sogar als Sonderausgabe in der Schriftenreihe der Bundeszentrale für politische Bildung, später - durch das Goetheinstitut ermöglicht - sogar auf Mandarin und steht mit fast 50.000 verkauften Exemplaren an der Schwelle, auch ins Englische übersetzt zu werden.

Mit „Kein Dach über dem Leben" baut Richard Brox Brücken, ermöglicht uns zu verstehen, wie es passieren kann, dass jemand in diese „Unterwelt" eintaucht, zum Vagabunden wird. Er gibt „den Pennern" ein Gesicht und eine Geschichte. Macht sie menschlich und greifbar.

Der größte Traum: Ein Hotel für Obdachlose

Von den Einnahmen seines Buch-Erstlings könnte Richard Brox sicherlich gut leben. Doch trotz einiger kurzer Versuche hat er nach wie vor keinen festen Wohnsitz. Das liegt auch darin begründet, dass er selbst von den Einnahmen nichts behalten will. Richard möchte die Erlöse einer Einrichtung zugutekommen lassen, die obdachlose und bedürftige sterbenskranke Menschen würdevoll auf ihrem letzten Weg begleitet.

Die mögliche Eröffnung einer solchen Einrichtung schien auch gar nicht so fern zu sein.[27] Und dann kam Corona.

„Dieser Blog ist eingestellt und beendet." Dieser schlichte und zugleich dramatische Satz prangt seit dem 30. März 2020 auf der „Keine Wohnung, was nun?"-Website, die Richard Brox einst als sein Lebenswerk betrachtete. Zum Glück ist die Website mittlerweile wieder im Netz. In der ersten Corona-Zeit hatten die meisten Obdachloseneinrichtungen geschlossen, denn viele Wohnungslose zählen zu Risikogruppen. Mittlerweile sind einige Einrichtungen wieder zugänglich. Corona trifft die schwächsten Glieder der Gesellschaft am härtesten. Beten wir für sie - und dafür, dass Richard Brox sich und uns den Traum von einem „Obdachlosen-Hotel" schließlich doch noch in die Welt bringt.

Teil III Die Wunder im WIR

Mit ihrem Tun und Handeln trägt Harriet Bruce-Annan dazu bei, Ungleichheiten zu beseitigen, und ermöglicht Kindern den Zugang zu Bildung.

Diese Frau veränderte mit vielen 50-Cent-Stücken die Welt und wurde zum Engel für Afrika

Auch Harriet Bruce-Annans hättest du vermutlich in ihrem früheren Alltag wenig Beachtung geschenkt oder sie vielleicht sogar von oben herab und verächtlich angeschaut. Denn sie arbeitete viele Jahre als einfache Toilettenfrau.

Aber Harriet hatte eine Vision.

50 Cent, so viel Trinkgeld bekam Harriet Bruce-Annan häufig in ihrem Job als Toilettenfrau bei der Düsseldorfer Messe. Diese 50 Cent konnte sie immer abzwacken, denn die 1000 Euro, die sie verdiente, reichten ihr zum Leben. Denn sie wusste, wie viel diese kleinen Beträge in Afrika bewirken, denn mit nur 50 Cent am Tag kann man dort das komplette Leben eines Kindes auf den Kopf stellen, ihm einen Schulbesuch ermöglichen – und damit den Weg ebnen, um aus dem Armutsteufelskreis auszubrechen.[28]

Harriet stammt selbst aus der ghanaischen Hauptstadt Accra, besuchte in ihrer Kindheit regelmäßig ihre Großmutter, die im Armenviertel Bukom leben musste. Dabei nahm sie auch die vielen armen Kinder wahr, die in den Slums lebten, nicht genug zu essen hatten, aber vor allem keine Schule besuchen konnten und so zur Armut verdammt waren.

12 Held*innen für ein gutes Morgen: Harriet Bruce-Annan

Damals nahm sich Harriet vor: „Wenn ich erwachsen bin, helfe ich diesen Kindern."

Für Harriet selbst schien ein besseres Leben vorgesehen zu sein: Ein Onkel ermöglichte es ihr, IT-Programmierung zu studieren. Es hätte das ganz große Los sein können, als es ihr 1991 möglich war, mit ihrem damaligen Mann nach Deutschland auszuwandern. Doch ihr Mann wurde gewalttätig, sie flüchtete vor ihm in ein Frauenhaus und war ohne jegliche Sprachkenntnisse erst mal „ganz unten".

Deshalb blieb ihr keine andere Wahl: Sie verdingte sich als Toilettenfrau. Das Trinkgeld, das sie bekam, legte sie beharrlich und jahrelang zur Seite, immer ihren Traum im Kopf, den Kindern in Bukom helfen zu wollen.

Über zehn Jahre später, im Jahr 2003, war es dann so weit: Mit 5.000 Euro mühsam erarbeitetem „Toiletten- und Tellergeld" - denn zwischenzeitig hatte Harriet neben ihrem Toilettenjob noch eine Arbeit als Kellnerin angenommen - machte sich Harriet in ihrem Jahresurlaub auf nach Ghana - und gründete dort den Verein African Angel, dessen Ziel es ist, den Kindern in ihrer Heimat Ghana einen Schulbesuch zu ermöglichen.

1991 Toilettenfrau - 2013 das Bundesverdienstkreuz

Mittlerweile haben vier der African-Angel-Kinder der ersten Stunde nicht nur die Schule erfolgreich absolviert, sondern sogar ein Studium begonnen. Zurzeit werden über 100 Kinder vom Verein African Angel betreut und können eine Schule besuchen. Und Harriets Engagement ist in vieler Munde: Sie hat mehrere Bücher veröffentlicht - u. a. ihre Biografie „African Angel - Mit 50 Cent die Welt verändern", war damit schon bei Markus Lanz und in der NDR-Talkshow zu Gast und hat im Rahmen des Weltfrauentages im Jahr 2013 das Bundesverdienstkreuz am Bande für ihr Engagement erhalten.

Und die Moral von der Geschichte: Wenn Du also das nächste Mal auf eine öffentliche Toilette gehst, sei doch bitte freundlich zum Personal und gib ihm oder ihr IMMER Trinkgeld. Du weißt nie, was für ein Mensch dort tätig ist, mit welcher Motivation, welchem Hintergrund, welchem Traum - und wofür er oder sie dieses Geld gebrauchen kann.

Begegne diesem Menschen freundlich, auf Augenhöhe, voller Respekt und Demut. Er oder sie kann im Leben ganz vieler Menschen einen fulminanten Unterschied bewirken, vielleicht einen viel größeren, als Du selbst zunächst annimmst.

Teil III   Die Wunder im WIR

Mit seinem Tun und Handeln trägt Raphael Fellmer dazu bei, dass niemand mehr hungern muss und wir alle genug gesunde Nahrung genießen dürfen. Ausreichend zu essen zu haben, ist auch wesentlicher Baustein dafür, gesund zu bleiben. Außerdem führt Raphaels Öffentlichkeitsarbeit dazu, dass wir bewusster konsumieren.

Von einem, der Reste in ganz großem Stil rettet

Zur Wiederholung - und damit sie sich einprägen - hier noch einmal die bedrückenden Zahlen: Rund 18 Millionen Tonnen Lebensmittel werden in Deutschland pro Jahr weggeschmissen.[29] Zugleich hungert fast eine Milliarde Menschen.[30] Dabei wäre es ein Leichtes, das zu umgehen. Allein mit den Lebensmitteln, die wir wegschmeißen, könnten wir 12 Milliarden Menschen ernähren.[31] Kein Mensch müsste an Hunger leiden.

**Warum ist das dennoch so?
Warum nehmen wir das einfach so hin?**

Diese Geschichte handelt von einem, der das so nicht stehen lassen konnte. Der ein Exempel statuierte, dass dieses System aufgebrochen werden kann. Der auf diesen Missstand aufmerksam machte, indem er in Geldstreik trat, darüber das Buch „Glücklich ohne Geld" publizierte, seine Lebensweise öffentlichkeitswirksam thematisierte.
Fünf Jahre lang lebt er komplett geldfrei, bekommt Essen und alles, was man sonst so zum Leben braucht, geschenkt. Selbst als er gemeinsam mit seiner Frau eine Familie gründet, bleibt er konsequent dabei. Oft ist er mit „seinem Thema" im TV zu sehen, zu Gast bei Markus Lanz und Co.

Sein Name ist Raphael Fellmer.

Raphaels Medienpräsenz bringt Kontakte zu Gleichgesinnten. Etwa zu Valentin Thurn, dem Regisseur und Produzenten des Films „Taste the Waste", einem Dokumentarfilm über den Umgang der Industriegesellschaften mit Nahrungsmitteln

12 Held*innen für ein gutes Morgen: Raphael Fellmer

und die globalen Ausmaße von Lebensmittelabfall. Valentin lässt dem Film Taten folgen: Mit einigen Mitstreiter*innen startet er nach einem erfolgreichen Crowdfunding eine Plattform gegen Lebensmittelverschwendung. Raphael Fellmer kommt gemeinsam mit einem weiteren Raphael, dem Programmierer Raphael Wintrich, ins Spiel, als es darum geht, diese Plattform neu aufzusetzen, um Kooperationen mit Unternehmen zu ermöglichen.[32]

Die *Foodsharing*-Bewegung, wie wir sie heute kennen, ist geboren …

… und sie wächst unermüdlich. Heute gibt es über 2.700 tägliche Rettungseinsätze, die Bewegung kooperiert mit knapp 7.000 Betrieben, über 73.000 Foodsaver engagieren sich.[33] Zahlen, die für sich sprechen.

Vom Geld-Boykotteur zum Sozialunternehmer im großen Stil

Raphael „skaliert" das Thema weiter, macht es noch populärer. Und trifft dafür eine folgenschwere Wahl. Er entscheidet sich, wieder Geld in die Hand zu nehmen. Für das nächste Level wird Raphael zum Social Entrepreneur. Im September 2017 eröffnet er gemeinsam mit zwei Partnern - wiederum nach einer erfolgreichen Crowdfunding-Kampagne - mit *SIRPLUS* den ersten Supermarkt für gerettete Lebensmittel in Berlin-Charlottenburg.[34]

Inzwischen sind vier weitere Läden in weiteren Berliner Stadtteilen sowie ein Onlineshop hinzugekommen. Nach einer weiteren geglückten Crowdfunding-Welle ist der Startschuss gefallen: Das Konzept wird mittels Franchising deutschlandweit ausgebaut.[35]

Sirplus rettet Lebensmittel, führt sie zurück in den Kreislauf, will das Lebensmittel-Retten zum Mainstream machen und damit die Wertschätzung von Lebensmitteln steigern.

Das kommt an. Sirplus hat bereits mehrere Preise gewonnen - darunter 2018 den Preis „Zu gut für die Tonne", den das Bundesministerium für Ernährung und Landwirtschaft jährlich vergibt.[36] Zudem gewann Sirplus vor Kurzem den Next Economy Award im Rahmen des Deutschen Nachhaltigkeitspreises.[37] Fortsetzung folgt. Mit Sicherheit.

Teil III   Die Wunder im WIR

Vivian Dittmar wirkt im Themenfeld der psychischen Heilung. Außerdem begleitet sie den Gesellschaftswandel und ermöglicht uns, dass wir uns als verbundene Weltengemeinschaft erfahren.

Von einer, die uns unsere Gefühls-Reichtümer und andere Formen von Schätzen (wieder)entdecken lässt

Die Heldin dieser Geschichte ist eine Weltenwanderin, eine Wanderin in der großen weiten Außenwelt wie auch Erkunderin und Vermittlerin unseres reichen inneren Zuhauses. Weil ihre Eltern in internationalen Kontexten wirkten, durfte sie in viele Kulturen dieser Welt eintauchen. So lernte sie das Leben in Ländern kennen, die die westliche Welt als arm ansieht, und in Ländern, die als die reichsten auf diesem Planeten Erde gelten. Unsere Heldin entwickelte ihren ganz eigenen Blick darauf.

Ihr Name ist Vivian Dittmar.

Arm und reich – ein Wechselspiel

Teile ihrer Kindheit verbrachte sie auf Bali. Die Verbundenheit der einheimischen Menschen mit der Natur, mit der geistigen Welt und miteinander berührte sie. Manchmal begleitete sie ihre Freundinnen zum abendlichen Bad an einer heiligen Quelle am Fluss. Dieser Gang zum Fluss war Notwendigkeit, da es keine Badezimmer gab. Täglich wurde hier vor Sonnenuntergang der Staub des Tages abgewaschen. Zugleich wurde gespielt, getratscht, geflirtet und Wäsche gewaschen.

Unsere Heldin erlebte eine ganz selbstverständliche Einheit von Heiligkeit und Alltagsgeschehen. So lernte sie die Balinesen, die wir arm nennen, als unglaublich reiche Menschen kennen.

Später, als unsere Heldin wieder einmal auf Bali zu Gast war, waren die gemeinschaftlichen Besuche am Fluss versiegt, denn viele Familien hatten nun eigene Badezimmer. Doch das war nur eine von vielen Veränderungen. Mit steigendem materiellen Wohlstand war auch in anderen Bereichen das Miteinander abhandengekommen: der gemeinsame Gang zur Quelle, um Wasser zu holen; die Fahrten in öffentlichen Kleinbussen, wo alle dicht beieinandersaßen und den letzten Dorftratsch austauschten; der wöchentliche Gang zum Markt, um die eigenen Erzeugnisse zu verkaufen und das zu besorgen, was man nicht selbst herstellen konnte.

Eine noch viel größere innere Armut erspürte unsere Heldin in einem Land, in dem die Menschen alles Mögliche und zugleich immer weniger besaßen: in den Vereinigten Staaten von Amerika. Hier konnten sich die Menschen unendlich viel kaufen und immer mehr Dinge anhäufen, die Bedeutung und Status gaben. Dennoch herrschte im „Land der unbegrenzten Möglichkeiten", inmitten all dieses Wohlstands, eine bedrückende Leere; denn all die vielen Dingen erstickten den Wesenskern der Menschen, versperrten den Zugang dorthin.

Was sich einst großes, weites Neuland nannte, war zum Land der Neurotiker mutiert.

Unsere Heldin schmerzte all das unendlich. Fast wäre sie an diesem Schmerz zerbrochen, hätte ihr nicht ihre innere Stimme zugeflüstert: „Es gibt ein Zurück zum erfüllenden Reichtum, dem Reichtum, der dich als Kind so beglückt und erfüllt hat. Erzähle den Menschen davon, lass sie ES erfahren."

Zugang zum inneren Reichtum

So wirkt Vivian Dittmar in diesem Sinne als Autorin, Trainerin, Dozentin und Beraterin.

Dass sie die große weite Welt und so viele unterschiedliche Kulturen kennengelernt hatte, wirkt sich dabei auf ihre Art, die Dinge zu erfassen, aus. Sie schöpft mit freiem, weitem Blick aus sich selbst heraus - losgelöst davon, wie die Themen zuvor betrachtet wurden. So ergründet sie auf ihre ganz eigene Art die Ebenen des Denkens, die Kraft der Sexualität oder auch etwas, das sie den emotionalen Rucksack nennt.[38] Der ist in Vivians Anschauung beladen mit traumatisierenden Erlebnissen, die in kritischen Momenten aufploppen, uns lähmen, hysterisch oder cholerisch werden lassen.

In all diese und einige vergleichbare Themenwelten taucht Vivian ein, verfasst Bücher darüber und entwickelt ganz praktisch viele Übungen dazu, wie wir die Potenziale entfalten können, die in diesen Themen stecken - etwa die Praxis der bewussten Entladung, um den emotionalen Rucksack zu erleichtern.

Gesellschaftlichen Kulturwandel begleiten

Doch nicht nur mit ihren Büchern, die neue Perspektiven schaffen, trägt Vivian Dittmar zum Kulturwandel unserer Gesellschaft bei: 2009 gründete sie die *Be the Change-Stiftung für den kulturellen Wandel*.[39] Die Kurse und Projekte der Stiftung - häufig in Kooperation mit Organisationen aus anderen Kulturkreisen entwickelt - stehen für einen Bewusstseinswandel hin zu einem guten, erfüllten Leben für möglichst alle. Durch das Projekt „Bäume für den Wandel" lädt sie Menschen ein, der Erde etwas zurückzugeben, indem sie jeden Monat einen Teil ihres Einkommens dafür verwenden, in den ärmsten Regionen der Welt Arbeitsplätze zu schaffen und Bäume zu pflanzen.

Teil III   Die Wunder im WIR

Mit seinem Tun und Handeln trägt Ali Can mit seinen Kolleg*innen dazu bei, dass es uns gelingen wird, unsere menschliche Vielfalt zu würdigen und zu einem respekt- und friedvollen Miteinander zu finden.

Migrant unseres Vertrauens, der uns Türen zu neuen Heimaten öffnet

Unser sechster Held kommt im Alter von zwei Jahren im Jahr 1995 als Asylant nach Deutschland. Denn seine Eltern wurden in ihrer türkischen Heimat verfolgt, weil sie Kurden sind und sich zudem der alevitischen Glaubensrichtung verbunden fühlen. Jahrelang wird die Familie in Deutschland nur „geduldet".[40] Erst im Jahr 2007 erhält die Familie wenigstens einen eingeschränkten Aufenthaltstitel - nach langen Jahren des Bangens, in denen mindestens einmal die unmittelbare Abschiebung drohte. Im Jahr 2010 schließlich darf sich die Familie mit einem uneingeschränkten Aufenthaltstitel wirklich sicher wissen.

Was mag das jahrelang für ein Lebensgefühl gewesen sein - diese unterschwellige, latente Bedrohung, diese Angst, den sicher geglaubten Hafen vielleicht wieder verlassen zu müssen, im Grunde nichts richtig aufbauen zu können, sich im Zwischenraum zu befinden, die Angst, unter Umständen wieder in ein Land zurückgeschickt zu werden, in dem man niemals willkommen war?

Doch die Eltern unseres Helden lassen sich nicht unterkriegen. Sie ertragen die jahrelange Duldung, denn sie haben ein tiefes Anliegen:

ihren Kindern ein gutes Leben zu ermöglichen, ein Leben in Wohlstand und Sicherheit. Eines, das ihnen selbst verwehrt wurde. Sobald es ihnen gestattet ist, arbeiten sie hart und fleißig, vermutlich für geringste Stundenlöhne, sparen sich jeden Cent vom Munde ab, sind rechtschaffen, freundlich und vor allem bemüht, sich stets unauffällig zu verhalten - aus Angst vor Abschiebung.

12 Held*innen für ein gutes Morgen: Ali Can

2008 kann sich die Familie einen Traum erfüllen.

Sie zieht nach Pohlheim, einer Kleinstadt bei Gießen, und eröffnet einen Dönerimbiss. Der Laden läuft, wird zu einem gern besuchten Treffpunkt, schafft ein kleines Stückchen neue Heimat, ersetzt die klassische Dorfkneipe, die auch hier vermutlich schon längst ihr Zeitliches gesegnet haben wird.

Doch zurück zum Helden unserer Geschichte. Sein Name ist Ali. Ali Can.

Ali ist der ganze Stolz der Familie, der älteste Sohn. Natürlich hilft er des Nachmittags oft fleißig mit im Dönerimbiss. Doch seine Eltern lassen ihm auch genügend Freiräume, für die Schule zu lernen und auch seinen Hobbys nachzugehen. Denn Ali ist vielfältig interessiert, saugt an Wissen und Kultur auf, was er bekommen kann, ist nicht nur im Fußballverein, sondern spielt auch Theater, absolviert ein Praktikum bei UNICEF. Er macht Abitur und beginnt in Gießen, Lehramt zu studieren.

Schon zu Schulzeiten findet Ali deutsche Freunde, erfährt, wie bereichernd es ist, mit Menschen unterschiedlichster Hintergründe in Austausch zu kommen. Also beginnt er, sich dafür zu engagieren, dass auch weitere Menschen mit Migrationshintergrund positive Integrationserfahrungen sammeln können, gibt dazu Workshops.

Als dann im Jahr 2016 die Flüchtlingskrise und mit ihr die Pegida-Demos hochschwappen, kann Ali das gar nicht fassen. Aktiv sucht er das Gespräch mit den sogenannten Wutbürger*innen - nicht, um sie von seiner Meinung zu überzeugen, dass Akzeptanz gegenüber Menschen mit anderen kulturellen Wurzeln richtig sei, sondern um ihnen sein Ohr zu schenken, ihre Ängste und Sorgen zu hören.

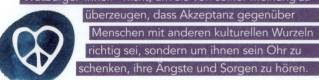

Daraus erwächst schließlich die *„Hotline für besorgte Bürger"*.[41]

Ali veröffentlichte im Jahr 2017 sogar ein Buch darüber.[42] Damit ist Alis Geschichte aber eigentlich erst am Anfang. Denn als Mesut Özil mit großem Tamtam aus der deutschen Fußballnationalmannschaft austritt und dabei kundtut, er habe während seiner Zeit in der Nationalmannschaft Rassismus erfahren, greift Ali Can dies auf.

Gemeinsam mit dem Nachrichtenmagazin Perspective Daily lädt er Menschen mit Migrationshintergrund dazu ein, unter dem Hashtag #MeTwo ihre persönlichen Geschichten zu teilen, bei denen sie selbst Rassismus erlebten.[43]

Zehntausende nutzen diese Möglichkeit, sich mit ihrem persönlichen Erleben sichtbar zu machen. Ali landet damit nicht nur in der Tagesschau, sondern sogar in den internationalen Medien. Er veröffentlichte dazu wiederum ein Buch.[44]

Ali Cans Engagement für Respekt, Toleranz, Völkerverständigung und ein friedliches Miteinander geht indes weiter, immer weiter. Seine aktuellsten Babys:

» Mit Unterstützung seines Freundes Reinhard Wiesemann gründete er im Zentrum von Essen das *VielRespektZentrum*, eine Begegnungsstätte für Menschen vielfältiger kultureller Hintergründe.[45]
» Dort beheimatet ist u. a. auch seine Talkshow Alimania, mit der Ali u. a. Themen der Integration aus verschiedenen Blickwinkeln betrachten möchte.[46]

Von Ali und seinem Team ist also noch jede Menge mehr zu erwarten.

Teil III   Die Wunder im WIR

Milena Glimbovski trägt dazu bei, dass wir nachhaltiger konsumieren und produzieren und dass wir den Kreislauf von Geben und Nehmen mehr respektieren.

Von der Zero-Waste-Aktivistin zur preisgekrönten Gründerin des bekanntesten deutschen Unverpackt-Ladens

Lebensmittel kommen nun mal aus dem Supermarkt oder - okay, ja vielleicht auch aus dem Bioladen. Und daran, dass sie in dieses ganze Plastikzeugs eingepackt sind, lässt sich nichts ändern, auch wenn es schier bescheuert ist, zum Beispiel Gurken zusätzlich in Plastik einzuschweißen.

Für Milena Glimbovski waren diese Tatsachen, die in Stein gemeißelt, nein halt: in Plastik eingewickelt schienen, kein Hindernis, nach alternativen Lösungen zu suchen.

Schon zu Zeiten, als noch niemand das so nannte, wurde Milena zur *Zero-Waste-Aktivistin* - lange bevor Bilder und Nachrichten im Netz klarmachten, was Plastik im Meer mit den dort lebenden Meerestieren anstellt und dass mittlerweile auch unser Körper von Mikroplastik geflutet wird.

Original Unverpackt

Nach längerer Planungsphase startete Milena Glimbovski gemeinsam mit Sara Wolf im Jahr 2014 ein Crowdfunding mit dem Vorhaben, einen verpackungsfreien Laden in Berlin-Kreuzberg an den Start zu bringen. Die Kampagne war ein voller Erfolg, über 100.000 Euro kamen zusammen, *„Original Unverpackt"* wurde Realität. Mittlerweile gibt im deutschsprachigen Raum mehr als 130 Läden, die verpackungsfreie Waren anbieten, rund weitere 200 sind in Planung (Stand 1.05.2020).[47]

12 Held*innen für ein gutes Morgen: Milena Glimbovski

Milena Glimbovski hat den Hype um verpackungsfreie Läden mit ausgelöst, sie hat die Gründung zahlreicher weiterer Unverpackt-Läden ermöglicht, denn sie gibt regelmäßig Workshops zu diesem Thema. Deshalb ist sie auch zu Recht mehrfach als Unternehmerin ausgezeichnet worden - zuletzt unter anderem als Unternehmerin des Jahres 2018/19 vom Berliner Senat.

Noch viel mehr als Zero-Waste: Minimalismus und Achtsamkeit

Doch Milena geht es nicht nur um den realen Müll, von dem wir viel zu viel produzieren. Ihr geht es auch um die (zermürbenden) Gedanken, von denen uns viel zu viele im Kopf herumschwirren. Und auch um die Dinge, von denen wir immer viel zu viele tun und uns damit erschöpfen.

Bei Letzterem hatte Milena echt gut reden, denn sie hatte sich da selbst mit „Original Unverpackt" als erfolgreiche Gründerin wirklich manchmal viel zu viel zugemutet. Also machte sie einen Plan, um dem beizukommen. Einen guten Plan. Gemeinsam mit Jan Lenarz, der mit Vehement ebenfalls ein erfolgreiches Unternehmen gegründet hatte und am Limit war, entwickelte sie den Achtsamkeits-Kalender „Ein guter Plan".

Was als eine Art Selbst-Therapie startete, wurde zu einer der erfolgreichsten Crowdfunding-Kampagnen aller Zeiten. „Ein guter Plan" begleitet mittlerweile Zehntausende Menschen dabei, mehr Selbstliebe und Achtsamkeit zu entwickeln, aber dennoch diszipliniert, selbstwirksam und strukturiert unterwegs zu sein.

Teil III   Die Wunder im WIR

Mit seinem Tun und Handeln trägt Tobi Rosswog unter anderem dazu bei, dass wir Arbeit wieder würdevoller zu gestalten lernen - hin zu einer Wirtschaft, die dem Leben dient.

Held der Nicht-Arbeit

„Wer bist Du, was machst du?"

Wir antworten in der Regel mit unserer Tätigkeit, unserer Arbeit.

„Was verdienst Du?"

Über Geld spricht „man" zwar in der Regel nicht, doch mit dem angenommenen Verdienst und der beruflichen Stellung verbinden noch immer viele Menschen auch gesellschaftlichen Status und das Ansehen eines Menschen generell.

Dabei lässt sich natürlich vortrefflich darüber streiten, ob die Arbeit einer Investmentbankerin denn tatsächlich das Vielfache der Arbeit einer Ärztin oder eines Krankenpflegers wert ist. Und die Arbeit und die Pflege zu Hause? Ist sie nichts wert? Warum verdienen wir nichts für sie, außer vielleicht die - oft unausgesprochene - Dankbarkeit innerhalb der Familie oder des Freundeskreises?

Arbeit. Ja, wir richten nahezu unser komplettes Leben an diesem kollektiven Glauben über sie aus.
Kindergarten, Schule, Ausbildung, Studium, Praktikum.

Schritt für Schritt dem Einstieg ins Berufsleben entgegen. Eintrag für Eintrag im Lebenslauf. Möglichst noch immer ohne Lücken. Ganz brav.

Obwohl vielleicht genau diese Lücken die eigentlichen Lernaufgaben bereithalten und Dich zu einem Menschen mit Format machen könnten. Weil Du Dich dabei nämlich

12 Held*innen für ein gutes Morgen: Tobi Rosswog

TEIL 3

auf Deinen ganz eigenen Weg machst, den Du erst mal finden musst. Weil Du Dich dabei manchmal in einen „Warteraum" begibst, Zeit zur Besinnung hast - und dabei vielleicht auf Ideen kommst, wozu Du gemeint bist und was Dein wirklicher Beitrag in dieser und für diese Welt sein könnte.

Doch nein, wir lernen: Es geht schnurstracks Schritt für Schritt „nach oben".

Und dann? Landet mindestens ein Drittel aller Arbeitnehmer*innen in „Bullshit-Jobs".[48]

Dabei kann Arbeit doch etwas zutiefst Sinnerfülltes sein. Nicht umsonst wünschen wir einander „frohes und kreatives Schaffen". Außerdem unbestritten: Bei all den menschengemachten Herausforderungen gibt es unglaublich viele wertvolle Tätigkeiten, um diese Welt besser zu machen.

Und ist es nicht auch eigentlich das, wonach wir uns sehnen? Sinnstiftend tätig zu sein, etwas Gutes zu tun, etwas Positives zu hinterlassen?

Sinnerfülltes Tätigsein statt sinnlosem Schuften: Wie kann das gehen?

Darüber hat der Held dieser Geschichte viel zu erzählen. Tobi Rosswog ist unser Held der Nicht-Arbeit. Ein ganzes Buch hat er darüber geschrieben. Es heißt „After Work - Radikale Ideen für eine Gesellschaft jenseits der Arbeit".[49]

Tobi weiß, wovon er schreibt, denn er bewegt jede Menge sinnvoller Dinge, ohne das Arbeit zu nennen, geschweige denn dafür bezahlt zu werden. Zumindest macht er keine Bezahlung davon abhängig, die Dinge zu tun, die er liebt.

Frei von Tauschlogik wirken. Bedingungslos. Ohne Erwartung einer Gegenleistung. So nennen Tobi und gleichgesinnte Menschen das.

Und damit schafft Tobi jede Menge. So ist er Co-Initiator des Netzwerkes *living utopia*, hat mehrere Kongresse, Konferenzen und Zusammenkünfte mit Tausenden Teilnehmer*innen auf die Beine gestellt - beispielsweise die *UTOPIKON*, das Move Utopia oder auch den *Utopival Mitmachkongress*.

Neben diesen Formaten kreiert Tobi gemeinsam mit gleichgesinnten Menschen leidenschaftlich gerne auch dauerhafte utopische Experimentierräume. Unter anderem 2015 in Mainz das Liebermensch-Haus, 2018 in Greene das Funkenhaus[50] und nun seit Anfang 2020 in Salzderhelden ein weiteres Projekt. Stets tauschlogikfrei, vegan und drogenfrei.

Tobi hat also jede Menge Erfahrungen gesammelt, wie sich „Arbeit" sehr viel besser und sinnstiftender jenseits des klassischen „nine to five" und der Lohn- und Brot-Jobs gestalten lässt, wie der Weg in die „Post-Work-Gesellschaft" funktionieren kann, wie Tobi das nennt.

„Tell me why I don't like Mondays" - wenn es nach Tobi geht, wird bald niemand mehr einen Grund haben, sich nicht mehr auf Montage zu freuen, weil wir nur noch das tun, was uns sinnvoll erscheint.

Teil III   Die Wunder im WIR

Stephanie Oppitz trägt unter anderem dazu bei, dass wir achtsamer produzieren und konsumieren und damit einen geringeren ökologischen Fußabdruck produzieren.

Von einer, die eine Branche umwandelt

Wie viel Kilogramm Windel-Müll verbraucht ein einziges Kleinkind im Durchschnitt, bis es trocken ist?

Es ist ungefähr eine Tonne. In Deutschland werden jedes Jahr gut 770.000 Kinder geboren. Da kommt schon ein stolzer Windelberg zusammen.[51] Müll, der nicht recyclebar ist, Müll, der eigentlich kein Müll sein muss.

Dass wir mit den Einwegwindeln ein riesiges Abfallproblem an der Backe haben, wurde der Heldin dieser Geschichte so richtig bewusst, als sie selbst Mutter wurde.

Für Stephanie Oppitz, die Heldin dieser Geschichte, war schnell klar: „Da mache ich nicht mit, das ist doch idiotisch! Ich möchte meine Kinder in Windeln wickeln, die wiederverwendbar, nachhaltig hergestellt und ästhetisch sind." Doch Stoffwindeln mit diesen Kriterien fand Stephanie nicht. Also entwickelte die Architektin und Mutter von drei Kindern ihr eigenes System, das sie an ihren eigenen Kindern sowie im Freundeskreis erprobte. Später wurde ihr eigenes Unternehmen, die WindelManufaktur, daraus. Mittlerweile beschäftigt sie 30 Mitarbeiter*innen.

Stephanie und ihr Team entdeckten dabei immer mehr: Wenn man sich erst einmal auf die Suche nach Artikeln für eine nachhaltige Hygiene begeben hat, dann öffnen sich einem die Augen für viele weitere Produkte, die alle als Wegwerfartikel konzipiert sind.

12 Held*innen für ein gutes Morgen: Stephanie Oppitz

Biowaschlappen, waschbare Stilleinlagen, Lätzchen, Flanellfeuchttücher sowie Slipeinlagen und Stoffbinden, neuerdings auch Mund-Nasen-Masken und noch vieles mehr.

So hat sich neben der WindelManufaktur ein Schwesterunternehmen etabliert: die Firma Von Ocker und Rot, in der sich alles um die Herstellung und den Vertrieb von Menstruationsprodukten dreht.

Nicht nur, dass die Endprodukte von Stephanies Unternehmen viel ökologischer sind als ihre Wegwerfvarianten: Die Themen Nachhaltigkeit und Ressourcenschonung werden im gesamten Prozess großgeschrieben. Bei der Beschaffung der Rohstoffe etwa legt die Unternehmerin großen Wert darauf, dass die Stoffe aus demokratisch regierten Ländern kommen, wo vertretbare Arbeits- und Anbaubedingungen herrschen. Wenn möglich, werden recycelte Materialien, zum Beispiel regenerierte Fasern aus alten Fischernetzen, genutzt. Alle Produkte werden in ihrem Atelier in Dresden oder in der nahen Umgebung hergestellt. In ihrem Produktionsteam sind Geflüchtete wie auch Spätaussiedler*innen, Menschen mit körperlichen Beeinträchtigungen und aus Rehabilitationsmaßnahmen fest integriert. Was den Versand angeht, nutzen die WindelManufaktur und Von Ocker und Rot am liebsten für den Versand gebrauchte Kartons statt neuem Verpackungsmaterial.

Stephanie Oppitz sieht einen weiteren Aspekt ihrer Arbeit auch in der Aufklärung: „Ob Menstruation oder Babykot - unsere menschlichen Ausscheidungen sind ein Tabuthema, gelten als eklig und abstoßend. Dabei sind sie doch etwas Natürliches, das zum Leben dazugehört. Ich möchte mit meiner Arbeit dazu beitragen, dass wir wieder eine normale, entspannte Beziehung dazu entwickeln."

So hat Stephanie Oppitz also ihre Branche gehörig durchgeschüttelt. Stück für Stück gelingt es ihr, auch diese Sichtweise zu verändern. Ausgehend von der Fürsorge für das Baby, ist eine neue Haltung zur Alltagshygiene entstanden, die nicht nur nachhaltig ist, sondern geprägt von Wertschätzung für die Pflege und Respekt für das Gegenüber.

Teil III   Die Wunder im WIR

HELD NR. 10

Christian Felber trägt dazu bei, dass wir eine Wirtschaftsordnung schaffen, die dem Leben dient, achtsamer konsumieren und Ungleichheiten minimieren.

Pionier für würdevollere Wirtschaftsweisen

„Er ist der Robin Hood der gerechten Ökonomie",[52] schreiben die einen über ihn, die anderen monieren, er sei ein Traumtänzer, der sich ein Weltbild zurechtbiege.[53]

Ja, ein Tänzer ist er. Damit kokettiert er. Mindestens ein obligatorischer Kopfstand pro Vortrag muss sein. Der ist das Symbol für das tiefe Anliegen des Helden dieser Geschichte: Er möchte mit seinen Modellen dazu beitragen, dass unsere kopfstehende Wirtschaft auf die Füße gestellt wird - will sagen: dass sie sich nicht allein um das Geld und den monetären Profit dreht, sondern sich gerecht und würdevoll gestaltet und dem Gemeinwohl dient.

Die Zuschreibung „Traumtänzer" stammt aus dem Jahr 2012 - und sie ist nicht mehr aufrechtzuerhalten angesichts dessen, was unser Held gemeinsam mit seinen Gefährt*innen bereits hat Wirklichkeit werden lassen.

Seine Ideen lässt er nämlich nicht nur in Form von Büchern Gestalt annehmen, sondern sie werden handfest von Hunderten Unternehmen, Gemeinden, Städten, Schulen und Universitäten erprobt sowie von Tausenden Aktivist*innen weiterverbreitet und weiterentwickelt.

Die Rede ist von Christian Felber, Co-Initiator der Gemeinwohl-Ökonomie. Der Gemeinwohl-Ökonomie-Bewegung. Seit knapp 20 Jahren publiziert er nicht nur über ökonomische Themen, sondern wendet sie ganz praktisch an und ist selbst tief in diese Materie eingetaucht.

Von der Utopie zur internationalen Bewegung

„Nichts ist stärker als eine Idee, deren Zeit gekommen ist", wusste der französische Schriftsteller Victor Hugo. Eine Bewegung lässt sich weder verordnen noch auf dem Reißbrett planen, sie erblüht dann, wenn sie eine starke Anziehungskraft auszustrahlen vermag. Das ist bei der Gemeinwohl-Ökonomie offenbar der Fall, denn die Bewegung wächst von Jahr zu Jahr, ist genau wie die Postwachstumsökonomie nicht mehr wegzudenken aus der Szene der alternativ-ökonomischen Strömungen.

Aus der Praxis geboren, zum Bestseller avanciert

„Neue Werte für die Wirtschaft. Eine Alternative zu Kapitalismus und Kommunismus" hieß das Buch, das Christian Felber, damals Sprecher von Attac Österreich, im Frühjahr 2008 veröffentlichte. Darin skizzierte er in Grundzügen die Idee der Gemeinwohl-Ökonomie. Das inspirierte einige Unternehmer*innen aus dem Attac-Umfeld. Sie hatten das Jammern satt, wollten aktiv werden und wandten sich an den Autoren: „Christian, lass uns doch mal konkret überlegen, wie wir unternehmerisches Schaffen ethischer gestalten und dann belohnen können." Felber entwickelte gemeinsam mit ihnen in Spiegelung ihrer wirtschaftlichen Praxis das Werkzeug namens „Gemeinwohl-Bilanz". Die Gemeinwohl-Bilanz hat er der klassischen Finanzbilanz zur Seite gestellt und skizzierte dieses neue Werkzeug mit einigen weiteren Überlegungen in seinem neuen Buch „Die Gemeinwohl-Ökonomie", das 2010 erschien. Heute sind über 80.000 Exemplare des Buchs in zwölf Sprachen verkauft. Ab 20.000 veräußerten Exemplaren darf man ein Buch übrigens einen Bestseller nennen.

Weit gereist und validiert

Die Gemeinwohl-Ökonomie geht um die Welt und hat schon vielerorts Wurzeln geschlagen: In den vergangenen fünf Jahren ist Christian Felber als Redner mit der Botschaft der Gemeinwohl-Ökonomie über den halben Erdball gereist - von Österreich, Deutschland und der Schweiz bis in die USA und nach Mexiko, von Schweden über Island bis Indonesien.

Weitere Mosaiksteine für eine gerechtere Wirtschaftswelt

Doch die Gemeinwohl-Ökonomie ist für Christian Felber lediglich einer von vielen Aspekten des großen Wandels. In seinen zahlreichen Publikationen und Aktionen beschäftigt er sich mit weiteren Facetten und entwirft auch hier Lösungsmodelle. Dabei traut er sich auch an weitere großen Themen heran. Auch hierzu einige Spiegelstriche:

» „Geld braucht andere Spielregeln, einen klaren ethischen Rahmen und darf nicht selbst zum Zweck des Wirtschaftens werden", fordert er und co-initiierte Ende 2014 die Gründung des Projekts „Bank für Gemeinwohl". Zwar scheiterte die Bankgründung, doch die projekttragende Genossenschaft für Gemeinwohl bietet in Kooperation mit einer bestehenden Bank unter anderem Österreichs erstes „Gemeinwohl-Konto" an.[54]

» Auch ein alternatives Modell eines ethischen Welthandels legte Felber in Buchform vor, als Millionen von Menschen im September 2016 gegen TTIP und CETA auf die Straßen gingen.[55]

» In seinem jüngsten Werk „This is not economy" argumentiert er für eine plurale Wirtschaftswissenschaft.[56]

Teil III   Die Wunder im WIR

Das Fearless Girl - anmutig, entschlossen, wahrhaftig Haltung zeigen

Bei dieser Held*innengeschichte wird es nun ganz verrückt: Hier geht es nicht um einen Menschen, sondern um ein Kunstwerk der Bildhauerin Kristen Visbal, das für Furore sorgte und auf seine Weise die Wirtschaftswelt auf den Kopf stellte. Es geht um die Bronze-Skulptur „Fearless Girl", die im Frühjahr 2017 über Nacht vis à vis dem New Yorker Börsenbullen „Charging Bull" positioniert wurde.

Plötzlich stand sie da: so zart wie gleichzeitig entschlossen und furchtlos, mit den Händen in den Hüften und wippendem Pferdeschwanz. Vordergründig war das Fearless Girl ein Plädoyer für mehr Weiblichkeit in der Wirtschaft, denn es wurde anlässlich des Weltfrauentages aufgestellt. Zudem ist auf einer Plakette neben der Statue der Spruch eingraviert: „Know the power of women in leadership. SHE makes a difference." (Lerne die Macht von Frauen in Führungspositionen kennen. SIE macht den Unterschied.)

Doch dass das Fearless Girl so kraftvoll gegenüber dem Börsenbullen platziert wurde, wurde von vielen auch anders interpretiert. Es schien mit seinem Blick auszudrücken:

„Charging Bull, ich lasse mir Dein aggressives, zerstörerisches Verhalten, Deinen Raubtierkapitalismus, nicht länger bieten. Ich stehe für meine Überzeugung ein. Für einen menschlicheren Weg. Auch wenn Du vermeintlich stärker bist, ich bin mutig und bleibe stehen. Einfach so, wie ich bin. Und dann schauen wir, was passiert."

 Indem das Fearless Girl so dastand, wie es dastand, verkörperte es diese klare Intention und Haltung.

12 Held*innen für ein gutes Morgen: Fearless Girl

Die Botschaft wirkte. Das Fearless Girl wurde zur Attraktion.

Das Fearless Girl, diese zierliche Bronzestatue, provozierte jedoch auch, löste heftigste Debatten aus. Das ging bis hin zu Klagen gegen diese Skulptur und ihren Standort auf der einen Seite und Petitionen für sein Verweilen auf der anderen Seite. Allen voran war der Schöpfer des Bullen Arturo Di Modica not amused und empfand das Fearless Girl als Bedrohung für „seinen Bullen".[57]

Es schien so, als kämpften alte und neue Welt gegeneinander. Ein Kampf der Kulturen. Zerstörerischer Turbo-Kapitalismus gegen die unbekannte neue, viel weiblichere Wirtschaftswelt. Gut gegen Böse. Zwei Skulpturen erzählen einen Mythos. Das kleine Mädchen, das sich gegenüber dem Börsenbullen postiert, erinnert zudem an eines der mächtigsten Bilder der Occupy-Bewegung, die ein Mädchen auf dem Bullen tanzen ließ.[58]

Im Dezember 2018, nach über einem Jahr des Ringens, hat das Fearless Girl vor der New Yorker Wertpapierbörse, einer der größten Börsen der Welt, ihren endgültigen Platz gefunden.

Doch wenn man bedenkt, wer das Fearless Girl finanziert hat, dann steht es gar nicht auf der „anderen Seite". Im Klartext: Es wurde in Auftrag gegeben von einer der größten Vermögensverwaltungen der Welt, deren Gelder u. a. die Produktion von Waffen ermöglichten, die im Syrienkrieg im Einsatz waren.[59]

Ist das Fearless Girl also nur ein vermeintlicher weiblicher Robin Hood, eine geschickt getarnte kapitalistische Aktion? Ein trojanisches Pferd?

So liest es sich, wenn die Finanziers zum Fearless Girl Stellung beziehen: „Das Mädchen erhebt ihre Faust nicht gegen den Bullen", sagte eine Sprecherin der Firma. „Sie ist vielmehr da, um ihre Rolle in der Expansion des wirtschaftlichen Wohlstandes in der Welt einzufordern."[60]

Aha. Und doch:

Die Skulptur des Fearless Girl transportiert Hoffnung.

Ihre eigentliche Botschaft ist nicht käuflich. Sie ist die verkörperte Sehnsucht vieler Menschen, Menschen, die dieses Kampfes müde sind und sich nach einem neuen System sehnen. Nach einem System, das niemanden mehr niedertrampeln und auf seinen Hörnern aufspießen muss, sondern bestrebt ist, ein gutes Leben für alle zu ermöglichen.

Teil III   Die Wunder im WIR

12 Held*innen für ein gutes Morgen: Und der zwölfte Mensch?

Elf Weggefährt*innen für ein besseres Morgen - und der zwölfte Mensch?

Eine reichlich bunte Held*innen-Mischung hast Du bis jetzt erlebt, stimmt's?

Fassen wir mal zusammen - wir haben in den letzten elf Geschichten folgende Menschen kennengelernt:
» Eine „Problem-Schülerin" mit Asperger-Syndrom, die die weltweit größte Klimaschutzbewegung ausgelöst hat,
» einen Obdachlosen, der zum Bestseller-Autor wurde,
» eine Toilettenfrau, die ihr Trinkgeld aufsparte, um damit Kindern in Ghana den Schulbesuch zu ermöglichen,
» einen Menschen, der ohne Ausbildung und völlig mittellos eine internationale Bewegung co-initiierte und jetzt Entrepreneur eines Franchise-Start-ups ist,
» eine Frau, die andere Formen von Wohlstand und Reichtum für uns erfahrbar macht,
» einen Migranten, der mit Pegida-Sympathisant*innen in Austausch kam und ein VielRespektZentrum gründete,
» eine Zero-Waste-Aktivistin, die zur mehrfachen Unternehmerin wurde und damit Hunderte weitere Unternehmensgründungen ermöglichte,
» einen äußerst umtriebigen Helden der Nicht-Arbeit,
» eine Mutter, die die übliche Einwegwindelei nicht mehr hinnehmen wollte und mit ihrer Neuentwicklung eine Branche revolutioniert hat,
» einen tanzenden Ökonomen, der die Wirtschaft vom Kopf auf die Füße stellt,
» und ein Kunstwerk, das für Aufsehen und Irritationen sorgte.

Dieser bunte Mix macht Dir hoffentlich klar:

 JEDE*R MENSCH trägt das Zeug zur Heldin, zum Helden in sich, verkörpert schon diesen Helden, diese Heldin, den und die es so dringend braucht.

UND DER ZWÖLFTE HELD, DIE ZWÖLFTE HELDIN?

Teil III Die Wunder im WIR

Der zwölfte Mensch - DU BIST DAS! DU bist das. In jedem Moment. Denn unsere Welt wird durch uns und mit uns allen gemacht.

Jede unserer Handlungen, jedes Unterlassen, jedes beharrliche Weitermachen und Dranbleiben kann in Summe einen großen Unterschied bewirken. Jeder Cent - mit einer bestimmten Intention und Vision verbunden, über Jahre hinweg zur Seite gelegt - kann kumuliert etwas Bedeutsames schaffen, kann bewirken, dass unsere Welt ein kleines Stückchen besser wird.

ALLES, was Du tust und lässt, ist wichtig.

Mit dem Aufkommen des Corona-Virus und den dadurch bedingten Anpassungen wurde ein interessanter Begriff geprägt: die SYSTEMRELEVANZ. Spannenderweise galten in dieser Zeit einige Bereiche als unverzichtbar fürs Gemeinwesen, die für uns als Gesellschaft einfach wie selbstverständlich mitgelaufen waren, Tätigkeiten, denen wir keinen großen Wert beimaßen, die oft sogar unterbezahlt waren, beispielsweise die Tätigkeiten:

» des Kassierers im Supermarkt und der Bäckereifachverkäuferin.

Auch
» die Ärztin, der Krankenpfleger
» die Polizistin
» in der Wasser- und Stromversorgung Tätige
» die Politikerin, der Nachrichtenredakteur

wurden als systemrelevant eingeschätzt.[61]

12 Held*innen für ein gutes Morgen: DU BIST DAS!

Entsprechend galten einige weitere Berufsfelder als „irrelevant", und die dort beschäftigten Menschen waren gehalten, ihre Tätigkeiten niederzulegen - etwa:

» Künstler*innen und in der Kreativwirtschaft Tätige
» der Friseur, die Tanzlehrerin
» der Florist, die Kunsthandwerkerin
» der Buchhändler, die Gastronomin.

Freilich markierte die Corona-Pandemie ein historisch einmaliges Ereignis, das sich so in dieser Form noch nie ereignet hat. Weil von Corona eine große gesundheitliche Gefährdung ausgeht, war es auch richtig, die Welt in dieser Weise herunterzufahren.

Doch diese besondere Situation verschaffte dem noch mal richtig klare Konturen, was wir auch im normalen Alltag tun: Wir klassifizieren und bewerten. Und wir bezahlen Menschen entsprechend ihrer Tätigkeit. Oder auch nicht. Und manche Menschen fallen einfach durchs soziale Raster oder sind gefordert, sich zu rechtfertigen, warum sie gerade keine Leistung erbringen.

» Die Fürsorge für ältere oder erkrankte Menschen - ist sie reine Ehrensache?
» Fußballspielen in der ersten Bundesliga - ist das manchmal sogar dreistellige Millionenbeträge wert?

Weil wir monetäre Bezahlung häufig mit Wert verwechseln, suggeriert sie, dass die zuletzt genannte Tätigkeit eine viel größere Rolle spielen könnte als die andere. Dass dies eigentlich Quatsch ist, wissen wir alle. Doch diese - vor allem monetären - Bewertungen machen etwas mit uns. Sie sorgen für den „Kampfmodus", der bereits Thema war, den Kampf darum, die größten Stücke vom Kuchen abzubekommen.

Die unsichtbaren Held*innen

Neben der finanziellen Potenz nehmen wir die Menschen als wichtiger und bedeutsamer wahr, die sichtbar sind, die auf den großen Bühnen des Lebens stehen, die viele Follower haben und Likes erhalten. Uns wird außerdem eingeflüstert, dass wir erst wirklich erfolgreich seien, wenn wir ähnlich sichtbar sind, einen bestimmten Berufstitel oder eine anzustrebende Position auf der Karriereleiter erreicht haben.

Auch ich habe Dir elf Geschichten von Held*innen erzählt, die in bestimmten Szenen eine Reichweite erlangt haben, und sie auf eine Bühne gehoben - auch wenn diese Held*innen nicht unseren klassischen Vorstellungen entsprechen. Damit will ich Dir allerdings nicht vermitteln, dass Du erst ein*e Held*in bist, wenn Du Vergleichbares erreicht hast. Denn auch wenn ich diese zehn Menschen und ein Kunstwerk herausstelle, ist neben den Tatsachen, dass diese Menschen sich beharrlich und fortwährend für eine Sache einsetzten und mit bestimmten Talenten ausgestattet sind, die wichtigste Botschaft:

> » Sie haben das erreicht, weil andere Menschen sie dabei unterstützten und ihre helfende Hand reichten - oder aber, weil es Menschen gab, die sie provozierten und sie zum Handeln brachten:

Teil III Die Wunder im WIR

» *Greta Thunberg* wäre nicht bekannt geworden, hätten die schwedischen Medien nicht über sie berichtet. Die *„Fridays for Future"-Bewegung* gäbe es nicht, wenn sich Greta Thunberg, Luisa Neubauer und einige weitere Jugendliche nicht beim Weltklimagipfel in Kattowitz begegnet wären.

» Der wohnungslose *Richard Brox* wäre mit seiner Ratgeber-Website *„Ohne Wohnung, was nun?"* nicht gestartet, hätte er nicht zufällig in einem Internet-Café einige Menschen kennengelernt, die für ihn einen Blog aufsetzten.

» *Harriet Bruce-Annan* wäre ohne die vielen Toilettencents niemals so weit gekommen, ihren *Verein African Angel e.V.* zu gründen, mit dem sie nun ungefähr 100 Slumkindern in Ghana den Schulbesuch ermöglicht.

» *Raphael Fellmer* allein hätte der *Foodsharing-Bewegung* nicht zu der Tragweite verholfen, hätte nicht ein Raphael Wintrich eine digitale Plattform programmiert.

» Ohne die Kindheitserfahrungen auf Bali wäre *Vivian Dittmar* die innere Armut in der westlichen Welt vermutlich nicht so deutlich bewusst geworden.

» Der Sozialaktivist *Ali Can* hätte niemals das *VielRespektZentrum* in Essen gegründet, ohne den Unternehmer Reinhard Wiesemann kennengelernt zu haben.

» *Milena Glimbovski* hätte ihren ersten Laden *Original Unverpackt* niemals eröffnen können, ohne dass knapp 4.000 Menschen das Crowdfunding mit über 100.000 Euro unterstützt hätten. Und ohne diesen ersten Unverpackt-Laden gäbe es die mehr als 100 Unverpackt-Läden in Deutschland vielleicht nicht.

» *Tobi Rosswog* hätte niemals einige Jahre komplett geldfrei leben können, wenn er nicht immer wieder Menschen begegnet wäre, die ihn mit Lebensmitteln, Schlafmöglichkeiten und weiteren Dingen unterstützt hätten.

» *Stephanie Oppitz* wäre niemals auf die Idee gekommen, Stoffwindeln zu entwickeln, wenn sie keine Kinder geboren und ihr Mann sie nicht dazu ermutigt hätte, an ihrem eigenen System dranzubleiben.

» Die *Gemeinwohl-Bilanz* und die gesamte Bewegung der *Gemeinwohl-Ökonomie* wäre möglicherweise niemals entstanden, wenn nicht einige Unternehmen aus dem Umfeld von attac Österreich den Autor *Christian Felber* darauf angesprochen hätten, dass sie die Ideen des Buchs „Neue Werte für die Wirtschaft" wirklich konkret in die Tat umsetzen möchten.

» Die Bronzeskulptur des *Fearless Girl* hätte niemals die Popularität erlangt, wäre sie nicht gegenüber dem Charging Bull positioniert worden.

12 Held*innen für ein gutes Morgen: DU BIST DAS!

Wir haben es uns angewöhnt, unser Augenmerk auf die Menschen zu richten, die die größte Sichtbarkeit haben, den größten Erfolg ernten.

Doch sie haben dies dank zahlreicher inspirierender Begegnungen mit anderen Menschen geschafft. Das ist niemals durch sie allein passiert.

Deswegen sei Dir bewusst: Du bist wichtig!

Du kannst jemand anderem die entscheidende Frage stellen, die wegweisende Anregung geben, die fünf Euro schenken, die eine Finanzierung letztendlich ermöglichen. Genauso wie jemand anderes dies für Dich sein kann. Denn manchmal wirst Du auch ganz groß und sichtbar auf der Bühne stehen, manchmal aber auch unsichtbar im Verborgenen handeln, dabei aber genauso wichtig sein. Indem Du Dich ehrlich und wahrhaftig zeigst, zu Deinen wahrhaftigen Träumen stehst, vielleicht auch Deine Verzweiflung und Ängste teilst, in jedem Fall: authentischer agierst und nicht so, „wie man es eben macht", kannst Du viel bewirken.

Unterschätze niemals Deinen Beitrag. Du kannst immer hilfreich sein. Sei präsent und wach!

> Du BIST SYSTEMRELEVANT.
> Wir alle sind systemrelevant.
> Weil WIR ALLE das System sind
> und machen.

Teil III   Die Wunder im WIR

Die Geschichte von der Schneeflocke

Dazu mag ich eine Geschichte mit Dir teilen, die mir der Rap-Künstler und Autor SEOM in einem Interview erzählt hat, das ich mit ihm geführt habe.[62]

„Eines Tages im Winter schneite es, und Millionen von Schneeflocken fielen auf die Erde. Ein Teil von ihnen fand ihren Platz auf einem Ast. Immer mehr dieser Schneeflocken gesellten sich dazu. Immer mehr, immer mehr, immer mehr. Sie alle hatten ein Gewicht von ein bisschen mehr als nichts. Und noch mehr fielen herab und landeten auf dem Ast, immer mehr. Alle mit einem Gewicht von ein bisschen mehr als nichts. Und dann … Schließlich, als die abermillionste Schneeflocke mit einem Gewicht von ein bisschen mehr als nichts auf den Ast herabrieselte, kam es, wie es kommen musste: Der Ast brach ab."

Wer könnte wohl feststellen, WELCHE Schneeflocke nun DIE Schneeflocke war, der es gelang, den Ast zu brechen? Vielmehr haben das wohl die vielen Schneeflocken gemeinsam bewirkt.

Die Millionen von Schneeflocken - sie sind ein Bild unserer Gesellschaft. Durch das Zusammenspiel aller können wir das Gesicht unserer Gesellschaft verändern. Das Klima schützen. Alternative Mobilitätskonzepte entwickeln. Armut verringern. Lebensmittelverschwendung beenden. Tätigkeiten sinnstiftender gestalten.

Dazu braucht es UNS.
Alle. Miteinander. Füreinander einstehend.

Die Geschichte von der Schneeflocke / Kollektive Weisheit erleben

TEIL 3

KOLLEKTIVE WEISHEIT ERLEBEN:

Adieu, Ego! Willkommen, Flow des Miteinander!

Wenn wir nur wie die Schneeflocken sein könnten …!

Der Flow des Miteinander, er ist nicht nur schwer in Worte zu fassen und auch nicht rein intellektuell erfahrbar. Er entspringt der Sprache des Herzens - und geht zugleich weit über uns hinaus. Wir bekommen eine Ahnung davon, wenn wir in tiefster Verbundenheit mit anderen Menschen sind oder ekstatische Momente erleben.

Denke an zauberhafte Augenblicke bei Konzerten, während Workshops oder Partys, wenn Du vollkommen in einer Tätigkeit aufgehst, beim Sex oder Tanz oder während glückseligen Verweilens in der Natur. Wenn Du eins mit allem wirst.

Ja, diese Momente sind kostbar, und wir erleben sie noch viel zu selten. In allen Bereichen. In unseren Beziehungen in Freundschaft und Familie. Auf der Arbeit. Bei gesellschaftlichen Engagements. Denn unser derzeitiges System beruht noch vornehmlich auf der Betonung und Belohnung des Egos. Das darf sich ändern!

In diesem Buch kann ich dies nicht weiter in der Tiefe beschreiben und lediglich Kerngedanken liefern. Doch glücklicherweise haben sich bereits einige findige Menschen und Organisationen mit dieser Thematik auseinandergesetzt und Lösungsansätze zum Thema konstruktive Gemeinschaftsbildung und Entwicklung kollektiver Weisheit entwickelt.

DAZU MAG ICH INSBESONDERE FOLGENDE SECHS WERKE EMPFEHLEN:

» Carolin Anderson, Katharina Roske: Das Co-Creation Handbuch 2.0: Ein praktischer Leitfaden zur Entdeckung deines Lebensplans und für gelingende Beziehungen in einer neuen Welt.

» Frédéric Laloux: Reinventing Organizations. Ein Leitfaden zur Gestaltung sinnstiftender Formen der Zusammenarbeit.

» Gerald Hüther: Würde. Was uns stark macht - als Einzelne und als Gesellschaft.

» Gerald Hüther, Sven Ole Müller, Nicole Bauer: Wie Träume wahr werden. Das Geheimnis der Potenzialentfaltung.

» Kosha Anja Joubert: Die Kraft der kollektiven Weisheit. Wie wir gemeinsam schaffen, was einer allein nicht kann.

» Transition Network: Gemeinsam die Zukunft gestalten - Ein Leitfaden für Transition Initiativen. Download unter https://transitionnetwork.org/resources/der-grundlagen-leitfaden-zum-umsetzen/

Teil III Die Wunder im WIR

SYSTEMRELEVANZ 2.0

WELCHES System ist denn eigentlich relevant?

Nun komme ich zu einem weiteren Aspekt dieses Wortes SYSTEMRELEVANT - zu der Frage, um welches System es da eigentlich geht, das erhalten werden will. In Corona-Zeiten geht/ging es um die Erhaltung eines Notfall-Systems, darum, dass die Grundbedürfnisse erfüllt werden können. Doch darf auch die Frage mitschwingen, welches System denn zukünftig als relevant erachtet wird, welches System der „Nabel der Welt" ist.

Reminder: System-Change NOT Climate-Change

Dazu eine Erinnerung: Im vergangenen Jahr 2019 gingen im Rahmen der „Fridays for Future"-Demonstrationen Millionen von Menschen auf der ganzen Welt auf die Straße. Auf vielen Demoschildern war der Spruch „System-Change not Climate-Change" zu lesen.

Nun könntest Du sagen, dass bestimmt nicht alle Demonstrant*innen, die mitliefen, diese Forderung teilen. Daher mag ich noch einmal aus einer repräsentativen Umfrage des deutschen Umweltbundesamtes aus dem Jahr 2016 zitieren, in der es heißt:

„Der Aussage, dass eine intakte natürliche Umwelt für ein gutes Leben unverzichtbar ist, stimmen 99 Prozent der Befragten zu, davon 74 Prozent voll und ganz und weitere 25 Prozent eher. Fast genauso viele (97 Prozent) finden, dass jede und jeder Einzelne Verantwortung für lebenswerte Umweltbedingungen der nachfolgenden Generationen trägt - 71 Prozent stimmen voll und ganz zu, weitere 26 Prozent eher ... Doch auch die Notwendigkeit, Wege zu einem guten Leben unabhängig vom Wirtschaftswachstum zu finden (91 Prozent) und rasch Maßnahmen gegen den Klimawandel umzusetzen (87 Prozent), findet bei einer überwältigenden Mehrheit Akzeptanz, davon bei jeweils mehr als der Hälfte voll und ganz."[63]

Das heißt mit anderen Worten: Der überwältigenden Mehrheit der deutschen Bevölkerung ist bewusst, dass die Umwelt schützenswert ist und es damit eines Systemwandels bedarf, einer Abkehr vom Prinzip des Wirtschaftswachstums. Und sie sind bereit, selbst Verantwortung dafür zu übernehmen.

Systemrelevanz 2.0 — TEIL 3

>> Im Klartext:

Das System, das WIR[64] für zuoberst bewahrenswert halten, ist das ÖKOSYSTEM und nicht das Wirtschaftssystem. Wir sind zudem bereit, etwas dafür zu tun. Das ist ein gesellschaftlicher Konsens.

„Wir" sind also grundsätzlich bewusst und auch dazu bereit, einen Systemwandel zu vollziehen. Zumindest äußern wir uns so.

Teil III   Die Wunder im WIR

Die Multi-Level-Perspektive:
Eine neue Veränderungskultur entwickeln

Doch wie kann sich ein Systemwandel vollziehen?

Um das grundsätzlich zu verstehen, hilft ein soziologisches Transformationsmodell, das sich die Multi-Level-Perspektive nennt. Es ist eines der Basismodelle der Transformationsforschung, das der niederländische Soziologe Frank Geels 2002 an der Universität Manchester entwickelt hat.[65]

Wie bei der Geschichte mit den Millionen Schneeflocken braucht es für eine gesellschaftliche Transformation grundsätzlich Millionen wacher, aktiver Menschen, die an ihrem Platz für das System einstehen, das sie sich wünschen – und zwar an unterschiedlichen Positionen. Weil wir alle aufeinander reagieren. Darüber hinaus braucht es glückliche Fügungen.

In der unten stehenden Illustration kannst Du einen Blick auf diese Vision unseres Miteinander werfen. Im Modell der Multi-Level-Perspektive gestaltet es sich ganz ähnlich. Es umfasst die drei Ebenen:
» aktuelles System
» Nischen-Niveau
» und Megatrends.

Die Multi-Level-Perspektive: Eine neue Veränderungskultur entwickeln — TEIL 3

Das **aktuelle System** (oder auch Regime genannt) ist das System, in dem wir leben. Unsere repräsentative Demokratie, das Wirtschaftssystem, die derzeitigen gesellschaftlichen Strukturen.

Im **Nischen-Niveau** bündeln sich Veränderungsimpulse, die auf die Transformation des aktuellen Systems hinwirken. Hier finden sich alle Bewegungen der 21 Handlungsfelder des ersten Buchteils. Auch die Held*innen, deren Geschichten ich Dir hier in diesem Buchteil erzählt habe, sind überwiegend in dieser Nische angesiedelt.

Zusätzlich bilden die **Megatrends** den (entstehenden) Zeitgeist ab, die gesellschaftliche Grundstimmung - beispielsweise das wachsende Umweltbewusstsein.
Auf die Megatrends treffen **plötzliche Ereignisse**, die unvorhersehbar waren und damit alles durcheinanderwirbeln. Solche Ereignisse wie die Corona-Pandemie oder auch Umweltkatastrophen wie die brennenden Regenwälder oder Brent Spar.

Wenn die Zeit reif für Veränderung ist, tauchen sogenannte **Möglichkeitsfenster** auf (Windows of Opportunity). Diese können sich bspw. auftun, wenn ein sich langsam verändernder Zeitgeist durch ein plötzliches Ereignis verstärkt wird.

Dabei ist ein zentraler Punkt: Eine Systemveränderung vollzieht sich nicht allein, indem die Nische auf das vorherrschende System einwirkt, sondern durch das Zusammenspiel, die Kooperation, dieser Systeme. Durch Handreichungen wie auch durch klaren, konstruktiven Austausch. Selbstverständlich wäre eine Systemveränderung auch möglich, indem sich Nische und aktuelles System bekämpfen. Doch dann würde es immer Verlierer*innen geben.

==Deswegen sind Menschen oder Organisationen, die sich im jeweils anderen Systemfeld befinden, potenzielle Kooperationspartner*innen und keine „Gegner*innen".==

NUN KOMMST DU INS SPIEL

Du selbst befindest Dich irgendwo auf diesem Modell; Du hast einen Platz darin, wo auch immer, in der Nische oder im aktuellen System. Keine Position ist richtig oder falsch. Stell Dir vor, wir würden uns alle nur in der Nische tummeln. Dann bliebe alles beim Alten. ==Es bedeutet eine große Chance, wenn Menschen und Organisationen in Austausch kommen, die in komplett anderen Bereichen des Gesamtbildes verortet sind. Eine wirkliche Veränderung passiert gemeinsam.==

Wenn DU gerade unzufrieden mit deiner aktuellen „Stelle" bist und sie als Teil des Systems verstehst, das Du eigentlich verändern möchtest:

» Wisse, ganz viele Menschen befinden sich gerade in einer sehr ähnlichen Situation. Das ist ein Zeichen, genau an dieser Stelle Veränderungen anzugehen.
» Begreife, welche Möglichkeiten darin stecken, dass gerade DU dort bist, wo Du bist.
» Welche Türen kannst Du öffnen?
» Wie viel Handreichung ist dort möglich?
» Wie kannst Du Dich wahrhaftiger zeigen, mutiger zu dem stehen, was Du eigentlich willst?
» Kannst Du dort vielleicht sogar viel mehr bewirken als woanders?
» Was könntest Du dort anschieben?

Vielleicht schaust Du jetzt anders auf den Platz, an dem Du Dich gerade befindest.
==Du bist genau dort richtig, wo du bist. Durch DICH und MICH, durch unser Miteinander, wird das Wunder im Wir möglich.==

Teil III   Die Wunder im WIR

FÜR DIE WELT, DIE WIR UNS WÜNSCHEN:

Vom Gruppeninteresse zum Gemeinwohl

Das Modell der Multi-Level-Perspektive verdeutlicht Dir, wie ein Systemwandel grundsätzlich passiert.

» Doch welches System, welche Welt wünschen WIR uns denn?

» Gibt es so etwas wie einen kollektiven Traum, wie ein gemeinsames Anliegen, das uns alle vereint?

» Sind unsere Interessen, Wünsche und Bedürfnisse nicht zu unterschiedlich?

Um eine Antwort auf diese Fragen ringen Menschen aller Disziplinen seit Jahrhunderten.

Der französische Philosoph und Vertreter der Aufklärung Jean-Jacques Rousseau nannte dies in seinem Werk „Der Gesellschaftsvertrag" die „volonté générale", den generellen Willen, der quasi über der „volonté des tous", dem Willen aller, stehe und uns alle vereine.⁶⁶

Meine These ist, dass wir tatsächlich eine Vision für unser aller Gemeinwohl in uns tragen. Niemand wird wohl bestreiten, dass WIR im tiefsten Grund unseres Herzens …

… uns alle Frieden wünschen,
… davon träumen, dass niemand hungern oder in Armut leben muss,
… möglichst im Einklang mit der Natur leben möchten.

Dieses Wunschbild ist unser Ideal.

Doch dieses Idealbild scheint so weit entfernt, ist so groß, mächtig und buchstäblich göttlich, dass ein Einzelner allein sich zu klein dafür fühlt und es nicht zu träumen getraut. So tendieren wir dazu, uns in unserem Alltagshorizont zu tummeln.

 Damit wir uns auf dieses Ideal hinbewegen können, braucht es uns als Kollektiv.

Und nun kommt das Paradox: Dazu ist jede*r einzelne Mensch gefragt. Mit seinen/ihren Träumen. Wenn Du Dich darauf beschränkst, Dich in Deinem Alltag zu bewegen, und allenfalls Deine kleinen Träume hegst, haben die großen Träume gar keine Chance, sich zu entfalten.

Wenn Du das hier liest, bist Du ein privilegierter Mensch. Du lebst in Sicherheit und Wohlstand – selbst wenn Du vermeintlich wenig verdienst. Du bist mit der Fähigkeit der Imagination ausgestattet und hast den Freiraum zu träumen. Deswegen: Trau Dich und ermutige Deine Mit-Menschen ebenfalls dazu. Es sind die wirklichen, wahrhaftigen Träume jedes Einzelnen gefragt.

Vom Gruppeninteresse zum Gemeinwohl — TEIL 3

DIE SCHATTEN INTEGRIEREN.

Um in diesen kollektiven Traum hineinleben zu können, brauchen wir nicht nur die Courage für große Menschheitsträume. Wir müssen mindestens genauso viel Schneid besitzen, uns unseren Schatten zu stellen und dort reinen Tisch zu machen.

In Deutschland und in den benachbarten Ländern dürfen wir seit Jahrzehnten Frieden genießen. Dadurch sind die kollektiven Traumata der vorhergehenden Generationen noch nicht vergessen und fortgespült, aber sie sind erstmals weit genug weg, damit wir uns trotz großer Schmerzen mit ihnen konfrontieren und sie langsam heilen können. Es ist nicht ohne Grund, dass Literatur und auch Dokumentarfilme zu dieser Thematik immer populärer werden. Es ist an der Zeit, dass wir uns als Gesellschaft unseren Schatten stellen. Damit räumen wir den Weg frei für die großen Träume.

> **ZUM THEMA KOLLEKTIVE TRÄUME UND KOLLEKTIVE TRAUMATA EMPFEHLE ICH DIR FOLGENDE BÜCHER:**
> » Sabine Bode: Kriegsenkel. Die Erben der vergessenen Generation.
>
> » Rob Hopkins: From what is to what if. Unleashing the power of Imagination to create the future we want.
>
> » Joanna Macy und Chris Johnstone: Hoffnung durch Handeln. Dem Chaos standhalten, ohne verrückt zu werden.
>
> » Otto Scharmer: Theorie U. Von der Zukunft her führen. Von der Egosystem- zur Ökosystem-Wirtschaft.

Teil III   Die Wunder im WIR

AGENDA 2030

Orientierungsrahmen zur Erfüllung eines kollektiven Traums

Eine kollektive Vision finden, formulieren, was wir unter Gemeinwohl verstehen - dies alles kann niemand allein definieren, sondern wird ein intensiver gesamtgesellschaftlicher Prozess sein, der unser aller Wachheit benötigt. Wie dieser Prozess sich gestalten kann, darauf habe ich noch keine Antwort.

Es scheint so zu sein, dass die Antwort eine Weiterentwicklung, eine Verfeinerung dessen ist, was wir bisher als Demokratie erleben.

Die Geburtswehen, dass da etwas Neues entstehen will, sind schon spürbar. Vielleicht auch für Dich.

Wir erleben derzeit die Jahre der *Online-Petitionen*, der vermehrten *Bürger-Begehren*, die Zeit, in der die größte Bürger*innenversammlung Deutschlands beinahe stattgefunden hätte. Wir erleben die Jahre, in denen wir uns unserer Mitgestaltungsmöglichkeiten immer bewusster werden und sie zu nutzen beginnen.

Genauso, wie wir auch Zeug*innen von Rückstoß-Wellen werden, in denen Menschen wieder Grenzen hochziehen.

In Frieden leben, ohne Hunger und Armut, in Würdigung unser aller Vielfalt, Respekt und Achtung vor der Erde, den Meeren und all unseren Mitwesen - all die Qualitäten, nach deren Erfüllung wir uns als Menschheit sehnen, sind in der zuvor vorgestellten *Agenda 2030*, in den globalen Nachhaltigkeitszielen, bereits ausformuliert.

Die Agenda 2030 ist freilich nicht unumstritten, nicht frei von Widersprüchlichkeiten und liefert bei Weitem nicht alle Antworten.[67] Das muss sie auch gar nicht. Dennoch stellt sie den bisher umfangreichsten Orientierungsrahmen für uns als Menschheit dar, der uns dabei unterstützen kann, unsere Herausforderungen zu lösen. Wenn wir uns dieser Agenda 2030 als gesamte Menschheit annehmen.

Agenda 2030 - Orientierungsrahmen zur Erfüllung eines kollektiven Traums

Teil 3

Die Agenda 2030 kann unser gemeinsames großes Spielfeld sein. Jede*r von uns ist darauf in anderen Rollen unterwegs und leistet seinen/ihren Beitrag, ist in seinem/ihrem Herzensbereich tätig, um zum Erreichen einer Teilvision der großen ganzen Vision beizutragen.

» Stell Dir vor, Millionen von Menschen wären in Kenntnis dieser großen Vision unterwegs, im Vertrauen, dass jede*r ihr/sein jeweils Bestes gibt, voller Hingabe dabei ist, diese große Vision wahr zu machen.

Stell Dir das vor: Wie sähe unsere Welt dann wohl aus? Wäre nicht dann dieses Weltwunder absolut machbar?

Das Gute daran ist, dass schon viele Menschen in dieser Richtung unterwegs sind - und zwar so frei wie möglich mit vielen Interpretations- und Gestaltungsräumen. Wie beispielsweise dieses Visionsrad von Dunja Burghardt und ihrem Team einfach frei gestaltet wurde, weil sie sich von der Vision der globalen Nachhaltigkeitsziele, die ich im Buchteil 2 geteilt habe, inspiriert fühlten.

Stell Dir vor, diese Freiheitsgrade wären möglich und nicht eine einzige, „enge" Vision. Stell Dir vor, diese freie Vision wäre unser Zielhorizont und Erfolgsparameter - und nicht Geld und maximaler Profit.[68]

BIST AUCH DU DABEI?
DU WIRST GEBRAUCHT!

BUCHTEIL 4

Die Wunder in dir und mir

Deine Unendliche Geschichte

Nun sind wir also bei Dir angelangt, liebes Menschenkind. Ja, bei Dir ganz persönlich.

ICH MEINE DICH.

Kennst Du „Die Unendliche Geschichte" von Michael Ende?

Der Hauptdarsteller Bastian Balthasar Bux ist ein unscheinbarer, dicklicher Junge, der eigentlich nichts so richtig gebacken bekommt und auch von seinen Schulkameraden ausgelacht wird. Eigentlich liebt er nur eines: Geschichten zu lesen, sich in andere Welten zu flüchten, davon zu träumen, wie die Welt viel besser sein könnte, wie ER viel besser sein könnte.

Bastian ist also (auch) so einer, von dem man niemals vermuten würde, dass er sich jemals als Held*in entpuppen könnte.

Doch zufällig - auf der Flucht vor seinen Schulkameraden, die ihn einmal mehr triezen - stößt Bastian auf ein ganz besonderes Buch. Die Unendliche Geschichte. Bastian beschließt, die Schule zu schwänzen und es auf dem Schulspeicher zu lesen - und taucht in eine unglaubliche Fantasiewelt ein. Das Buch spielt im Reich Phantásien, das in einer existenziellen Krise steckt, denn das Nichts breitet sich aus und zerstört Phantásien nach und nach.

Auch die Kindliche Kaiserin ist von einer seltsamen Krankheit befallen. Sie kann nur gesunden, wenn auch Phantásien geheilt wird. Als ihren möglichen Retter hat sie Atréju auserkoren, einen jungen Indianer aus dem Volk der Grünhäute. Er soll sich auf die „große Suche" begeben und die Erlösung finden. Zu seinem Schutz vertraut ihm die Kindliche Kaiserin das Amulett AURYN an.

Auf seiner Reise meistert Atréju viele Stationen: die Sümpfe der Traurigkeit, die Tore des Südlichen Orakels, Spukstadt. Bastian wähnt sich zunächst als lesender „Konsument", doch er wird immer mehr in die Geschichte hineingezogen, taucht sogar ab und an in ihr auf. Als Schrei in der Felsenwüste in den Toten Bergen oder im Zauberspiegel des Südlichen Orakels, in den Atréju blickt. Die fiktive Geschichte Phantásiens und die „reale Geschichte" des Schuljungen Bastian Balthasar Bux beginnen sich immer mehr miteinander zu verweben.

Ein neuer Name für die Kindliche Kaiserin

Schließlich findet Atréju heraus, dass es eines Menschenkindes aus der realen Welt bedarf, um Phantásien und die Kindliche Kaiserin zu retten. Es soll ihr einen Namen geben. Im Verlauf der Geschichte wird es immer eindeutiger, dass es eben Bastian ist, der diesem Ruf folgen soll. Doch Bastian sträubt sich sehr lange - so lange, bis von Phantásien nur noch ein einziges Samenkorn übrig geblieben ist. In diesem Moment nimmt Bastian endlich seinen ganzen Mut zusammen und ruft den neuen Namen der Kindlichen Kaiserin aus:

 „Mondenkind", ruft es aus ihm heraus. Mondenkind.

Teil IV   Die Wunder in DIR und MIR

So geht dieser Teil der Unendlichen Geschichte gut aus, denn Bastian wird schließlich zum Retter Phantásiens. Im allerletzten Moment.

Doch damit ist die Unendliche Geschichte mitnichten beendet, auch wenn der erste Teil des Kinofilms von Wolfgang Petersen aus dem Jahr 1984 diesen Eindruck erweckt.

Mit der Rettung Phantásiens beginnt ein weiterer Part der Unendlichen Geschichte, denn nun bekommt der Retter Bastian das Amulett AURYN überreicht, um mit ihm kraft seiner Wünsche das phantásische Reich neu zu erschaffen.

Davon macht Bastian reichlich Gebrauch. Schließlich hat er ja nun seine ungeheure Schöpferkraft entdeckt. Bei vielen seiner Wünsche geht es für Bastian darum, gut dazustehen, besonders schön, besonders stark, besonders erfinderisch zu sein. Schließlich begehrt er sogar, die Rolle des neuen Kaisers von Phantásien zu übernehmen.

Doch mit jedem (egoistischen) Wunsch, den sich Bastian erfüllt, jedem Wunsch, eine seiner vermeintlichen Schwächen zu überdecken und zu kompensieren, geht Bastian eine Erinnerung verloren. Er entfernt sich immer mehr von sich selbst. Auch Phantásien wird damit übrigens immer farbloser.

WAS WILLST DU WIRKLICH?

„TU, WAS DU WILLST" steht auf dem Amulett AURYN, das Bastian die Erfüllung all seiner Wünsche und Träume ermöglicht. Eine ganze Weile lang weiß Bastian nichts damit anzufangen. Er verfolgt sein Egoding, bis ihm schließlich ganz am Ende seiner Reise bewusst wird, dass er des ganzen Maskenballs müde und sein tiefster Wunsch ist, nicht irgendetwas darzustellen, sondern wahrhaftig und echt lieben zu können, sich verschenken zu dürfen.

Dafür ist er sogar bereit, sich komplett selbst aufzugeben. Und genau das tut er auch, als er sich in den Wassern des Lebens badet, bevor er Phantásien verlässt und sich wieder in die reale Welt begibt, zurück nach Hause kommt. Zu seiner Familie. Zu seinem Vater.

Deine Unendliche Geschichte

TEIL 4

BE LIKE BASTIAN BALTHASAR BUX

Ich finde, die Lernreise von Bastian Balthasar Bux ist eine stimmige und wunderschöne Metapher für jede*n von uns. Du und ich, wir spiegeln uns in ihr.

> Die Unendliche Geschichte ist für alle Umbruchzeiten geschrieben. Weil sie von uns selbst handelt. Und von unserem freien, reinen Willen. Unserer Wesentlichkeit. Von dem, was wir wirklich wollen und dieser Welt zu schenken haben.

Sie zeigt uns, wie wir, Du und ich, als Mensch sein können, um die Welt zu erschaffen, die wir uns wirklich wünschen.

Die Unendliche Geschichte ist kein bloßer Roman. Sie erzählt Dir, wie Du Wunder in die Welt bringen kannst. Wie Du das Wunder selbst sein kannst. Ganz in echt und wirklich.

Ja, Du und ich, wir verfügen über jede Menge Schöpferkraft, die wir noch viel zu wenig bewusst einsetzen. Genau wie Bastian Balthasar Bux es sich lange Zeit nicht zutraut, wirklich derjenige zu sein, der der Kindlichen Kaiserin einen neuen Namen zu geben vermag, drucksen auch wir oft herum, denken, wir seien nicht maßgeblich und wichtig, würden keine große Rolle spielen, unterdrücken die großen Träume, die in uns schlummern. Unsere Meinung und unser Tun seien egal. Wir könnten eh nichts Weltbewegendes machen oder ändern. Weil die Dinge nun mal so sind, wie sie sind.

Oder aber wir beschäftigen uns mit den bewährten Erfolgsprogrammen, denen, die Dich reich werden lassen, eine erfolgreiche Geschäftsfrau (oder natürlich auch -mann) aus Dir machen. Wir kümmern uns um unsere eigene Scholle.

Trauen wir uns wirklich zu, zu unseren innersten und tiefsten Träumen vorzudringen, oder halten wir da nicht noch vieles zurück, weil dieser Wunsch nach einer besseren Welt viel zu groß für uns allein ist? Weil wir Angst haben, ausgelacht, als größenwahnsinnig abgestempelt zu werden?

Teil IV   Die Wunder in DIR und MIR

„TU, WAS DU WILLST."

Tu, was Du wirklich willst. Was freier, reiner Wille ist. Der Wille, der durch Dich sein will, anstatt dass Du ihn willst.

So, wie Bastian Balthasar Bux es lernen muss, AURYN in diesem Sinne zu gebrauchen, die Macht, die ihm geschenkt ist, stimmig einzusetzen, so ist das unser aller Aufgabe. Doch mit dem Lebensstil, den wir in unserem derzeitigen Alltag nachgehen (zumindest die meisten von uns), sind wir viel zu sehr in unserem eigenen Willen unterwegs, verharren darin. Wir drehen uns um uns selbst.

>> „Du und die Welt retten?
Hallo, komm mal klar!
Das ist doch anmaßend und naiv zugleich.
Krieg doch erst mal Dein eigenes Leben auf die Kette, anstatt so großspurig unterwegs zu sein!"

Wie können also Du und ich lernen, dieses gute Leben für uns alle zu leben? Wie können wir zugleich unseren Beitrag finden?

Das sind zwei wirklich große Lebensfragen, für die es keine Patentrezepte gibt. Beide Aspekte, Dein nachhaltiger Lebensstil und Deine Berufung, Dein Sinn, sie sind miteinander verbunden. Sie begleiten uns ein Leben lang.

Doch der Traum von einer Welt im Frieden, von einem Leben, in dem alle Menschen gut genährt sind und dem nachgehen können, wofür sie hier sind, taucht der nicht ab und an auch in Dir auf?
Wie wäre es, wenn da noch viel mehr ginge, als Du und ich uns bisher zugestehen?

Wenn Du Dir nicht nur bewusst darüber bist, dass Du über diese großartige Gestaltungskraft verfügst, dass Du viel mehr bewirken kannst, als Du zunächst glaubst, wenn Du Dich nur traust, die Dinge beim Namen zu nennen, dann verändert sich ALLES.

==Wenn es Dir und mir gelingt, diese großen Fragen zu knacken, wenn dies vielen Menschen gelingt, so zu leben und zu handeln, dann haben wir die Welt, die wir uns wünschen, wirklich geschaffen.== Denn wenn wir das gelernt haben, dann brauchen wir dieses Außentamtam nicht mehr, dann haben wir keine Konsum-Kompensationen mehr nötig, müssen keine Süchte mehr entwickeln, sind im Frieden mit uns. Dann sind wir erfüllt und können voll erblühen. Können uns selbst und der Welt am besten dienen.

==Und stell Dir vor: Du bist damit nicht allein. Wir alle können das, uns mehr herausnehmen. Was ist dann wohl möglich?==

Deine Unendliche Geschichte — Teil 4

WIR ALLE SIND LERNENDE
AUF DIESEN WEGEN,
DENN IHRER GIBT ES VIELE, NICHT
DEN EINEN.

JEDE*R FINDET
SEINEN/IHREN EIGENEN.
VIELLEICHT.

DU WIRST
GENAU SO GEBRAUCHT,
DAS LEBEN WARTET DIE GANZE ZEIT
AUF DICH –
AUF DICH, WIE DU GEMEINT BIST,
IM EINKLANG MIT ALLEM.
DEINER AUFGABE FOLGEND.

Teil IV   Die Wunder in DIR und MIR

DAS MANDALA VON MORGEN

als Orientierungsrahmen für (D)ein gutes Leben in einer Welt voller Wunder

Wie können Du und ich so werden? Dazu kann ich Dir hier keinen Zehn-Punkte-Plan präsentieren, so schön das auch wäre. Doch ich habe da etwas für Dich, etwas, das Dir auf Deiner ganz persönlichen Held*innenreise helfen mag. So wie die Kindliche Kaiserin Atréju und Bastian für ihre Reise das Amulett AURYN überreicht, übergebe ich Dir nun etwas, das sich als Mandala von Morgen entpuppt hat. Es war gar nicht geplant, es ist einfach entstanden.

Das Mandala von Morgen ist das Leitbild dieses Buchteils. Nach und nach beschreibe ich all seine Dimensionen. Die, die offensichtlich darin enthalten sind - und auch die, die darin mitschwingen, ohne sichtbar zu sein. Lass Dich davon inspirieren - und finde Deinen eigenen Weg.

„Schläft ein Lied in allen Dingen, die da träumen fort und fort, und die Welt hebt an zu singen, triffst Du nur das Zauberwort" hat der romantische Lyriker Joseph von Eichendorff so wundervoll und wahr gedichtet.

Da schlafen so viele Potenziale und Möglichkeiten in uns, in anderen, in den Dingen, die uns umgeben. Doch wie oft verharren wir im Alltagsgrau, anstatt sie zu wecken. Weil wir diese Optionen nicht sehen oder es uns nicht zutrauen, für sie einzustehen. Dabei wäre der große Gesang doch möglich, von dem Rainer Maria Rilke in dem Gedicht schreibt, das ich ganz zu Beginn dieses Buchs zitiert habe.

Ja, auch DU kannst Deinen Vers dazu beitragen, dass wir die Welt als großen Gesang erleben. Dafür wirst DU gebraucht. Der Gesang ist nur mit Dir vollendet. Mit Dir als ganzem Menschen mit all Deinen Facetten. Ich habe dieses Zitat bereits verwendet, doch ich bringe es noch einmal hier

an, weil es so wichtig ist. Erinnere Dich an die Worte Mahatma Gandhis:

„Jeder einzelne Mensch, jede einzelne Stimme in einer Gesellschaft ist wichtig. Keiner und keine ist überflüssig. Wir bilden alle einen gemeinsamen Klang."

DEINE Stimme wird genau deshalb gebraucht. Deswegen ist Deine Aufgabe, gut für Dich zu sorgen und Deine ganz eigene Stimme zum Klingen zu bringen, wie auch gut auf die anderen zu achten, damit ihre Stimmen ebenso zur Entfaltung kommen. Wenn wir alle so füreinander einstehen, dann wird uns der große Gesang gelingen. Und Du trägst Deine eigene Melodie dazu bei.

Bevor ich in insgesamt fünf Dimensionen damit beginne, diesen möglichen Weg zu Deiner eigenen Melodie zu skizzieren, hierzu noch eine Vorbemerkung: Diese Dimensionen sind kein Schritt-für-Schritt-Programm. Sie bauen nicht aufeinander auf, sondern sie sind miteinander verzahnt. Eine Dimension wirkt sich auf die andere aus, sobald in einer Dimension etwas „freier fließt", hat dies Einfluss auf alle anderen Dimensionen.

So mögen vielleicht einige Dinge, die ich in den folgenden Abschnitten anrege, banal für Dich klingen, sie können sich jedoch als ganz entscheidend erweisen. Niemand weiß, was das entscheidende Quäntchen ist. Dich innerhalb dieser fünf Dimensionen zu bewegen ist Dein ganz persönlicher Befreiungsweg hin zu Dir selbst, hin zu Deinem guten Leben, das zugleich ein gutes Leben für uns alle bedeutet.

Also, fangen wir an.

Teil IV   Die Wunder in DIR und MIR

Die erste Dimension
Selbstliebe

„Nanu?", magst Du Dich nun verwundert fragen: „Es geht doch um die Welt, die wir uns wünschen. Warum stehe dann ICH am Anfang? Ich soll doch für die Welt da sein, nicht die Welt für mich!??"

Sicherlich kennst Du den viel zitierten Ausspruch, ebenfalls von Mahatma Gandhi *„Sei Du selbst die Veränderung, die Du Dir wünschst für diese Welt."*

Genau. Da ist was Wahres dran. Anstatt auf andere zu zeigen, Dich über sie aufzuregen oder sie zu belehren, bleib doch lieber bei Dir und bei dem, was Du selbst bewirken kannst, denn Du kannst ganz schön viel Energie verschwenden, wenn Du Dich auf den Baustellen anderer bewegst.

„Sei Du selbst die Veränderung, die Du Dir wünschst für die Welt." - darunter verstehen wir oberflächlich, dass wir ja selbst zum Vorbild werden müssten, einen nachhaltigen Lebensstil zu praktizieren - mit Zero Waste, niedrigem ökologischen Fußabdruck, als Veganer*in, als Aktivist*in und allem Weiteren, was so dazugehört.

> „Ich entscheide mich hier und heute,
> gut für mich zu sorgen,
> und behandle mich mit größtem Respekt.
> Ich zeig mir jeden Tag, wie sehr ich mich schätze,
> nehme jedes Urteil über mich zurück,
> werde weich und milde,
> und mein Herz, das schlägt.
>
> Ich lasse alles los,
> was nicht der höchsten Liebe entspricht,
> was mich ausbremst, hindert und kleinhält.
> Ich hole alle Macht zurück,
> die ich einst abgegeben hab.
> Und ich erschaffe mir eine neue Welt."
>
> (aus: „Ich entscheide mich" von Ute Ullrich)

Doch das wird eine natürliche „Folgeerscheinung" davon sein, wenn Du Dir erlaubst, wirklich Du selbst zu sein - so zumindest meine Annahme. Wenn Du Dich voll und ganz annimmst, wie Du bist. Stark und zärtlich. Mutig und voller Zweifel. Fröhlich und traurig. Klug und dumm. Mit Deinem Scheitern und Deinem Erfolg.

„An alle, die sich für Frieden und

Das Mandala von Morgen - Die erste Dimension: Selbstliebe

TEIL 4

Dein Beitrag für eine bessere Welt beginnt bei Dir und Deiner Selbstliebe, und dafür gibt es einige Gründe.

GRUND 1:

Weil DU liebenswert bist, so, wie Du bist.

Ich habe das selbst sehr lange nicht verstanden, habe den Zustand der Welt gesehen und auch, was in den Initiativen, in denen ich mich engagiert habe, alles zu tun war - und habe es einfach gemacht. Über meine Grenzen hinweg. Ohne auf mich Rücksicht zu nehmen. Denn es musste ja unbedingt was passieren. Es ist schließlich kurz vor zwölf, die Apokalypse droht.

Hinzu kam, dass ich mir selbst nicht genug war. Ich musste mir und anderen ständig beweisen und zeigen, dass ich gut bin. Ich schien nur durch permanentes „Weltretten" etwas wert zu sein. Ich allein ohne mein Engagement reichte wohl offenbar nicht.

==Beinahe wäre ich damit in einer Art „Weltretter-Burn-out" gelandet.== Und ich kenne einige Menschen, denen es ebenso ergangen ist. Doch ist es ja schon reichlich bescheuert, wenn wir gewissermaßen schonungslos die Welt retten, sie dann aber nicht mehr erleben. Das kann ja wohl nicht der Plan sein. Daher: ==Wenn Du Dich beständig und dauerhaft wirksam gut für die Welt einsetzen willst, ist es wichtig, dafür zu sorgen, dass es Dir selbst gut geht, dass Dein Akku aufgeladen ist, Du ausreichend Phasen der Erholung genießt und Dich für ALLES feierst.==

Entspann Dich also und tu erst mal Dir selbst gut! Logischerweise führt das zu …

GRUND 2:

Weil sich dann die Menschen um Dich herum entspannen und sich zu öffnen beginnen.

Begegnung 1: Stell Dir einen Menschen vor, der sich wahnsinnig engagiert für eine bessere Welt und nun versucht, auch Dich zu überzeugen mitzumachen. Unterschwellig spürst Du allerdings, dass darunter eine verkrampfte Anstrengung liegt, vielleicht auch Frustration, Enttäuschung oder sogar Erschöpfung. Wirst Du Dich von so jemandem inspiriert fühlen? Wirst Du Dich ihm nähern?

Begegnung 2: Stell Dir hingegen einen Menschen vor, der gelassen, ausgeglichen und vergnügt ist. Der nicht viel reden muss, sondern einfach IST, der ohne großes Aufheben einfach anziehend wirkt. Bei dem alles sein darf, wenn Du mit ihm zusammen bist. Na, wie geht es Dir mit diesem Menschen?

==Jetzt weißt Du, warum es so wichtig ist, dass Du gut zu Dir selbst bist. Weil sich das sofort auf Deine Umwelt auswirkt.== Und außerdem werden die Menschen aus Deiner Umgebung dann aus freien Stücken ebenso gechillt werden. Was für eine schöne Kettenreaktion!

Kommen wir zum nächsten Grund, warum Weltrettung bei Deiner Selbstliebe beginnt …

Teil IV   Die Wunder in DIR und MIR

GRUND 3:

Weil Du Dich selbst immer besser kennenlernst und Dich in Dich hineinentspannst.

Wenn Du voll und ganz bereit bist, Dich auf Dich selbst einzulassen, dann ist alles möglich. Es müssen Dir nicht alle Seiten an Dir gefallen. Aber Du akzeptierst sie. Sie dürfen sein. Und mit dieser Entspannung entfalten sich neue Möglichkeiten. Du wirst Dein Ändern leben. Aus Dir selbst heraus. Letztendlich ist also Weltrettung so etwas wie ein Weltentspannungsprogramm für Dich und mich. Das klingt gut, oder? Dann lies noch weiter …

Deine Selbstliebe macht Weltrettung möglich - ein Gebet

Ich wünsche mir, dass Du die kommenden Zeilen als eine Art Gebet verstehst, das permanent in Dir klingen darf:

> Du bist wundervoll - genau so,
> wie Du gerade bist!

Mit allen Herausforderungen, die Du hast, mit allen Deinen Macken und Schrullen, mit all Deinen Fehlern, mit all Deinen Talenten, mit allem, wer Du bist. Das bist unverkennbar DU, und DU wirst gebraucht. So, wie Du bist. Du musst gar nicht erst „zu etwas" werden. Da hat Dir und mir irgendjemand etwas eingeredet.

Du bist jetzt schon so richtig, wie Du bist. Du musst nichts darstellen, es reicht einfach, Du zu sein. In Deiner Widersprüchlichkeit, Deiner Unvollkommenheit. Mit all Deinen Farben und auch dem tristen Grau, in das Du manchmal tief eintauchst.

Es ist ein Wunder, dass Du auf dieser Welt bist.

Wirklich. Wirklich ein Wunder. Dass Du hier bist. Dass Du lebst. Du bist ein Geschenk für diese Welt. Du kannst so viel geben. Du kannst trösten. Du kannst Hände halten, jemanden zärtlich streicheln. Du kannst Mut zusprechen. Du kannst singen-tanzen-feiern-lachen-weinen. Fühlen. Glauben. Lieben. Hoffen. Du kannst träumen. Und damit erschaffen. Die Fähigkeit, zu träumen und damit zum Schöpfer, zur Schöpferin zu werden, ist das, was Dich als Menschen auszeichnet. Sie ist dazu da, von Dir genutzt zu werden.

Jeder Moment, den Du hier sein darfst, ist unendlich kostbar. Feiere das, feiere Dich. Ganz egal, wo Du jetzt gerade stehst. Du kannst so viel für Dich, für mich, für uns bedeuten. Alles ist durch Dich.

(Er)finde Dich, mich, uns - die Welt!

Das Mandala von Morgen - Die erste Dimension: Selbstliebe

TEIL 4

DANKE.
FÜR DICH. JETZT.

Ende des Gebets.
Übrigens: Es war FÜR DICH geschrieben.
Glaubst Du, was Du liest?
Kannst Du es zu 100 Prozent unterschreiben?
Herzlichen Glückwunsch! Du brauchst nicht mehr weiter zu lesen (kannst aber natürlich trotzdem weiter dabeibleiben, wenn es Dir Freude bereitet).

Wahrhaftig zu sein, zu Dir selbst zu stehen - mit Deinen Macken und Deinem Scheitern wie auch mit dem, was Dich auszeichnet und was Du selbst an Dir feierst - ist das größte Geschenk, das Du der Welt machen kannst.

Denn wenn es Dir gelingt, so zu sein, dann werden es Dir andere gleichtun und sich ebenfalls trauen, sich authentisch zu zeigen. Sie müssen sich selbst und anderen dann nichts mehr vormachen.

Selbstliebe heißt, Dich vollkommen anzunehmen. So, wie Du bist. Kultiviere Lässigkeit, feiere Deine Macken und Deine Gaben.

Wenn Du so gelassen, wirklich und echt unterwegs bist, dann hast Du eine der fundamentalen Facetten für die Welt, die wir uns wünschen, bereits ins Hier und Jetzt geholt.

Leichtigkeit und Authentizität sind unser wichtigster Nährboden, um die Potenziale in uns zur Entfaltung zu bringen.

EINE ÜBUNG DAZU:

» Du kannst diese Haltung fördern, indem Du Dir regelmäßig Deine Stärken und Deine Schwächen vor Augen führst. Du kennst vielleicht das Ritual, am Ende des Tages ein Dankbarkeitstagebuch zu führen. Vielleicht magst Du es ergänzen und Dich jeden Abend für Deine Erfolge und Deine Fehler des Tages feiern.

Auch in der Familie und unter Freund*innen könntet Ihr das gemeinsam einführen und Euch gegenseitig regelmäßig für Eure Erfolge und Fehler feiern. Das kann sehr viel Freude bereiten.

Teil IV Die Wunder in DIR und MIR

Die grösste Held*innenreise ever

Doch wie geht das, sich selbst lieb zu gewinnen und vielleicht auch gleichzeitig auf diesem Weg herauszufinden, was so ganz besonders ist an Dir selbst, damit Du Deinen Beitrag in die Welt bringen kannst?

Ich sag Dir, diese Reise zu Dir selbst und zur Entfaltung Deiner Möglichkeiten, das ist die verrückteste, komplexeste, großartigste Expedition, auf die Du und ich uns jemals begeben können.

In den folgenden Dimensionen mag ich Dich inspirieren, wie Du die Wunder in Dir zur Entfaltung bringen kannst. Du wirst staunen, Du hast so unendlich viele Möglichkeiten, großartige Schätze schlummern in Dir, die darauf warten, von Dir gehoben zu werden. Über jedes dieser Themen, die ich hier schildere, wurden Bücher über Bücher geschrieben. Du kannst Dich wahrlich ein Leben lang mit all diesen Aspekten beschäftigen. Was für ein Abenteuer!

Vielleicht bist Du auch bei manchen Passagen irritiert und denkst, dass das nun gar nichts mehr mit „besserer Welt" zu tun hat. Doch erinnere Dich, dass alles mit allem zusammenhängt. Jeder Gedanke, jedes Gefühl, jede Handbewegung kann etwas verändern. Eine bessere Welt zu erschaffen, braucht einen Bewusstseinswandel, und der ist komplex. Das will ich Dir mit dem kommenden Abschnitt verdeutlichen.

Der Schriftsteller und Philosoph Henry David Thoreau schrieb einmal:

> » „Was vor uns liegt und was hinter uns liegt, ist nichts im Vergleich zu dem, was in uns liegt. Wenn wir das, was in uns liegt, nach außen in die Welt tragen, geschehen Wunder."

Das Mandala von Morgen - Die erste Dimension: Selbstliebe

Von diesem Gedanken ist der komplette nächste Abschnitt getragen: Wenn wir die Schätze in uns selbst heben, werden wir in unser Ändern hineinleben. Diese Wunder zu wecken, braucht allerdings seine Zeit. Es braucht die Geduld, über die Rainer Maria Rilke an einen jungen Dichter schreibt:

Man muss den Dingen
die eigene, stille, ungestörte Entwicklung lassen,
die tief von innen kommt
und die durch nichts gedrängt oder beschleunigt werden kann.
Alles ist austragen und dann gebären …

Reifen wie der Baum, der seine Säfte nicht drängt
und getrost in den Stürmen des Frühlings steht,
ohne Angst, dass dahinter kein Sommer kommen könnte.

Er kommt doch!
Aber er kommt nur zu den Geduldigen,
die da sind, als ob die Ewigkeit vor ihnen läge
so sorglos, still und weit …

Man muss Geduld haben mit dem Ungelösten im Herzen
und versuchen, die Fragen selbst lieb zu haben wie verschlossene Stuben
und wie Bücher, die in einer sehr fremden Sprache geschrieben sind.

Es handelt sich darum, alles zu leben.
Wenn man die Fragen lebt, lebt man vielleicht allmählich,
ohne es zu merken, eines fremden Tages in die Antworten hinein.

LESEEMPFEHLUNGEN:

Bahar Yilmaz: Du wurdest in den Sternen geschrieben.
Erkenne, wie wundervoll Du bist.

Lars Amend: It´s all good.
Ändere Deine Perspektive und Du änderst Deine Welt.

Laura Malina Seiler: Schön, dass es Dich gibt. Wie Du mit Deinem Geschenk für die Welt ein außergewöhnliches Leben erschaffst.

Veit Lindau: Heirate Dich selbst. Wie radikale Selbstliebe unser Leben revolutioniert.

Freilich drängt gerade bei dieser Thematik die Zeit, zumindest was den Aspekt des Klimas angeht. Der Weltklimarat gibt uns noch zehn Jahre. Zudem sind wir in unserer Leistungsgesellschaft auf Tempo gedrillt. Es geht nun aber nur Schritt für Schritt. In die Antworten hineinleben.

Wie Du Dich selbst immer besser kennen- und akzeptieren lernst, in Dich selbst hineinlebst, dazu werde ich Dich in der vierten Dimension anregen. Doch zuvor beschäftigen wir uns noch mit zwei weiteren Dimensionen, die wiederum die Basis für Deine ganz persönliche vierte Dimension bilden.

Teil IV Die Wunder in DIR und MIR

DIE ZWEITE DIMENSION
DIE TATKRAFT DEINER TRÄUME UND VISIONEN

Du und ich, wir sind als Menschen mit einer ganz persönlichen Fähigkeit ausgestattet: der Fähigkeit der Imagination, der Fähigkeit, zu träumen und Visionen zu empfangen. Wir können uns unsere Zukunft vorstellen. Auf dieser Basis erschaffen wir die Welt, in der wir leben. Bis hierher haben wir die Welt geschafft, in der wir heute zu Hause sind. Zwar ist da in den letzten Jahrzehnten so einiges aufgebrochen, wie ich Dir in Buchteil 1 skizziert habe. Doch insgesamt ist da noch ganz schön Luft nach oben, da stimmst Du mir sicherlich zu. Es entspricht so vieles nicht Deinen und meinen Wünschen.

» Beginnend mit der Tatsache, dass Millionen von Menschen nach wie vor hungern und sich auf der Flucht befinden,

» über die Qualen, die ebenfalls Millionen von Tieren in der Massentierhaltung ertragen müssen, und die Ressourcenausbeutung unserer Erde

» bis hin vielleicht auch zu Deinem ganz persönlichen Arbeitsplatz, der immer schneller getaktet ist, wo Menschen nach ihrem Humankapital gemessen werden und einer wirtschaftlichen Realität, in der das Geld und der maximale Profit das Maß aller Dinge sind.

Die Welt, wie sie heute ist, haben wir, auch ich und Du, gemeinsam kraft unserer Vorstellungen kreiert. Oder haben es zumindest so geschehen lassen.

Und wir lassen es weiter passieren, obwohl vieles davon so gar nicht unseren Vorstellungen entspricht. Manches Mal beschleicht uns ein Unbehagen, doch gehen wir nur allzu oft darüber hinweg und geben uns damit zufrieden. Indem wir uns allerdings eine andere Wunschrealität vorstellen, können wir das allererste Samenkorn dafür säen, dass sich diese Welt verändert.

In den vergangenen Jahren ist es, vor allem durch das zunehmende Interesse an der Persönlichkeitsentwicklung, immer populärer geworden, eine Vision für unser ganz persönliches und berufliches Leben, für die kommenden Jahre oder auch weitere Zielhorizonte zu entwickeln. ==Doch die meisten Menschen klammern es noch aus, darüber hinaus eine Vision für uns als Kollektiv zu entwickeln, vielleicht weil sie sich nicht „zuständig" dafür fühlen. Warum eigentlich?==

Das ist schließlich unser ALLER gemeinschaftliche Aufgabe, also sollten wir als Weltgemeinschaft auch eine Vorstellung davon haben - und zwar möglichst viele von uns.

Das Mandala von Morgen - Die zweite Dimension: Die Tatkraft Deiner Träume und Visionen

Diese „Weltvision" ist keine Angelegenheit für Staatschefs, sie ist unser aller Aufgabe.

Ich selbst träume davon, dass es irgendwann in der Zukunft einmal eine Selbstverständlichkeit ist, dass sehr viele Menschen eine Vision für eine bessere Welt entwickeln und ihren Beitrag dazu finden. Genauso, wie es in Zukunft selbstredend und am besten Bestandteil des Schulunterrichts werden sollte, dass viele von uns in regelmäßigen Abständen eine Vision für ihr eigenes Leben und verschiedene Lebensbereiche und -abschnitte formulieren. Denn so können wir daran teilhaben, Wunder in die Welt zu tragen.

Auch wünsche ich mir sehr, dass viele von uns in naher Zukunft die globalen Nachhaltigkeitsziele kennen und darum wissen, dass es in unser aller Verantwortung liegt, an ihrem Erreichen mitzuwirken und sie einzufordern.

So, wie ich Dich frage: „Wie geht es Dir?", sollte es das Normalste von der Welt werden, dass ich Dich fragen kann: „Und für welches globale Nachhaltigkeitsziel setzt DU Dich ganz besonders ein?" Vielleicht antwortest Du: „Mir ist der Schutz der Meere besonders wichtig, und daher unterstütze ich *The OceanCleanup*."

Oder: „Ich gehe dafür, eine menschlichere Wirtschaft zu entwickeln, und deshalb habe ich gerade ein Sozialunternehmen gegründet." Oder: „Für mich ist es besonders wichtig, dass alle Menschen in ihrer Vielfalt gewürdigt werden, und deswegen haben wir am Arbeitsplatz Wertschätzungsrunden eingeführt."

Stell Dir vor, jede*r von uns hätte seine/ihre Vision und seinen/ihren Beitrag gefunden, die Welt, die wir uns wünschen, zu erschaffen. Außerdem könnten wir im Vertrauen sein, dass jede*r von uns seinen/ihren Platz einnimmt. Jede*r geht seiner/ihrer Wege im Wissen um den anderen, die andere, und wir inspirieren und ermutigen einander dabei.

> Seien wir also heldenhaft und trauen uns. Wir könnten damit unsere Zukunft gewinnen. Zumindest überlassen wir sie dann nicht dem Zufall, sondern haben sie mitgestaltet. Sei Du mutig und trau Dich.

Und wie kommst Du nun ins große Träumen? Das hat Dir ja schließlich niemand beigebracht, oder?

263

Teil IV Die Wunder in DIR und MIR

INSPIRATIONSQUELLEN FÜR GROSSE VISIONEN

Vielleicht hast Du schon mal eine Vision für Dein nächstes Jahr, für einen nächsten großen Meilenstein oder ein geliebtes Projekt entwickelt. So ähnlich kannst Du natürlich auch eine Vision für eine bessere Welt und Deinen Platz darin entwickeln.

Wenn Du noch nicht so geübt darin bist, habe ich hier einige Inspirationsquellen, die es Dir erleichtern, eine große Vision zu entwickeln. Übrigens: Gemeinsam mit anderen Menschen kann das so richtig beflügeln.

 Die globalen Nachhaltigkeitsziele als Orientierungsrahmen

für Dich allein

Wenn Dich die globalen Nachhaltigkeitsziele inspiriert haben, können sie als Deine inhaltliche Vorlage dienen, anhand derer Du Deine ganz eigene Vision entwickelst. Hierzu kannst Du Dich (noch mal) in Buchteil 2 vertiefen. In den Materialien zum Buch auf meiner Website findest Du außerdem ein „Weltrad", basierend auf den globalen Nachhaltigkeitszielen, das es Dir vereinfacht, eine Vision für eine bessere Welt zu entwerfen. Jede der Speichen des Weltrades repräsentiert eines der globalen Nachhaltigkeitsziele. Außerdem findest Du eine Erläuterung, wie Du mit dem Weltrad arbeiten kannst.

2. **Meditation zur Einstimmung**

für Dich allein

Um Deinen Geist in einen Zustand zu versetzen, in dem Du Zugang zu Deinen tieferen Bewusstseinszuständen wie auch eine Verbundenheit mit der Welt bekommst, macht eine meditative Einstimmung Sinn. In den Materialien zu diesem Buch, die online auf meiner Website zur Verfügung stehen, verlinke ich auf eine geeignete Meditation.

Das Mandala von Morgen - Die zweite Dimension: Die Tatkraft Deiner Träume und Visionen

 Visionscollage und Journal

Wenn Du nun Dein Weltrad ausgefüllt und vielleicht auch die Meditation zur Einstimmung gehört hast, darf Deine Vision Gestalt annehmen. Zwei schöne Methoden hierfür sind die Visionscollage sowie das Journal.

» **Visionscollage**

… Du benötigst einen Stapel alter Zeitschriften, ein großes Blatt Papier, Schere und Klebstift. Blätter Dich durch die Zeitschriften, reiße raus, was Dich inspiriert, ergänze das Sammelsurium um persönliche Fotos und Sprüche und bastele Dir daraus Deine ganz persönliche Collage. Für Dich selbst und für eine bessere Welt.

Sehr gern kannst Du dafür beispielsweise auch die Graffitis zu den globalen Nachhaltigkeitszielen verwenden, wenn sie Dich ansprechen. Sie stehen zum freien Download zur Verfügung und sind in einer Creative Commons-Lizenz verfügbar.

Wichtiger Hinweis zum Erstellen: Grübele nicht zu viel darüber nach. Mach es einfach. Es geht nicht darum, perfekt zu sein.

Die fertige Visionscollage kannst Du an einem Platz aufhängen, auf den oft schaust, bspw. über Deinen Schreibtisch etc.

Wenn Du einige Jahre später auf Dein Visionboard blickst, könnte es sein, dass Du sehr erstaunt bist, weil einige Dinge wahr geworden sind - vielleicht nicht in der konkreten Form, die Du „aufgeklebt" hast, aber in einer anderen Variante. Also: Es lohnt sich, damit zu „spielen".

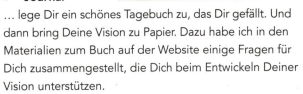

» **Journal**

… lege Dir ein schönes Tagebuch zu, das Dir gefällt. Und dann bring Deine Vision zu Papier. Dazu habe ich in den Materialien zum Buch auf der Website einige Fragen für Dich zusammengestellt, die Dich beim Entwickeln Deiner Vision unterstützen.

Tipp: Falls Du im schriftlichen Formulieren nicht so gut bist, sprich die Antworten einfach per Sprachnachricht in Dein Smartphone. Es gibt bereits entsprechende Apps, die das verschriftlichen.

Wie Du mit Deiner schriftlichen Vision arbeiten kannst: Vielleicht inspiriert Dich Folgendes, und Du magst es nachmachen: Der Songwriter und Künstler SEOM hat es sich zur Gewohnheit gemacht, regelmäßig zum Jahresende eine sehr detaillierte Vision aufzuschreiben, die 20-30 Seiten umfasst. Daraus essenziert er eine Kurzversion dieser Vision, die etwa sieben Seiten lang ist. Diese Vision liest er sich jeden Morgen laut vor und taucht dazu - wann immer möglich - in seine Zukunftsbilder dazu ein.

Teil IV   Die Wunder in DIR und MIR

  Inspirierende Filme

für Dich allein oder im Team

Filmen gelingt es oft, in tiefere Areale unseres Bewusstseins vorzudringen. In den vergangenen Jahren sind einige filmische Dokumentationen entstanden, die uns die Möglichkeiten, eine positive Zukunft zu gestalten, ermutigend aufzeigen. So bieten Filme auch einen großartigen Einstieg dazu, Deine Vision für eine bessere Welt zu entwickeln.

Einen ganz besonderen Film hat die Regisseurin und Produzentin Elke von Linde mit der Dokumentation „Part Time Kings" geschaffen. Zwei Jahre lang ist sie rund um die ganze Welt gereist und hat in über 100 Interviews Kinder und Jugendliche diverser sozialer Schichten, Religionen und Nationalitäten nach ihren persönlichen Träumen befragt - von Bielefeld bis Bangalore, von Glastonbury bis Fukushima, von Tamera über Kapstadt bis ins Friedensdorf San José de Apartado in Kolumbien.[3] Sehr inspirierend!

Folgende zehn Filme motivieren:[4]
- 1. Part Time Kings * Elke von Linde
- 2. Tomorrow - Die Welt ist voller Lösungen * Cyril Dion und Melanie Laurent
- 3. Ökonomie des Glücks * Helena Norberg-Hodge
- 4. Eine andere Welt ist pflanzbar * Ella von der Haide
- 5. Voices of Transition * Nils Aguilar
- 6. Die stille Revolution * Kristian Gründling
- 7. Awake2Paradise * Catharina Roland
- 8. From Business to Being * Hanna Henigin und Julian Wildgruber
- 9. But Beautiful * Erwin Wagenhofer
- 10. Zeit für Utopien - Wir machen es anders * Kurt Langbein

Das Mandala von Morgen - Die zweite Dimension: Die Tatkraft Deiner Träume und Visionen

5. Eine Journaling-Übung aus der Theorie U von Otto Scharmer

Mit der *Theorie U* hat der am renommierten MIT (Massachusetts Institute of Technology) tätige deutsche Forscher und Berater Otto Scharmer eine innovative Führungsmethode geschaffen, die den heutigen Herausforderungen gerecht wird und es Dir außerdem ermöglicht, „aus der Zukunft zu schöpfen". Seine Beobachtungen: Viele Entscheidungen beruhen auf Erkenntnissen aus der Vergangenheit bzw. der gegenwärtigen Situation.

Die Methode des „Presencing" (setzt sich zusammen aus „Presence" = Gegenwart und „Sensing" = Einfühlen) öffnet die Türen dafür, Potenziale und Zukunftschancen in die Entscheidungsfindung einzubeziehen, aber vor allem auch, Lösungen im Kollektiv zu erarbeiten und ein „Ökosystem-Bewusstsein" zu entwickeln.[5] Hier geht es darum, mittels meditativer Sequenzen und intuitiven Schreibens in tiefere Areale seines Bewusstseins vorzudringen. So können Visionen entstehen, die nicht auf dem Ego beruhen, sondern auf ein weiteres Feld zurückgreifen.

Du kannst die *Theory U* und die weitere Arbeit Otto Scharmers in den U.Labs und der *Gaiajourney* kennenlernen, die das Presencing-Institute regelmäßig anbietet. Die Angebote sind oft kostenfrei und werden von Zehntausenden Menschen wahrgenommen. Allein in einem so großen Feld gleichgesinnter Menschen, die auf allen Kontinenten verteilt sind, unterwegs zu sein ist ein einzigartiges Erlebnis.[6]

In den Materialien zum Buch habe ich Dir eine Journaling-Übung von Otto Scharmer zur Verfügung gestellt, mit der Du gerne mit Deinem Ökosystem-Bewusstsein in Deine Zukunft reisen kannst. Ich habe sie sowohl bei Otto Scharmer im Rahmen eines U.Labs als auch bei der Organisation Pioneers of Change kennengelernt.

Teil IV   Die Wunder in DIR und MIR

6. Der Traumkreis des Dragon Dreaming von John Croft

Gruppe bis zu 10

Eine besondere Methode, um aus dem Traum eines Einzelnen einen kollektiven Traum (für eine bessere Welt) zu erschaffen, bietet das Dragon Dreaming.[7] Es wurde vom Projektmanager John Croft und seiner verstorbenen Frau Vivienne H. Elanta an der Gaia Foundation in Australien entwickelt. Der gesamte Prozess des Dragon Dreaming umfasst die vier Schritte „Träumen, Planen, Handeln und Feiern" und ist Praktiken der Aborigines entlehnt. Während wir uns in westlichen Hemisphären bei Projekten auf das Planen und Handeln fokussieren, haben im Dragon Dreaming auch die Phasen des Träumens und Feierns ihren Platz.

Für die Erstellung Deiner/Eurer Vision für eine bessere Welt ist die Traumphase relevant - und die läuft folgendermaßen ab:

» Zunächst einmal findet Ihr gemeinsam eine Ausgangsfrage, die Euch zum Träumen inspiriert. Sie könnte beispielsweise lauten: „Stellen wir uns vor, wir leben im Jahr 2030. Was ist seit dem Jahr 2021 passiert, damit wir im Jahr 2030 voller Freude, Glück, Zufriedenheit und Ekstase in der Welt leben?"

» Dann gibt es in der Regel eine kurze meditative Einstimmung (ein Beispiel findest Du in den Materialien zum Buch).

» Anschließend kreist ein Redegegenstand herum (vielleicht ein Stein, ein Holzstück oder ein anderes Utensil). Jeder Mensch, der den „Redestab" in der Hand hält, darf einen Aspekt seines Traums teilen. Dann gibt er oder sie den Redegegenstand an seinen Nachbarn weiter. Wenn Du in dem Moment, in dem Du den Redegegenstand erhältst, keinen Einfall hast, gibst Du ihn weiter, ohne etwas zu sagen. Du kannst ja in der nächsten Runde nachlegen.

Die Träumenden sollten nicht zu lange nachdenken, sondern aus dem Bauch heraus sprechen. Dabei darf ALLES gesagt werden, auch Widersprüchliches darf nebeneinander stehen bleiben. Der Gegenstand kreist so lange, bis alle Träume ausgesprochen sind. Wenn irgendwann der Redegegenstand nur noch wortlos weitergegeben wird, weil niemand mehr etwas zu teilen hat, ist klar: Der Traum ist vollendet.

» Jeder gesagte Aspekt wird Satz für Satz in einem Traumprotokoll festgehalten. Daraus entsteht ein Traummanifest. Dieses wird am Ende des Traumkreises verlesen und kann zu jedem Treffen oder auch zu wichtigen Sitzungen rezitiert werden, um sich an den gemeinsamen Traum zu erinnern.

Es empfiehlt sich, den Prozess des Dragon Dreaming gemeinsam mit einem Trainer/einer Trainerin, die hierfür ausgebildet wurde, zu durchlaufen. Eine Liste der Trainer*innen findest Du in der Fußnote.[8] (In der *Transition Town-Bewegung* spielt das Thema *„Innerer Wandel"* eine große Rolle, sodass auch einige lokale Gruppen mit dieser Methode vertraut sind.)

Das Mandala von Morgen - Die zweite Dimension: Die Tatkraft Deiner Träume und Visionen

MATERIALIEN FÜR VISIONSARBEIT:

Auf den vergangenen Seiten verweise ich auf einige Materialien, die ich Dir auf der Website zum Buch zur Verfügung stelle. Hier noch mal ein Überblick dazu:

» Lebensrad zur Entwicklung Deiner persönlichen Vision

» Weltrad zur Entwicklung Deiner Vision für eine bessere Welt

» Die Visions-Icons zu den globalen Nachhaltigkeitszielen als Download

» Meditation zur Vision (sowohl als Text als auch gesprochen)

» Fragen zur Visionsfindung für Dein Journal

» Journaling-Übung aus der Theorie U

» Erläuterungen zum Traumkreis des Dragon Dreaming

» Meditation zur Einstimmung auf den Traumkreis (sowohl als Text als auch gesprochen)

LESEEMPFEHLUNGEN:

Der Jugendrat der Generationenstiftung: Ihr habt keinen Plan, darum machen wir einen. 10 Bedingungen für die Rettung unserer Zukunft.

Maja Göpel: Unsere Welt neu denken. Eine Einladung.

Rob Hopkins: From What is to what if. Unleashing the power of imagination to create the future we want.

Joanna Macey: Für das Leben! Ohne Warum: Ermutigung zur einer spirituell-ökologischen Revolution.

Otto Scharmer: Theorie U. Von der Zukunft her führen. Presencing als soziale Technik.

Teil IV   Die Wunder in DIR und MIR

DEINE TATKRAFT: DEINER VISION FÜR EINE BESSERE WELT GESTALT VERLEIHEN

Auch wenn eine Vision unglaublich machtvoll ist und buchstäblich Berge zu versetzen vermag, darf es natürlich nicht beim Träumen bleiben. Es braucht Taten - und zwar kontinuierlich, ohne dass Du zur „Tatenmaschine" wirst und wieder in den „Höher, Schneller, Weiter"-Wahn zurückfällst. Ein Handlungskontinuum, das Dich gleichzeitig Mensch bleiben lässt.

Wir dürfen lernen, was es heißt, menschengerecht und würdevoll tatkräftig zu sein.

Damit Du in dieser Art am Ball bleibst und in Deine Vision hineinlebst, habe ich einige Empfehlungen für Dich:

SUCHE DIR MITSPIELER*INNEN

Vielleicht hast Du ja bereits mit anderen Menschen gemeinsam eine Vision entwickelt. Dann findest Du unter ihnen vermutlich Menschen, mit denen Du nun gemeinsam dranbleibst an Deiner Vision, um Deinen Teil dazu beizutragen, die Welt zu erschaffen, die wir uns wünschen. Die „Mitmacher*innen" können Dir eine gute Spiegelfläche sein, sehen vielleicht Aspekte, die Du selbst nicht wahrnehmen kannst, haben neue Ideen, helfen Dir, Deinen inneren Schweinehund zu bezwingen, wenn Du mal einen Durchhänger hast, können gemeinsam mit Dir lachen und weinen, wenn es wieder nicht läuft, und vieles mehr.

Natürlich kannst Du das alles auch allein für Dich tun, doch es macht mehr Freude und ist erwiesenermaßen erfolgreicher, wenn Du im Kreis von Gleichgesinnten dranbleibst.
Eine besondere Form einer gemeinsamen Wegbegleitung ist dabei die der sogenannten Mastermindgruppe - eine feste Gruppe von Menschen, die sich regelmäßig begleitet. In den Materialien zu diesem Buchteil findest Du einen Artikel über *Mastermindgruppen* sowie eine Anleitung, wie Du eine Mastermindgruppe aufbauen und organisieren kannst.[9]

Das Mandala von Morgen - Die zweite Dimension: Die Tatkraft Deiner Träume und Visionen

Wie findest Du Weggefährt*innen?

Der Möglichkeiten gibt es viele, und das ist natürlich auch abhängig von Deiner Vision. Dazu findest Du im Anhang und in den Materialien zum Buch auf der Website sortiert nach den globalen Nachhaltigkeitszielen eine Liste von 90 Aktionen und Initiativen, denen Du Dich anschließen kannst.

Mache Deine Vision greifbarer

Liegt Deine Vision vielleicht ganz schön weit entfernt in der Zukunft? Dann finde gemeinsam mit Deinen Mitmacher*innen Etappenziele, von denen die allerersten sich wirklich machbar anfühlen. Und dann gehe Schritt für Schritt. Ohne Dich zu hetzen. Mache jeden Tag ein bisschen und gönne Dir auch mal Pausen. Denke dabei immer daran, auch gut für Dich zu sorgen.

Schaffe Dir einen Rahmen, der Dir ermöglicht, dranzubleiben und Dich weiterzuentwickeln. Zu diesem Thema gibt es diverse Bücher und Onlinekurse, und so möchte ich Dich hier nicht mit platten Tipps abspeisen. Schau bitte, ob die beiden Bücher, die ich Dir hierzu empfehle, etwas für Dich sind. Weiterer Tipp: Es gibt mittlerweile tolle Planer, die Dich ebenfalls dabei begleiten, in Aktion für Deine Visionen und Ziele zu kommen.[10]

Ich wünsche Dir viel Freude und Beharrlichkeit dabei, Deine Vision in die Welt zu bringen - und großartige Weggefährt*innen, die Dich dabei begleiten.

Du willst tiefer einsteigen ins Thema „Aktionen"? Dann findest Du in den kommenden drei Dimensionen weitere Anregungen.

LESEEMPFEHLUNGEN:

Arjuna Ardagh: Radikal gelebte Meisterschaft. Das Geheimnis wahrer Größe.

Terry Patten: Eine neue Republik des Herzens. Ein Leitfaden für spirituellen Aktivismus.

Teil IV   Die Wunder in DIR und MIR

Die dritte Dimension
Wertvoll und wertebewusst leben

„Manchmal hat der Krieger des Lichts das Gefühl, zwei Leben zugleich zu leben. In einem ist er gezwungen, alles zu tun, was er nicht will, für Ideen zu kämpfen, an die er nicht glaubt. Aber es gibt auch das andere Leben, und er entdeckt es in seinen Träumen, in dem, was er liest, in Begegnungen mit Menschen, die wie er denken. Der Krieger wird zulassen, dass sich seine beiden Leben einander annähern. ‚Es gibt eine Brücke, die das, was ich tue, mit dem verbindet, was ich gerne täte', denkt er. Ganz allmählich siegen seine Träume über die Routine, und am Ende begreift er, dass er bereit ist für das, was er schon immer wollte. Dann braucht es nur noch ein wenig Wagemut - und beide Leben werden zu einem einzigen."

(aus „Handbuch des Kriegers des Lichts" von Paulo Coelho)[11]

Dir geht es vermutlich auch so, wie Paulo Coelho es in dieser Passage beschreibt: Mit Deiner Vision von einer besseren Welt und einem besseren Leben auch für Dich hast Du einen Möglichkeitsraum geschaffen, auf den Du Dich mit Deinen Handlungen zubewegst. Schritt für Schritt. Manchmal weichst Du auch aus, trittst zurück, bleibst stehen. Und doch wird Dein Weg so viel klarer und sein Erreichen wird so viel wahrscheinlicher sein, wenn Du diese Vision beharrlich in Deinem Sinn bewegst.

Trotzdem lebst Du noch in der „alten" realen Welt.

Neben Deiner Vision gibt es noch eine weitere wichtige Dimension, die Dich dieses Spannungsfeld besser vereinen lässt: Deine Werte. Das, was Dir wichtig ist.

Das Mandala von Morgen - Die dritte Dimension: Wertvoll und wertebewusst leben

Schau Dich in der Welt um.
Welche Werte halten wir hoch und geben ihnen Bedeutung?

Wenn Dir ein achtsames und liebevolles Miteinander mit Dir selbst, Deinen Mitmenschen und auch der Welt wichtig ist und Du es fördern willst, dann finde Wege, diesen Werten bewusst Raum zu schenken, anstatt einfach weiter mitzulaufen in dieser materiellen „Höher, Schneller, Weiter"-Hatz mit ihren Statussymbolen und Bewertungen.

Dazu möchte ich die Geschichte der zwei Wölfe mit Dir teilen:

Ein alter Indianer sitzt mit seinem Sohn am Lagerfeuer und spricht: „Mein Sohn, in jedem von uns tobt ein Kampf zwischen zwei Wölfen. Der eine Wolf ist böse. Er kämpft mit Neid, Eifersucht, Gier, Arroganz, Selbstmitleid, Lügen, Überheblichkeit, Egoismus und Missgunst. Der andere Wolf ist gut. Er kämpft mit Liebe, Freude, Frieden, Hoffnung, Gelassenheit, Güte, Mitgefühl, Großzügigkeit, Dankbarkeit, Vertrauen und Wahrheit."

Der Sohn fragt: „Und welcher der beiden Wölfe gewinnt?" Der alte Indianer schweigt eine Weile. Dann sagt er: „Der, den du fütterst."

Genauso ist es auch mit dem, was Dir wichtig ist. Wenn Du die Werte des aktuellen Systems fortwährend fütterst, ohne auch bewusst die neuen Werte zu leben, die Dir in der Welt, die Du Dir wünschst, wichtig sind, wird der „böse Wolf" immer der stärkere bleiben.

Deshalb ist es so wichtig, dass Du Dir Deiner Werte bewusst bist und sie integraler Bestandteil Deines Lebens werden.

» Gelebte Werte sind genau wie Deine Vision mit ihren kontinuierlichen Handlungen die Brücken hin zur neuen Welt.

Wertebewusst leben – vier Anregungen

Doch wie kannst Du die Werte der Welt, die Du Dir wünschst, immer mehr in die jetzige Welt bringen? Wie belebst Du Werte wie Güte, Achtsamkeit, Liebe oder auch Nachhaltigkeit ganz konkret? Diese Werte scheinen oft so abstrakt wie Worthülsen. Wie kannst Du sie wirklich in Deinen Alltag holen?

Dazu habe ich folgende vier Anregungen für Dich:
- Die drei Siebe des Sokrates
- Dein ökologischer Fußabdruck als Basis
- Inspirationsquellen für die Entwicklung Deines persönlichen, wertvollen und nachhaltigen Lebensstils
- Deine eigene Ethik als Basis für Deine Handlungen entwickeln

Die erste Anregung basiert auf einer Geschichte, die von Sokrates überliefert ist. Sie schenkt Dir drei sehr einfache Fragen, die Dich dabei unterstützen, Deinen Alltag im Sinn Deiner Werte zu gestalten. Hier nun zunächst die Geschichte:

1. Die drei Siebe des Sokrates

Eines Tages kam ein Mensch zu Sokrates und war voller Aufregung.
„He, Sokrates, hast du das gehört, was dein Freund getan hat? Das muss ich dir gleich erzählen."
„Moment mal", unterbrach ihn der Weise, „hast du das, was du mir sagen willst, durch die drei Siebe gesiebt?"
„Drei Siebe?", fragte der andere voller Verwunderung.
„Ja, mein Lieber, drei Siebe. Lass sehen, ob das, was du mir zu sagen hast, durch die drei Siebe hindurchgeht. Das erste Sieb ist die Wahrheit. Hast du alles, was du mir erzählen willst, geprüft, ob es wahr ist?"
„Nein, ich hörte es irgendwo und ..."
„So, so! Aber sicher hast du es mit dem zweiten Sieb geprüft. Es ist das Sieb der Güte. Ist das, was du mir erzählen willst – wenn es schon nicht als wahr erwiesen ist –, so doch wenigstens gut?"
Zögernd sagte der andere: „Nein, das nicht, im Gegenteil ..."
„Aha!", unterbrach Sokrates. „So lass uns auch das dritte Sieb noch anwenden und lass uns fragen, ob es wesentlich ist, mir das zu erzählen, was dich erregt?"
„Wesentlich nun gerade nicht ..."
„Also", lächelte der Weise, „wenn das, was du mir erzählen willst, weder erwiesenermaßen wahr, noch gut, noch wesentlich ist, so lass es begraben sein und belaste dich und mich nicht damit!"

Das Mandala von Morgen - Die dritte Dimension: Wertvoll und wertebewusst leben

TEIL 4

Gut, wesentlich und wahr - was haben diese Kriterien nun mit Deinem wertvollen, nachhaltigen Lebensstil zu tun?

Du stimmst mir sicherlich zu, dass diese drei Siebe Deine und meine Kommunikation viel feiner, zielführender und wahrhaftiger machen. Es ist also gut, sich im Gespräch immer wieder an diese drei Aspekte zu erinnern, bevor wir unbewusst drauflosplappern.

Wenn wir diese drei Fragen in unseren Gesprächen beherzigen würden, gäbe es keine Shitstorms mehr.

Die folgenden drei Fragen können auch in vielen weiteren Lebensbereichen dienlich sein - beispielsweise, wenn Du Dinge kaufst oder gebrauchst.

Frage Dich vorher:

Ist es wesentlich?
» Brauche ich das Produkt oder die Leistung WIRKLICH?
» Was bewirkt der Gebrauch für mich und für die Welt?
» „Muss" ich kaufen? Kann ich anders gebrauchen? Vielleicht kann ich mir den Gegenstand leihen oder auch gebraucht kaufen? Kann ich den alten Gegenstand reparieren?

Ist es gut?
» Woher kommt das Produkt oder die Leistung, die ich beziehen möchte?
» Weiß ich um die Quellen (Lieferantenkette etc.)? Weiß ich, dass diese Quellen gut sind?
» Wie könnte ich das in Erfahrung bringen?
» Wenn ich an der Güte der Quellen zweifele, wie könnte ich ihren Gebrauch „kompensieren"? Welche alternativen Lösungen könnten sich finden?

Ist es wahr?
» Die nochmalige Check-Frage: Stimmen meine Antworten auf die Fragen wirklich?
» Wenn ich zu zweifeln beginne: Was sind die eigentlichen Motive für meinen Kauf/Gebrauch? Mache ich das aus Konditionierungen, einem Glaubenssystem, einer Statushaltung, einem Zugehörigkeitswunsch heraus?

Wenn Dich diese drei Fragen im Alltag begleiten, bewegst Du Dich achtsamer und bewusster. Eine gute Orientierung bietet sicher auch die Konsumpyramide, wie sie auf der Plattform Smarticular erläutert wird.[12] Wenn Du denn kaufst, wäre es ideal, wenn es bald mal einen einheitlichen QR-Code mit einem Index gäbe, der Dir eindeutig verrät, wie „integer" das Produkt wirklich ist. Bis es so etwas gibt, braucht es eben ein Sammelsurium an Apps. Einige wichtige Apps dazu hat die Plattform Utopia in dem Artikel zusammengetragen, auf den ich in der Fußnote verlinke.[13]

Die Konsumpyramide der Plattform Smarticular

Teil IV Die Wunder in DIR und MIR

1. NEUE WÄHRUNG – NEUES STATUSSYMBOL

Dein ökologischer Fußabdruck als Basis für die Entwicklung Deines eigenen wertvollen und nachhaltigen Lebensstils

Ein gutes, nachhaltiges Leben braucht neue Werte. Mit dem, was ich Dir jetzt vorschlage, kannst Du konkreter und systematischer werden und in einer Bestandsaufnahme spielerisch messen, wie gut Du bereits wirklich für die Welt, die wir uns wünschen, unterwegs bist.

Ich lade Dich ein, Deinen ökologischen Fußabdruck zu ermitteln. Der ökologische Fußabdruck ermittelt Deinen persönlichen Kontostand bei der Erde, zeigt Dir also, wie viel Du von ihr benutzt, ob Du mit ihr im Einklang oder auf ihre Kosten lebst.[14] Er ist also ein idealer Ausgangspunkt, um festzustellen, wie ernst Du es wirklich mit einem nachhaltigen Lebensstil meinst.

Zur Ermittlung Deines ökologischen Fußabdrucks empfehle ich Dir folgende Rechner (Links in den Fußnoten): *CO_2-Rechner des Umweltbundesamtes,*[15] *Fußabdruckrechner von Brot für die Welt*[16] und den *WWF-Klimarechner*[17]. Sie sind recht einfach zu handhaben und geben Dir nach Deiner Ermittlung gleich erste Tipps, wie Du Deinen Fußabdruck verringern kannst.

Achtung und bitte: Mach das - wie geschrieben - spielerisch, mit einem Augenzwinkern. Vielleicht bist Du nach Absolvieren des Tests entsetzt, wie hoch Dein ökologischer Fußabdruck tatsächlich ist, auch wenn Du dachtest, dass Du bereits recht umweltbewusst lebst.

Mach Dir klar, dass dies auch ein strukturelles Problem ist, denn in den westlichen Ländern ist es schwierig, einen niedrigen ökologischen Fußabdruck zu erreichen - siehe das Interview mit „Fridays for Future"-Aktivistin Luisa Neubauer in dieser Fußnote.[18]

Das Mandala von Morgen - Die dritte Dimension: Wertvoll und wertebewusst leben

Klar, derzeit wird noch viel zu viel Verantwortung bei uns als Konsument*innen belassen. Gesetze MÜSSEN sich ändern. Es braucht Kerosinsteuern, Inlandsflüge dürfen abgeschafft, Fleisch muss teurer werden. Doch noch ist das nicht so. Wenn Du allerdings in spielerischer Form probierst, Deinen ökologischen Fußabdruck Schritt für Schritt zu reduzieren, und zusätzlich noch vielleicht auf die Straße gehst, Petitionen unterzeichnest und weiteres mehr, dann machst DU den Anfang, bringst einen Stein ins Rollen - und das wird sich auswirken.

Übrigens: Dein ökologischer Fußabdruck ist nur eines von mehreren Werkzeugen, mit denen Du Dich bewusster mit Deinem nachhaltigen Lebensstil auseinandersetzen kannst.

Natürlich gibt es noch mehr: Der BUND Bund für Umwelt und Naturschutz Deutschland e. V. differenziert sogar zwischen insgesamt vier ökologischen Fußabdrücken, dem Land-Fußabdruck, dem CO_2-Fußabdruck, dem Wasser-Abdruck und dem Material-Fußabdruck.[19]

Sklaven-Fußabdruck

Mit dem Fußabdruck wird allerdings lediglich unsere Beziehung zur Erde und ihren Ressourcen gemessen. Du wirst mir zustimmen, dass wir ja auch ungleiche Verhältnisse unter uns Menschen geschaffen haben, dass wir auf der nördlichen Erdhalbkugel viel reicher sind als die Menschen, die in der südlichen Erdhalbkugel leben.

Um Dir bewusst zu machen, wie krass ungleich unser Verhältnis tatsächlich ist, wurde der Test „Slavery Footprint" (Sklaven-Fußabdruck) entwickelt - Link in der Fußnote.[20] Allerdings bekommst Du nach dem Testergebnis keine konkreten Handlungshinweise, musst also selbst eine Konsumstrategie entwickeln, um diese Systematik nicht weiter zu unterstützen. Was Lebensmittel angeht, solltest Du darauf achten, *Fairtrade-Produkte* zu kaufen.[21] In Sachen Textilien hat Utopia.de im hinter der Fußnote verlinkten Artikel die infrage kommenden Label zusammengestellt.[22]

Gemeinwohl-Selbsttest

Einen ganzheitlicheren und auch sehr praktischen Ansatz liefert hier der Gemeinwohl-Selbsttest für Privatpersonen, der von Menschen, die sich in der Gemeinwohl-Ökonomie Steiermark engagieren, nach dem Vorbild und der Matrix der Gemeinwohl-Bilanzen für Unternehmen entwickelt wurde.[23] Hier geht es neben der ökologischen Nachhaltigkeit auch um die Themen Menschenwürde, Solidarität, Soziale Gerechtigkeit und Mitbestimmung. Wenn Du den Test ausgefüllt hast, bekommst Du auch einige Tipps an die Hand. Dieses Werkzeug ist sicherlich ausbaufähig. Doch großartig, dass sich hier ehrenamtlich tätige Menschen die Mühe gemacht haben, so etwas zu entwickeln.

Auf der Basis des Gemeinwohl-Selbsttestes hat es eine Weiterentwicklung gegeben: Engagierte Menschen haben in Traunstein das Spiel „Enkeltauglich leben" entwickelt, das diesen Selbsttest spielerisch aufgreift. Zudem gibt es dazu auch ein gleichnamiges Buch.[24]

Teil IV   Die Wunder in DIR und MIR

3. INSPIRATIONSQUELLEN FÜR EINEN WERTEBEWUSSTEN, NACHHALTIGEN LEBENSSTIL FÜR DICH UND MICH

Nun hast Du vielleicht einen oder sogar mehrere dieser Tests gemacht. Wie gehst Du nun weiter? Wie kannst Du nun Schritt für Schritt einen nachhaltigen Lebensstil entwickeln?

Hier ein paar Tipps:

Ausgehend von einem Podcast mit dem Umweltberater Peer Höcker, der einen ökologischen Fußabdruck von nur 2,6 Tonnen CO_2 pro Jahr erreicht hat, haben wir eine Liste von 44 Tipps erstellt, die Dich unterstützen, Deinen ökologischen Fußabdruck zu reduzieren.[25]

Vielleicht inspiriert Dich auch das Kartenspiel „30 Klimatrümpfe", das ich samt E-Book gemeinsam mit meinem Kollegen Joy Lohmann für das Projekt MehrWert-Laden entwickelt habe.[26] Empfehlung: „Spiele" mit diesen Karten, am besten im Team, humorvoll, fehlerfreundlich, undogmatisch. Komm darüber in Austausch.

Im Anhang ab Seite 304 findest Du außerdem eine Liste mit „90 Aktionen und Initiativen für die Welt, die wir uns wünschen". So einige dieser Aktivitäten unterstützen Dich auch dabei, Deinen ökologischen Fußabdruck zu reduzieren.

Sehr inspirierend und hilfreich sind auch die Materialien der Klimafasten-Aktionen, die ein Zusammenschluss der evangelischen und katholischen Kirche zur österlichen Fastenzeit durchführt.[27]

Das Mandala von Morgen - Die dritte Dimension: Wertvoll und wertebewusst leben

Darüber hinaus gibt es bereits zahlreiche Medien, die als Inspiration dienen könnten. Hier eine kommentierte Zusammenstellung ausgewählter Medien:

» „Und jetzt retten wir die Welt. Wie Du die Veränderung wirst, die Du Dir wünschst" heißt ein Buch des Autorenduos Ilona Koglin und Marek Rohde.

Ausgehend von dem Spruch Laotses …

„Willst Du die Welt verändern, dann verändere Dein Land.
Willst Du Dein Land verändern, dann verändere Deine Stadt.
Willst Du Deine Stadt verändern, dann verändere Deine Straße.
Willst Du Deine Straße verändern, dann verändere Dein Haus.
Willst Du Dein Haus verändern, dann verändere Dich."

… haben die beiden ein Programm entwickelt, das, beginnend mit der Achtsamkeit für sich selbst, alle weiteren Ebenen durchläuft bis hin zur Veränderung der Welt. Ideal für Teams!

» Die vierköpfige Familie Pinzler-Wessel hat sich einem einjährigen Selbstversuch unterworfen und gemeinsam ein klimafreundliches Leben erprobt. Dieses Jahresexperiment hat die Familie im Buch „Vier fürs Klima" sehr lesenswert zusammengefasst. Jedes Kapitel ist einem thematischen Schwerpunkt gewidmet. Das inspiriert und regt dazu an, es ihnen gleichzutun, auch weil das Buch sehr humorvoll und teilweise selbstironisch gehalten ist.

LESEEMPFEHLUNGEN:

Janine Steeger: Going green. Warum man nicht perfekt sein muss, um das Klima zu schützen.

Louisa Dellert: Mein Herz schlägt grün. Weltverbessern für Anfänger - Herzblut statt moralischer Zeigefinger. Empfehlenswert ist es auch, Louisa Dellerts Podcast zu hören sowie Louisas Instagram-Account zu abonnieren.

Shia Su: Zero Waste: Weniger Müll ist das neue Grün.

Außerdem liefern die digitalen Plattformen www.Utopia.de und www.17Ziele.de zahlreiche Inspirationen für einen nachhaltigen und bewussten Lebensstil.

4. Deine eigene Ethik als Basis für Deine Handlungen entwickeln

Bis jetzt habe ich Dir äußere Orientierungsrahmen für die Entwicklung Deines bewussten, nachhaltigen Lebensstils empfohlen. Sich an ihnen auszurichten macht durchaus Sinn, denn sie machen, wie geschildert, messbar, wie nachhaltig Du wirklich lebst. Zudem ermöglicht Dir dieser nachhaltige Lebensstil nicht nur, Geld und Profit allein als Wertemaßstab in Deinem Leben zu erfahren, sondern der Erde und dem achtsamen Umgang mit ihr einen Wert zu verleihen. Doch mit dem Thema „Werte" bringst Du sicherlich auch die Bereiche der Ethik und Moral in Verbindung, und darum geht es jetzt.

==Herzlich willkommen in unserer freien und zugleich so komplexen Welt!==

Bis vor wenigen Jahrzehnten noch hatten wir uns in der (westlichen) Hemisphäre so eingerichtet, dass wir uns an den Werten orientierten, die einer bestimmten Religionsgemeinschaft oder einem Kulturkreis angehörten.

Zwar bestimmen in der westlichen Welt noch immer christliche und demokratische Werte einen Großteil unseres gesellschaftlichen Zusammenlebens. ==Doch die massenhaften Kirchen-Austritte, die so wundervolle Diversifizierung unserer Gesellschaft, der zunehmende Vertrauensverlust in die führenden politischen Kräfte und die kontinuierlichen Debatten um das Thema „Werteverfall" verdeutlichen: Die alten Talare passen längst nicht mehr.==

So schlingern viele von uns werteunsicher oder ganz und gar werteunbewusst herum, sind verführbar, manipulierbar. Angetrieben von diesem Wirtschaftssystem scheint der einzige wirklich messbare Wert unser gesellschaftlicher Status zu sein und mithin unser (materieller) Erfolg.

> Wie kannst Du nun Deine eigene für Dich stimmige zeitgemäße Werte-Richtschnur finden?

Das Mandala von Morgen - Die dritte Dimension: Wertvoll und wertebewusst leben

Hierzu mag ich Dir einige Medien vorschlagen, die vielleicht auch Dich inspirieren.²⁸

» Ich habe eingangs dieses Kapitels nicht ohne Grund Paulo Coelho zitiert. Vor allem seine beiden bekanntesten Bücher „Der Alchimist" und „Das Handbuch der Krieger des Lichts" sind keine bloßen Romane. Sie sind hochspirituell und im Grunde genommen Manifeste eines ethischen Lebensstils. Lass Dich berühren!

» Der Appell des Dalai Lama an die Welt: „Ethik ist wichtiger als Religion"
In diesem Buch stellt der Dalai Lama eine weltliche Ethik vor, die uns dabei unterstützen könnte, dass wir uns wirklich als „Weltfamilie" begreifen. Ebenfalls sehr anregend dazu ist das Vorgängerbuch des Dalai Lama: „Rückkehr zur Menschlichkeit: Neue Werte in einer globalisierten Welt".

» „Laudato si: Über die Sorge für das gemeinsame Haus. Die Umweltenzyklika" von Papst Franziskus. Bitte schrecke nicht davor zurück, dass ein Papst dieses Buch geschrieben hat. Es ist nämlich sehr weitsichtig verfasst und bläst ins gleiche Horn wie die Bücher des Dalai Lama (siehe dazu auch das Kapitel „Revolution der Zärtlichkeit" in Buchteil 1).

Schau Dich in Deinem Umfeld um.
Welche Persönlichkeiten inspirieren Dich?
Für welche Werte stehen sie?
Und dann finde die Werte, die für DICH wesentlich sind.
Und bleib dran.
Und lebe in sie hinein.

Teil IV   Die Wunder in DIR und MIR

Die vierte Dimension

Mit all Deinen Schätzen unterwegs

Nun sind wir wieder bei Dir angelangt - und zwar bei Dir als ganzem Menschen mit all Deinen Facetten. Denn für die Welt, die wir uns wünschen, braucht es Dich mit Herz, Hirn und Hand, mit all Deinem Licht und all Deinen Schatten. Mit allem, was Du hast und Du bist. Dort sind Deine Wunder verborgen. Deswegen ist es wichtig, dass Du in Liebe und Güte zu Dir bist.

Noch immer leben wir in einer überwiegend verkopften Zeit. Doch klar, Du weißt es, Du bist so viel mehr, so viel mehr als nur Deine Gedanken, auch wenn wir als Kollektiv bisher (noch) die größten Stücke auf „den Kopf" setzen und unsere herkömmlichen Schulen wie auch viele weitere Bereiche unserer Gesellschaft bisher ausgerichtet sind, als wäre das die letzte Wahrheit. Allerdings begreifen wir immer mehr, dass es auch der schlauste Think Tank der Welt nicht richten wird, wenn die mitwirkenden Menschen nicht voll und ganz präsent dabei sind. Mit Herz, Hirn und Hand.

Wir brauchen auch Heart und Maker Tanks.

Eines der Modelle, das es Dir ermöglicht, Dein ganzes Ich zu entfalten und im Blick zu behalten, ist der Ansatz der integralen Lebenspraxis (abgekürzt ILP genannt), die Ken Wilber gemeinsam mit seinen Kolleg*innen entwickelt hat. Wie der Name schon sagt, hat die integrale Lebenspraxis einen ganzheitlichen Ansatz, der alle Aspekte Deines Selbst berücksichtigt. Dabei wird Deine Individualität beim Finden und bei der Variation Deiner ganz persönlichen integralen Lebenspraxis groß- geschrieben. Du kannst sie sehr flexibel nach Deinen Bedürfnissen, Neigungen und vorhandenen Ressourcen ausgestalten.

Eine integrale Lebenspraxis beruht auf den vier „Grundsäulen":

» **Körper**
» **Spirit/Seele**
» **Schatten**
» **Verstand/Gefühle**

Wenn Du all diesen Bereichen in Deinem Leben Beachtung schenkst, schaffst Du es zum einen leichter, in Balance zu bleiben - und das ist ja sehr gut, gerade in diesen stürmischen Zeiten. Zum anderen kitzelst Du die Potenziale, die Wunder, in Dir wach, die wir so dringend brauchen.

Das Mandala von Morgen - Die vierte Dimension: Mit all Deinen Schätzen unterwegs

DIE VIER BEREICHE IM DETAIL:

- KÖRPER
- SPIRIT / SEELE
- SCHATTEN
- VERSTAND / GEFÜHLE

mache ich Dir auf den kommenden Seiten schmackhaft.

Teil IV Die Wunder in DIR und MIR

KÖRPER

Sorge gut für Deinen Tempel, damit Deine Seele gerne in ihm wohnt

In diesem Modul Deiner ILP dreht sich alles darum, Deinen Körper gesund zu erhalten bzw. seine Heilung zu fördern, indem Du Dich gesund ernährst, ihm regelmäßig Bewegung und frische Luft schenkst, ihn mit Massagen und erfüllender Sexualität verwöhnst und vieles mehr. Und hier merkst du schon, dass es nicht DEN Weg gibt, sondern Deinen ganz eigenen.

> All die Jahre, die Du mich jetzt schon begleitest.
> All die Jahre, die wir schon zusammengehen.
> Hast Du fast Unbeschreibliches geleistet.
> Doch ich hab es oft als selbstverständlich angesehen.
> Wie oft hab ich Dich ignoriert und Dein Rufen überhört,
> Dich mit kaltem Blick fixiert, wenn Du mal nicht so funktionierst.
> Hey Körper, wie geht´s Dir jetzt?
>
> (aus: „Hey, Körper" von Ute Ullrich)

Eine Ernährung, die gut für Dich selbst ist und außerdem einen geringen ökologischen Fußabdruck produziert, ist vermutlich vegetarisch-vegan. Im Trend ist derzeit auch Intervall-Fasten resp. auch ein- oder zweimal pro Jahr komplette Fastenzeiten einzulegen. Doch all das ist kein Muss, sondern auch eine Frage dessen, was Dir selbst zuträglich ist. ==Interessiere Dich nicht für Trends, sondern für das, was Dir selbst entspricht.==

Bewegte Vielfalt

Und ganz klar: Sport tut Deinem Körper natürlich auch gut: Joggen, Yoga, Qigong, Trampolin springen, Tanzen, Wandern, Bouldern, Contact Improvisation - schau, was gut für Dich ist. ==Die Welt, die wir uns wünschen, braucht keine normierten Marathonläufer*innen, sondern vielfältig-bewegte Menschen mit Freude und Lust in ihren Körpern. Menschen, die sich kennen.==

Dazu gehören natürlich all die Dinge, die unter dem Begriff Bio-Hacking (Atemarbeit, Wim Hof Methode etc.) zusammengefasst werden. Beschreibungen dazu klingen freilich manchmal nach dem klassischen Leistungsprinzip und einer Effizienzmaschinerie, die manche Menschen vielleicht in der Welt, die wir uns wünschen, nicht mehr sehen wollen. Doch wenn es Dich reizt und Du es spannend findest: Tu es!

Denn damit kommst Du Dir selbst näher, lotest Grenzen aus - und darum geht es.

Das Mandala von Morgen - Die vierte Dimension: Mit all Deinen Schätzen unterwegs

In Deinem Körper ankommen, Dich kennenlernen, Dich (wieder) spüren.

Diese Körpererfahrungen wirken sich auf Dein Gesamtsystem aus, Deine Gedanken, Deine Gefühle, Deine Glaubenssätze.

So zählen zu diesem Bereich „Körper" einige Disziplinen, die auch Deine Seele und sogar den „ominösen" Schatten, zu dem wir in einigen Seiten kommen, berühren: Trancetanz etwa, Bioenergetik oder aber dynamische Meditationen - beispielsweise die von Osho. Denn durch diese Körpererfahrungen kommst Du mit Deinem Unterbewusstsein in Kontakt, rufst Erinnerungen, Gedanken und Gefühle wach, die tief sitzen und auf ihre Befreiung gewartet haben.

Probiere die Dinge, die Dich reizen (oder auch jene, gegenüber denen Du Widerstände hast), mal aus - und lass Dich überraschen, welche Seiten Du neu an Dir kennenlernen wirst.

Allein dieser Passus zum Bereich Körper zeigt Dir sicherlich schon, dass die Entdeckungsreise zu Dir selbst unglaublich reich ist, Dich von innen heraus nährt.

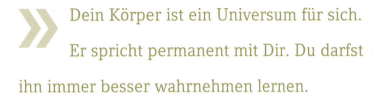

> Dein Körper ist ein Universum für sich. Er spricht permanent mit Dir. Du darfst ihn immer besser wahrnehmen lernen.

Doch nun zum nächsten Bereich, der mindestens genauso spannend ist und dem wir zum Glück immer mehr Beachtung schenken.

Teil IV Die Wunder in DIR und MIR

SPIRIT / SEELE

Gib Deiner Essenz die Chance, sich Dir zu zeigen

Du hast sicher bereits davon gehört, dass es sich entspannend auf Dich auswirkt, regelmäßig zu meditieren. Obendrein fördert es Dein Konzentrationsvermögen, es macht Dich nachgewiesen glücklicher und dankbarer, und die Wahrscheinlichkeit ist größer, Deiner Lebensaufgabe auf die Spur zu kommen. Zugleich bist Du in Krisenzeiten stabiler, wenn Du einer regelmäßigen Achtsamkeitspraxis nachgehst.[29] Das sind nun freilich so Argumente, mit denen Führungskräfte in Großkonzernen argumentieren, warum Meditation sich „rentiert".

Lass Deinen Geist ruhn, um Deine Sinne zu verstärken und beobachten zu können, ohne Dinge zu bewerten.
Find' die Stille in Dir selbst und nutze die Magie.
So wird Dein Leben eine Sinfonie aus Glück und Harmonie.

(aus „Achtsamkeit" von SEOM)

» „Meditation ist ein Abenteuer. Es geht darum herauszufinden, wer man eigentlich ist. Es geht um Dimensionen und Werte in meinem Leben - nicht um Ziele oder darum, wohin es einen bringt"[30],

sagt Job Kabat-Zin, von dem gleich die Rede sein wird.

Das Mandala von Morgen - Die vierte Dimension: Mit all Deinen Schätzen unterwegs

 Eine Form von Achtsamkeitspraxis zu etablieren, kann also sehr förderlich sein, um „Dein inneres Licht anzuknipsen".

Klingt nach einer guten Zutat, zu dem Menschen zu werden, den es für eine neue Welt braucht. Der berühmte Eckhart Tolle hat dazu das Buch „Die neue Erde. Bewusstseinssprung anstelle von Selbstzerstörung" geschrieben, in dem er der „Entdeckung des inneren Raums" ein ganzes Kapitel widmet.[31] Meditation und Achtsamkeit ermöglichen es Dir und mir also, in andere Dimensionen unseres Geistes vorzudringen, auf die wir mit unserem Tagesbewusstsein nicht so einfach Zugriff haben.

Eine solche Erweiterung unseres Bewusstseins können wir sehr gut gebrauchen, um die Welt zu erschaffen, die wir uns wünschen. Denn allein kraft unserer bewussten Gedanken haben wir es ja bisher nicht geschafft, die Welt so zu verändern, dass wir in Harmonie mit ihr leben können.

Vielmehr hat uns unser jetziges kapitalistisches System mit seinem „Höher, Schneller, Weiter"-Prinzip dazu geführt, dass wir immer weniger stille Momente erfahren haben.

„Wir wohnen nicht mehr am Ort, sondern im Transport", nannte das der Geschwindigkeitsphilosoph Paul Virilio[32] - mit dem Ergebnis, dass wir immer seltener in Kontakt zu unserem inneren Ort kommen.

Auch hier gibt es viele Gestaltungsmöglichkeiten. Probiere aus, welche Dich ansprechen. Hier nur eine kleine Auswahl:

» *Die Vipassanā-Meditation* ist eine Stille-Meditation, die ursprünglich aus dem Buddhismus stammt. Der bekannte Achtsamkeitstrainer Jon Kabat-Zinn hat Elemente des Vipassana in sein *Programm MBSR (Mindfulness-Based Stress Reduction)* integriert und es mit Facetten aus Hatha-Yoga und Zen kombiniert. Eine besondere Achtsamkeitspraxis aus dem MBSR ist der *Bodyscan*. Dabei reist Du in Gedanken durch Deinen Körper.

» Die *Transzendentale Meditation (TM)* ist eine Form der Meditation, bei der Du ein Mantra wiederholst - entweder still oder auch laut ausgesprochen. Sie wurde entwickelt von Maharishi Mahesh Yogi.

» Neben dieser stillen Achtsamkeitspraxis gibt es auch noch *aktive Meditationsformen* - wie bspw. Gehmeditationen, Yoga, dynamische und Kundalini-Meditation nach Osho, Trancetanz.

Studien zeigen, dass bereits fünf Minuten tägliche Achtsamkeitspraxis einen Unterschied machen und Dich entspannen lassen.[33]
Für einen Einstieg empfiehlt es sich sicherlich, ein Live-Seminar oder einen Online-Kurs zu belegen. Schau dazu in die Literaturtipps am Ende dieses Abschnitts.

SCHATTEN

**Integriere Deine Lernfelder
und wachse durch sie**

Schatten? Was hat es nun mit diesen ominösen Schatten auf sich? Lassen wir doch den Mediziner Dr. Ruediger Dahlke zu Wort kommen, der sich ausführlich mit dem Schatten-Prinzip beschäftigt hat:

> „Der Schatten ist das angstmachende Unbekannte. So dunkel er oft gemalt wird, birgt er doch Zugang zu allem Licht in einem selbst, das jede Form von Bewusstwerdung und erst recht Erleuchtung braucht. Schatten ist damit der eigentliche Schlüssel zum Leben, obwohl er meist als das Finstere, Böse diffamiert wird."[34]

Es geht um Deine wunden Punkte, das, was Dich triggert, aus der Fassung oder zum Ausrasten bringt, Dich wütend macht, was Dich schmerzt, was „negative" Gefühle wie Traurigkeit, Neid, Eifersucht, Schuld oder Scham in Dir auslöst, das, was Dich lähmt, blockiert, erstarren lässt.

Doch dahin, dies fühlen zu können, musst Du erst einmal wieder kommen. Denn in unserer Tempogesellschaft haben wir oft nicht nur den Zutritt zu unserem inneren Raum verloren, auch unsere Gefühle sind abgestumpft.

Das Mandala von Morgen - Die vierte Dimension: Mit all Deinen Schätzen unterwegs

Deine Schatten zu fassen kriegen

Um also Zugang zu Deiner (dunklen) Gefühlswelt zu bekommen, empfehlen sich dynamische Meditationen, Trancetanz oder auch Bioenergetik. Und wenn diese Gefühle da sind, dann heiße sie willkommen. Der persische Dichter Rumi schreibt dazu:

„Das menschliche Dasein ist ein Gasthaus.
Jeden Morgen ein neuer Gast: Freude, Depression und Niedertracht -
auch ein kurzer Moment von Achtsamkeit kommt als unverhoffter Besucher.
Begrüße und bewirte sie alle!
Selbst wenn es eine Schar von Sorgen ist, die gewaltsam dein Haus seiner Möbel entledigt.
Selbst dann behandle jeden Gast ehrenvoll. Vielleicht reinigt er dich ja für neue Wonnen.
Dem dunklen Gedanken, der Scham, der Bosheit - begegne ihnen lachend an der Tür
und lade sie zu dir ein. Sei dankbar für jeden, der kommt,
denn alle sind zu deiner Führung geschickt worden aus einer anderen Welt."

Genauso könnten wir also mit Gedanken und Gefühlen umgehen, die unangenehm sind.

Doch in der Regel schieben wir diese dunklen Gefühle lieber weg. Wenn schon Gefühle in unserer heutigen Welt, dann sollten wir wenigstens gut drauf sein. Partykanonen, die gute Laune verbreiten. Spritzig, kreativ, verschmitzt, keck, wild, salopp, immer einen coolen Spruch auf den Lippen. Ein weiterer Grund, warum wir uns nicht so gern mit unseren dunklen Seiten beschäftigen.

Dabei geben „negative" Gefühle Dir eigentlich Auskunft über Deine Potenziale, Wünsche und Träume, die Du insgeheim hegst. Neid kann Dir zum Beispiel zeigen, dass Du selbst Dir den Erfolg wünschst, den der Mensch genießt, dem Du das missgönnst. Wut könnte darauf hindeuten, dass Du bestimmte Dinge noch nicht ausgelebt hast und vieles mehr.

Insofern ist es spannend und erhellend, Dich diesen Seiten in Dir ehrlich zu stellen und Dich dabei noch besser kennenzulernen. Folgende Methoden unterstützen Dich dabei, Dich mit Deinen Schatten auseinanderzusetzen:

3-2-1 Schattenarbeit nach Ken Wilber

Die wohl populärste Methode der Schattenarbeit wurde von Ken Wilber entwickelt. Bei dieser Methode versetzt Du Dich in die Position des Gegenübers, der Dich triggert, und kannst dadurch eine andere Perspektive auf das Ereignis einnehmen.[35]

THE WORK von Byron Katie

Eine Selbstcoaching-Methode, die von Byron Katie in den USA entwickelt wurde. Sie hilft Dir, Deine Schattenthemen konstruktiv zu betrachten - mit vier einfachen Fragen[36]:

» Ist das wahr?
» Kannst Du mit absoluter Sicherheit wissen, dass das wahr ist?
» Wie reagierst Du, was passiert, wenn Du diesen Gedanken glaubst?
» Wer wärst Du ohne den Gedanken?

„Das Schattenprinzip" von Dr. Ruediger Dahlke

Dr. Ruediger Dahlke hat sich mit dem Schatten intensiv auseinandergesetzt und dazu ein ganzes Buch geschrieben: „Das Schattenprinzip: Die Aussöhnung mit unserer verborgenen Seite".[37]

Teil IV   Die Wunder in DIR und MIR

VERSTAND / GEFÜHLE

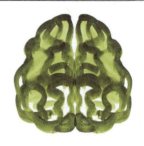

Abenteuer Geist-Reich!

Reisen wir in weitere Areale, die unser Selbst ausmachen, in unseren Geist, in die Welten des Verstandes und der Gefühle. Die spielen sich in unserem Supercomputer namens Gehirn die Bälle zu - oder streiten vielmehr darum, wer Spielführer*in sein darf. Das Spiel geht jedes Mal anders aus.

Nicht nur, dass Verstand und Gefühl darum ringen, wer in bestimmten Situationen „führt". Unser Gehirn ist eine gigantische Filtermaschine, die nur einen ganz geringen Prozentsatz dessen, was wir wahrnehmen, in unser Bewusstsein vordringen lässt. Diese Selektion entscheidet also, wie wir die Welt wahrnehmen und welche Gestaltungsmöglichkeiten wir in ihr sehen.

Du kennst sicher das Sprichwort, das oft dem Talmud zugeschrieben wird, wohl aber eine chinesische Weisheit ist:

„Achte auf deine Gedanken, denn sie werden zu Gefühlen.
Achte auf deine Gefühle, denn sie werden zu Worten.
Achte auf deine Worte, denn sie werden zu Handlungen.
Achte auf deine Handlungen, denn sie werden zu Gewohnheiten.
Achte auf deine Gewohnheiten, denn sie werden dein Charakter.
Achte auf deinen Charakter, denn er wird dein Schicksal."

Dein Geist-Reich ist also enorm machtvoll. In ihm sind unendlich viele Potenziale und Wunder verborgen. Wichtig ist also, dass Du Dich mit Deinem Verstand, der auch Deine Gefühlswelt umfasst, beschäftigst, denn er hat einen großen Einfluss darauf, wie Du Dich in dieser Welt bewegst.

Damit wird Dir spätestens jetzt wohl klar, dass die Weltrettung und die Nachhaltigkeit sich in weiten Teilen in Deiner und meiner Innenwelt vollziehen. Weißt Du also,

» … wie Du tickst?
» … nach welchen Verhaltensmustern Du funktionierst?
» … welche maßgeblichen Glaubenssätze Dein Leben bestimmen?
» Kannst Du Deine Gefühle einordnen, oder herrscht bei Dir Gefühlschaos?
» Kannst Du überhaupt fühlen, oder ist da bei Dir etwas verstopft durch die permanente Reizüberflutung oder durch unverarbeitete Erlebnisse in der Vergangenheit? Wie kann es Dir gelingen, Gefühle wieder frei fließen zu lassen?

In den Antworten auf diese Fragen verbirgt sich Dein ganz persönliches Universum.

Es lohnt sich also, diese Fragen in Dir klingen zu lassen. Unsere Welt schaut deshalb gerade so aus, weil nur ein geringer Teil aller Menschen sich bisher mit diesen Fragen auseinandergesetzt hat. In der Schule zumindest waren wir mit all diesen Fragen nur marginal konfrontiert. Vielleicht haben wir selbst begonnen, uns diese Fragen zu stellen, oder wir sind einem*r Lehrer*in begegnet, die/der sie aufgeworfen hat. Als Inspirationsquellen hierfür mögen Dir einige der nebenstehenden Medien dienen.

Das Mandala von Morgen - Die vierte Dimension: Mit all Deinen Schätzen unterwegs Teil 4

LESEEMPFEHLUNGEN:

Integrale Lebenspraxis Gesamtüberblick:

Arjuna Ardagh: Radikal gelebte Meisterschaft. Das Geheimnis wahrer Größe.

Frank Fiess: Heute ist Dein Tag - Wie gelebte Praxis Deinen Alltag revolutioniert.

Terry Patten: Eine neue Republik des Herzens. Ein Leitfaden für spirituellen Aktivismus.

Körper:

Dr. Ruediger Dahlke: Peace Food. Wie der Verzicht auf Fleisch und Milch Körper und Seele heilt.

Dr. Ruediger Dahlke: Bewusst fasten. Ein achtsamer Wegweiser zu neuen Erfahrungen.

Ken Wilber, Terry Patten et al.: Integrale Lebenspraxis. Körperliche Gesundheit, emotionale Balance, geistige Klarheit, spirituelles Erwachen. - Ein Übungsbuch.

Spirit/Seele:

Dr. Patrizia Collard: Das kleine Buch vom achtsamen Leben. 10 Minuten am Tag für weniger Stress und mehr Gelassenheit.

Jack Kornfield: Meditation für Anfänger + 6 geführte Meditationen.

Ken Wilber: Integrale Meditation. Wachsen, erwachen und innerlich frei werden.

Schatten:

Dr. Ruediger Dahlke: Die Aussöhnung mit unserer verborgenen Seite.

Byron Katie: Lieben, was ist. Wie vier Fragen Ihr Leben verändern können.

Stefanie Stahl: Das Kind in Dir muss Heimat finden. Der Schlüssel zur Lösung fast aller Probleme.

Vivian Dittmar: Der emotionale Rucksack: Wie wir mit ungesunden Gefühlen aufräumen.

Verstand/Gefühle:

Don Edward Beck/Christopher C. Cowan: Spiral Dynamics - Leadership, Werte und Wandel: Eine Landkarte für Business und Gesellschaft im 21. Jahrhundert.

Vivian Dittmar: Das innere Navi - Wie Du mit den fünf Disziplinen des Denkens Klarheit findest: Wie Intuition, Inspiration, Herzintelligenz und Absicht mit der Ratio zusammenspielen.

Gerald Hüther: Wer wir sind und was wir sein könnten. Ein neurobiologischer Mutmacher.

Gerald Hüther: Bedienungsanleitung für ein menschliches Gehirn.

Richard Rohr und Andreas Ebert: Das Enneagramm. Die neun Gesichter der Seele.

» Weitere Literatur- und Medientipps sowie Links auf make-world-wonder.net

Teil IV Die Wunder in DIR und MIR

DIE FÜNFTE DIMENSION
DER RAUM DER GRÖSSTEN WUNDER

„Wir sind die, die Neues wagen, und Veränderung braucht Mut. Wir sind die, die Träume leben, sich immer mehr zusammentun. Was uns antreibt, was uns stärkt, ist diese innere Melodie. Es gibt so vieles zu entdecken in einer Welt voller Magie. Wir werden immer mehr, unsere Stimmen sind vereint, solange wir nur lieben, können wir alle Helden sein."

(aus: „Wir werden immer mehr" von Ute Ullrich)

Nachdem wir in der vierten Dimension noch mal ganz tief in die Dimensionen Deines Selbst eingetaucht sind, begeben wir uns nun in eine ganz eigene Hemisphäre: in den Raum zwischen Dir und mir.

„The place, where the magic happens"

Wunder passieren, wenn Du Dich traust, Deine Komfortzone zu verlassen. Vielleicht ist Dir diese nebenstehende Zeichnung schon einmal begegnet.

Sie suggeriert Dir: „Wunder sind Kräfte zehrend, Du musst über Dich hinauswachsen." Diese Zeichnung ist von dem Gedanken der Einzelanstrengung gekennzeichnet – so nach dem Motto: „Wenn Du Dir nur ordentlich Mühe gibst und größer als Du selbst bist, dann, ja, dann wirst du in den Bereich der Wunder gelangen können." Ja, dieses Bild ist richtig. Es reicht nicht, auf der Couch sitzend zu warten, dass Wunder geschehen.

Zugleich ist dieses Bild limitiert. Denn Du siehst es nicht komplett. Das ganze Bild zeigt sich, wenn Du Dir bewusst wirst, dass es ja nicht nur Deinen Komfortzonen-Magie-Kreis gibt, sondern dass es anderen Menschen genauso geht. Dass so viele dieser Kreise existieren, wie es Menschen gibt. Milliarden von Menschen in ihren Komfortzonen, die den Mut benötigen, aus ihnen herauszutreten. Für einen Großteil dieser Menschen ist die Sache mit der Komfortzone allerdings gar kein Thema – und das nicht, weil sie zu bequem dazu wären. Ihr primäres Ziel ist es, ihr Überleben zu sichern.

Das Mandala von Morgen - Die fünfte Dimension: Der Raum der größten Wunder

TEil 4

Und Du und ich? Wir leben geborgen und in Sicherheit. Wir dürfen den Luxus genießen, über uns hinauszuwachsen. Doch obwohl es uns so gut geht, getraut sich so mancher von uns nicht, seine Komfortzone zu verlassen, hinein in den Bereich, wo die Magie passiert. Gerade aber weil wir so reich sind, in so einer glücklichen Lage, ist es unsere Verantwortung, dies zu tun.

Stell Dir vor: Diesen fabelhaften Kreis betrittst Du nicht allein. Da warten schon Weggefährt*innen. Vielleicht noch nicht so viele. Aber es werden immer mehr. Auch sie haben sich aus ihren Komfortzonen herausgewagt.

Die Magie passiert zusammen.
Die Brücke zum Wunder ist das Wir.

Dort warten unser Glück und die Welt, die wir uns wünschen.
In unserem Zwischenraum.
Im Kreis der Wunder.

Die indische Aktivistin und Schriftstellerin Arundhati Roy schreibt:
„Eine andere Welt ist nicht nur möglich, in stillen Momenten kann ich sie atmen hören."

Diese andere Welt, sie atmet und wartet im Kreis der Wunder auf uns. Sie ist schon längst da.

Du und ich, wir müssen uns nur trauen und unsere Angst vor dem Ungewissen überwinden, dessen Schönheit wir nur erahnen können. So ist es Deine und meine Aufgabe, uns gegenseitig daran zu erinnern, die Wunder in uns zu sehen, damit wir diese Wunder im Außen ebenso erschaffen.

Wunder frei!

Wir sind dazu da, einander zu ermutigen, über uns hinauszugehen, die Brücke zu betreten, auf der die Wunder passieren. Dort frei zu schweben - und dann zu staunen und die Wunder, die sich ereignen, zuzulassen. Das hat dann verdammt wenig mit dem „Kampf" und der Anstrengung zu tun, wie obige Komfortzonen-Zeichnung Dir suggeriert. Es hat viel mehr mit Vertrauen und Intuition zu tun, dem Gespür für den richtigen Moment.

Deine/meine Wunder erkennen und fördern

Die vorigen Dimensionen haben Dir sicherlich gezeigt, wie reich Du und ich sind - voller Potenziale und Möglichkeiten, die wir nicht annähernd ausgeschöpft haben. Um unser eigenes Potenzial zu erkennen, braucht es manchmal einen Spiegel von außen, denn wir selbst sind bisweilen nicht imstande, alle Facetten, die Wunder von uns, zu sehen.

Wir sind diese Spiegel füreinander.

Wunder geschehen, wenn wir die richtigen Töne treffen, das Zauberwort aussprechen, die Stimmung schaffen, die Deinen und meinen Wagemut wecken, Dich in Deiner wundervollen Größe zu zeigen. Mal provozierend, mal zärtlich, mal fordernd, mal ironisch, mal begeisternd. Jede*r von uns braucht andere Tonarten, denn jede*r ist richtig und wichtig. Wir dürfen genau hinspüren, welche Ansprache die stimmige ist. Niemand ist hier fehl am Platz; wenn es so scheint, haben Du und ich noch nicht das Zauberwort getroffen.

Teil IV   Die Wunder in DIR und MIR

Unsere wichtigste Aufgabe ist es, diese Zauberworte und -gesten füreinander zu finden. Sie sind wie der neue Name, den der Held Bastian Balthasar Bux in der „Unendlichen Geschichte" für die Kindliche Kaiserin findet, wie ich Dir eingangs dieses Buchteils beschreibe.

So füreinander da zu sein, so miteinander umzugehen, uns derart aufeinander einzulassen, das ist neu für uns. Wir dürfen es alle miteinander lernen.

In Ansätzen wurden hierfür Werkzeuge in den *Ökodörfern* oder in Organisationen wie den *Reinventing Organizations* entwickelt, die neue Wege des Miteinanders kultivieren.[38] Wir dürfen, wir MÜSSEN uns als Einheit, als einen gemeinsamen Prozess, begreifen. Das ist unsere größte Lernaufgabe.

Vielleicht erinnerst Du Dich: Die allererste Geschichte, die ich im ersten Buchteil mit Dir teile, ist die der Gründung von Greenpeace. Im Film „How to change the world" sagt Bob Hunter, der Mitbegründer von Greenpeace:

> » „Wir wurden größer und größer, und je größer wir wurden, desto schwieriger war es, uns zusammenzuhalten. Die größte Schwachstelle waren immer wir selbst. Unsere eigenen Egos kamen uns immer wieder in die Quere."[39]

Das Mandala von Morgen - Die fünfte Dimension: Der Raum der größten Wunder

Wir dürfen lernen,
diese Egos zu überwinden,
uns wirklich zu verbinden.
Dann wird das Weltwunder möglich.

Kommst du mit und trittst
gleichzeitig ein Stück zurück,
damit für uns alle genug Platz ist?
Die Zukunft wartet schon lange:
Auf uns.

Teil IV Die Wunder in DIR und MIR

Ein Blick aus der Zukunft: Anekdote zur neuen Arbeitsmoral

inspiriert von einer fast gleichnamigen Geschichte von Heinrich Böll

Ein Blick aus der Zukunft

TEIL 4

Es ist Sommer 2030: In einem Hafen an einer westlichen Küste Europas liegt ein Mann mit ergrautem Haar auf seinem Fischerboot und döst. Er wirkt zufrieden. Die Sonne schimmert im Meer, das Boot schaukelt sanft in den Wellen. Da spaziert eine junge Touristin am Kai entlang, steuert auf das Boot zu. Andächtig bleibt sie davor stehen, nimmt das ruhevolle Bild in sich auf.

Der Fischer bemerkt sie, richtet sich auf und lächelt ihr zu. „Möchten Sie mit aufs Boot, das Schaukeln der Wellen und die Abendsonne genießen? An meinem Lieblingsplatz?"

„Oh ja, sehr gern, wenn ich Sie in Ihrer Ruhe nicht störe…?"

„Nein, überhaupt nicht. Ich freue mich, wenn dann und wann nette Menschen vorbeikommen, mit denen ich mich über Gott und die Welt austauschen kann", erwidert der Fischer und reicht der Touristin die Hand, um ihr zu helfen, aufs Boot zu steigen: „Ich bin Robert, Robert Exner." Wir können uns gern duzen."

„Sehr erfreut, ich bin Felicitas Bosch - gern Feli."

Zunächst sitzen die beiden Menschen, der eine jung, der andere schon ein wenig betagter, einträchtig und schweigend nebeneinander, nehmen die Sonne, das Meer, den Horizont in sich auf. Schließlich bricht Felicitas das Schweigen: „Robert, bist du schon dein ganzes Leben hier in dieser Idylle? Ein Einheimischer bist du ja nicht. Arbeitest Du hier als Fischer, oder bist Du wie ich im Urlaub?"

Robert erwidert nachdenklich: „Ja, ich bin sehr froh, gelegentlich hier als Fischer leben und arbeiten zu dürfen. Diese Auszeiten, back to the roots, sozusagen, wirklich alles von Hand machen, den Fisch mit den eigenen Händen ausnehmen, das erdet mich und hilft mir in der Tat sehr, in die Balance zu kommen. Einige Male im Jahr für einige Zeit hier sein zu können, unterstützt mich sehr bei meiner Arbeit, der ich hauptsächlich und sehr gern nachgehe. ==Ich bin nämlich Vorstand in einem Unternehmen, das die Schifffahrt und Werften beliefert. Vielleicht sagt Dir das Unternehmen Ocean Syst. Ltd. ja etwas? Wir sind nämlich recht bekannt, das kann ich ohne Eitelkeit sagen. Weil wir als eines der Pionierunternehmen gelten, denen der Umbruch in unsere heutige Nachhaltigkeitswirtschaft gelungen ist.==

Früher ging es hauptsächlich um Umsatz, immer mehr produzieren, immer effizienter. Nur um die Zahlen drehte sich alles, wofür wir das machten, geriet völlig in den Hintergrund. Damals, als es noch um Gewinnmaximierung ging. Vielleicht hast Du das noch mitbekommen. In der Zeit kam ich mir wie der strenge Kontrolletti meiner Mitarbeiter vor, jemand, der ihnen misstraut und sie anhält, bloß noch mehr Tempo zu machen, noch mehr einzusparen.

Ich war es irgendwann reichlich leid. So wollte ich nicht mehr mit den Menschen umspringen, die bei uns arbeiteten. Ich habe ja gesehen, dass wir alle am Limit waren. Und ich konnte immer weniger spüren, wofür wir das Ganze machten. Die Begeisterung war weg, bei mir, eigentlich bei allen. Und einen großen Sinn machte das auch nicht mehr. Wir entwickelten zum Beispiel immer

Teil IV Die Wunder in DIR und MIR

raffiniertere Fischfangsysteme, mit denen wir noch mehr Fische fangen konnten, zum Beispiel mit Elektronetzen. Das schonte zwar die Meeresböden, war aber trotzdem ziemlich absurd, weil es die Überfischung weiter förderte. Ein ausgefischtes Meer hätte uns irgendwann gar nichts mehr gebracht."

„Das ist ja spannend, was Du erzählst! Gerade neulich erst habe ich über Euch gelesen und eine Dokumentation gesehen. Ihr seid nämlich eines der Best Practise-Beispiele in meinem Gemeinwohl-Studium gewesen. Echt toll", wirft Felicitas neugierig ein. „Vielleicht magst Du mir noch mal einige Sachen direkt erzählen? Wie genau habt Ihr Euch umorientiert? Das war doch sicherlich gar nicht so einfach. Schließlich war es damals noch das Wichtigste, schwarze Zahlen zu schreiben, wie Du sagst. Ihr musstet doch in diesem System weiter funktionieren, mit den anderen mithalten. Einfach die Produktion runterzukurbeln und weniger Umsatz zu machen, das wäre doch sicher nicht gegangen? Wie ist Euch das denn damals geglückt?"

Robert lächelt wiederum: „Oh danke für Dein Interesse und Dein Nachfragen. Ich glaube, die wichtigste Aussage hierbei ist, dass es UNS geglückt ist. Das war ein Wir-Prozess. Allein hätte ich das sicher nicht geschafft. Der entscheidende Moment, der mich zunächst zugegebenermaßen sehr viel Überwindung gekostet hat, war, mich gegenüber meinen Mitarbeitern zu outen und auszusprechen, dass ich so nicht mehr weitermachen wollte. Dass ich dieses schizophrene System nicht weiter bedienen konnte, in dem es nur um immer mehr monetären Profit ging. Ich wollte auch nicht mehr mitmachen, dass wir dazu beitrugen, die Meere leer zu fischen. Ich wusste nur, dass ich das alles nicht mehr wollte. Eine Lösung hatte ich damals allerdings nicht.

Meine größte Angst war, mich zu blamieren, dass die Mitarbeiter*innen denken könnten, ich sei völlig verrückt geworden. Doch die reagierten fast erleichtert und sagten: ‚Chef, endlich sagst Du was, darauf haben wir schon lange gewartet. Uns geht es wie Dir. Wir wollen das auch nicht mehr.' Maßgeblich zu diesem Prozess haben übrigens drei unserer Auszubildenden beigetragen, die sich damals bei Fridays for Future engagierten. Sicher hast Du von den Fridays gehört, die vor zehn Jahren aktiv waren. Eine der ehemaligen Auszubildenden und Fridays-Aktiven, Laura, ist jetzt übrigens im Management von Ocean Systems.

Glücklicherweise stießen wir auf einige Unternehmenspionier*innen, die nach neuen Lösungen suchten und einige vielversprechende Ansätze entwickelt hatten. Von ihnen durften wir einiges kopieren. In diesen Tagen wurden übrigens auch die globalen Nachhaltigkeitsziele der Vereinten Nationen willkommen geheißen. Und es kam langsam das Selbstverständnis auf, dass diese Landkarte des Wandels von uns allen in die Tat umgesetzt werden muss, nicht von irgendwelchen Politiker*innen allein. Das Thema Self-Empowerment war damals in vieler Munde."

„Ja, daran kann ich mich sehr, sehr gut erinnern", antwortet Felicitas. „Damals war ich gerade in die zehnte Klasse gekommen, und wir haben viele Schulprojekte dazu gemacht und uns mit den Firmen zusammengetan. Da sind echt völlig neue Wege der Co-Creation entstanden. Ich habe mir sagen lassen, dass es davor völlig unüblich war, dass Schulen und Unternehmen zusammenarbeiten. Und auch, dass ehrenamtlich Engagierte und Menschen, die für ihre Arbeit bezahlt wurden, sich zusammentaten, war wohl innovativ. Das war, kurz nachdem wir mit den ‚Fridays for Future'-Demos ein wenig Wind aufgewirbelt hatten. Nach der Corona-Krise sorgte ein sozial-ökologisches Konjunkturpaket dann für eine Transformation der Wirtschaft. Überhaupt ist damals einiges aufgebrochen. Vielleicht hätte ich sonst niemals Gemeinwohl-Ökonomie als Schwerpunktfach meines Wirtschaftsstudiums wählen können. Doch wie habt Ihr es denn geschafft, Euer Unternehmen neu aufzustellen?"

„Das ging natürlich nicht von heute auf morgen", meint Robert nachdenklich. „Ich habe mit meinen Mitarbeiter*innen

Ein Blick aus der Zukunft

TEIL 4

Und es kam langsam das Selbstverständnis auf, dass diese Landkarte des Wandels von uns allen in die Tat umgesetzt werden muss, nicht von Politiker*innen allein.

eine Art Pakt geschlossen. Regelmäßige Besprechungen haben wir genutzt, um Ideen zu sammeln, wie wir uns umorientieren könnten, wie wir unser Unternehmen so umbauen könnten, damit wir uns alle wieder in die Augen schauen können. Es herrschte damals eine totale Aufbruchsstimmung. Natürlich machten wir erst mal weiter wie bisher - ausgenommen, dass wir in einer Gemeinwohl-Bilanz unser Unternehmen mal auf den Prüfstand stellten, wie wir unser Unternehmen nachhaltig und buchstäblich liebenswerter aufstellen könnten. Denn die Gemeinwohl-Ökonomie gab es ja schon, auch wenn sie noch ziemlich in den Kinderschuhen steckte und erst wenige hundert Unternehmen diese Bilanz gemacht haben. Mittlerweile ist das Pflicht, wie Du weißt.

Die Gemeinwohl-Bilanz hat uns ganz schön die Augen geöffnet und vor allen Dingen wertvolle Hinweise gegeben. Vor allem aber kamen wir dadurch mit weiteren Unternehmen in Kontakt, die auch anders tickten. Daraus eröffnete sich plötzlich ein völlig neuer Geschäftszweig: Vielleicht hast Du gehört, dass damals die Meere noch ziemlich vermüllt waren. Gemeinsam mit einer Universität haben wir ein spezielles Filtersystem entwickelt, das Plastikteile absorbiert. Diese neuen Fangsysteme sind damals in Serie gegangen." Robert kann seinen Stolz kaum verbergen.

„Hab vielen Dank. Das ist eine tolle Geschichte. Damit habt Ihr sicherlich einige weitere Unternehmen ebenfalls inspiriert, sich umzuorientieren", kommentiert Felicitas.

Robert überlegt: „Ich weiß gar nicht mehr, wer hier wen inspiriert hat. Irgendwann waren wir so viele, dass sich auf unseren Druck hin Gesetze verändert haben. Wie Du weißt, ist heute der finanzielle Gewinn bei Weitem nicht mehr das Maß aller Dinge, Du studierst das ja schließlich … und was steht jetzt bei Dir an?"

Felicitas zögert nicht lange mit einer Antwort: „Ich habe gerade mein Wirtschaftsstudium abgeschlossen und weiß noch nicht so genau, wohin meine Reise geht. Gerade bin ich wohl hier, um Deine Geschichte zu hören und zu erfahren, was alles möglich ist, wenn ein Mensch zu seiner Wahrhaftigkeit steht - und dem, was ihn wirklich im tiefsten Inneren bewegt. Ich selbst kann Dir das noch nicht genau sagen, was mein Beitrag sein könnte. Ich bin mir aber sehr sicher, unsere Begegnung werde ich so leicht nicht vergessen. Du bist für mich ein Vorbild, und ich danke Dir, dass Du damals noch mehr gegeben hast, als Du musstest. Vielleicht warst sogar DU der entscheidende Mensch, der den Umschwung brachte. Und so will ich mir ein Beispiel an Dir nehmen und Dir nacheifern, auch wenn ich noch nicht genau weiß, wo bald mein Platz sein wird …"

Diese Geschichte aus dem Jahr 2030 ist völlig frei erfunden. Doch es ist natürlich nicht ausgeschlossen, dass sie sich einmal ereignet. Ich jedenfalls wünsche ich mir SEHR, dass sie tatsächlich einmal so oder so ähnlich stattfinden möge, wie ich sie aufgeschrieben habe.

Was wird DEINE Rolle darin sein?

Nachwort

NACHWORT
ANFANG? APFELBÄUMCHEN? ZEIT FÜR WUNDER!

Lass uns 'n Wunder sein,
'n wunderbares Wunder sein.
Nicht nur Du und ich allein,
könnte das nicht schön sein?

(aus: „LASS UNS EIN WUNDER SEIN" von Ton Steine Scherben
Musik u. Text: Ralph Moebius)*

Und nun? Was machst Du nun? Was machen wir nun?

Falls Du nicht schon angefangen hast: Du könntest ganz einfach starten, indem Du jemandem mal 50 Cent Trinkgeld gibst. Wer weiß, was der Mensch, dem dies zugutekommt, Schönes daraus macht. Erinnere Dich an die Geschichte von Harriet Bruce-Annan, die damit ghanaischen Kindern einen Schulbesuch ermöglicht (S. 214/215).

Vielleicht magst Du auch ein (Apfel-)Bäumchen pflanzen. Hinter der Fußnote dieses Satzes wartet ein ganz konkreter Tipp dazu, wie Du mit nur wenigen Klicks und ein ganz paar Cents mal eben die Pflanzung eines Baums ermöglichst.[1] Traumhaft wäre das im Rahmen einer gemeinsamen städtischen Aktion, zu der die nachahmenswerte Crowdfunding-Kampagne „Mein Baum, mein Dresden" inspiriert.[2]

Manchmal ist es auch gut, einfach innezuhalten. Das kann obendrein klimaneutral sein. In jedem Fall trägt es dazu bei, dass Du zukünftig bewusster unterwegs bist.

Die Zeit der Ohnmacht darf jetzt vorbei sein.

Du hast unendlich viele Möglichkeiten und Spielräume. Die wenigsten davon haben mit Verzicht zu tun. Sie eröffnen Dir vielmehr neue Perspektiven. Wenn wir die Welt, die wir uns wünschen, erschaffen wollen, geht es um einen Kulturwandel – darum, dass wir uns selbst und unserer Umwelt freundlicher, achtsamer und würdevoller begegnen.

Weil dieser Wandel so vielfältig ist und viel mehr als Umweltschutz und einen nachhaltigen Lebensstil ausmacht, beinhaltet er, dass wir ein GEFÜHL FÜR UNS entwickeln – ein Gefühl für uns individuell wie auch als Kollektiv. Gemeinsam schaffen wir das.

Wie wäre es dazu mit der Wiederbelebung des Pfadfinder-Prinzips, einer guten Tat am Tag?
Eine gute Tat für das, wofür Du eigentlich stehen willst?
Stell Dir vor: Noch viel, viel mehr Menschen wären in diesem Sinne unterwegs.
Was dann wohl möglich wäre?

Jede Menge Anregungen für viele kleine Taten findest Du in diesem Buch. Noch viele, viele mehr in den vielen Links und Medientipps, die ich Dir in den Fußnoten und Materialien zum Buch an die Hand gebe. 90 weitere Aktionen und Verweise zu Initiativen findest Du im Anhang. Für jedes globale Nachhaltigkeitsziel fünf. Außerdem gebe ich Dir hier im Nachwort zur Abrundung noch einmal fünf Anregungen für ein gutes Leben voller Wunder. Die Quintessenz aus diesem Buch.

*Mit freundlicher Genehmigung von: Kobrow Musikverlag GmbH und Degelaxis Verlag Gert C. Moebius

Anfang? Apfelbäumchen? Zeit für Wunder!

NACHWORT

Das entscheidende Quäntchen ist dabei, wer WIR füreinander sind.

Eine kleine Geste, eine Handreichung, eine Ermutigung könnte bereits ausreichen – und zwar gerade gegenüber Menschen, vor denen Du eigentlich Vorbehalte hast. Diese Begegnungen können Wunder ermöglichen. Dazu möchte ich zum Abschluss eine Geschichte mit Dir teilen.

Das Gespräch mit dem vermeintlichen Folterknecht

Sie stammt von Dr. Ha Vinh Tho, dem „Glücksminister" Bhutans. Er erzählt sie in seinem Buch „Grundrecht auf Glück. Bhutans Vorbild für ein gelingendes Miteinander".[3]

Vor seiner Tätigkeit als Glücksminister war Ha Vinh Tho als Delegierter des Internationalen Komitees des Roten Kreuzes beschäftigt. Zu seinen Aufgaben in dieser Funktion gehörte es, in Krisengebieten unterwegs zu sein, um zu überprüfen, ob in Kriegsgefängnissen die Genfer Konventionen eingehalten werden, also bspw. zu checken, ob es Folterungen gibt.

In der Geschichte, die Ha Vinh Tho erzählt, machte er das allererste Mal in diesem Auftrag in einem Militärgefängnis Station. Den ganzen Tag über verbrachte er in Einzelgesprächen mit Inhaftierten, denn die Delegierten des IRRK haben das Recht auf Vier-Augen-Gespräche.

„Dabei stellte sich heraus, dass viele der Häftlinge von ihren Bewachern misshandelt worden waren. Andere hatten nie die Gelegenheit bekommen, ihren Familien überhaupt mitzuteilen, dass sie im Gefängnis saßen. Für diese bleiben sie einfach verschwunden."

Nach einer Vielzahl der Gespräche musste Ha Vinh Tho sich von diesen schockierenden Eindrücken erholen und suchte sich ein stilles Plätzchen.

„Da trat ein junger Soldat auf mich zu, und ich merkte, dass er mit mir reden wollte. Ich spürte, wie eine starke Antipathie in mir aufstieg. Er stand vor mir mit seinem Maschinengewehr und in seiner Uniform, und ich hatte den ganzen Vormittag zusehen müssen, wie Soldaten, wie er einer war, die Häftlinge in diesem Gefängnis behandelten."

Ha Vinh Tho überwand sich, hörte dem jungen Mann zu – und das Gespräch nahm eine überraschende Wendung. Der junge Mann erzählte, dass er zu Hause eine Jugendgruppe leite und dass er beabsichtige, nach dem Militärdienst Sozialarbeiter zu werden.
Ha Vinh Tho wurde klar:

„Das war wie ein Weckruf für mich: In diesem Moment erwachte ich und merkte, dass ich zwar große Ideale hatte, dass ich meinem spirituellen Menschenbild folgte, aber wenn es darauf ankam, schaffte ich es nicht, wirklich den Menschen, der mir entgegentrat, zu sehen. Ich sah nur eine Uniform. (…) Mir wurde in der Szene klar: Auch die Unterdrücker sind Opfer. Sie sind Opfer eines Systems und der strukturellen Gewalt. (…) Dieser junge Mann hatte sich seine Situation nicht ausgesucht. Das System hatte ihn dahin gezwungen. Er musste Soldat sein."

Auch wenn die Situation der meisten Menschen, die dies hier lesen, glücklicherseise nicht mit der des jungen Soldaten vergleichbar ist – eines jungen Menschen, der sich mit einem totalitären System arrangieren muss –, so sind doch auch wir in Systemzwängen unterwegs, haben uns unsere Gefängnisse, unsere „Opfer- und Täterstrukturen", selbst geschaffen. Durch die Schubladen, die wir uns konstruieren. Schubladen von guten und „bösen" Berufsgruppen etwa. Oder auch Schubladen von Verschwörungstheoretiker*innen, von Covid-Idiot*innen oder eben Menschen, die angeblich Schlafschafe sind, weil sie Maulkörbe tragen.

Nachwort

Die Uniformen unserer Realität werden vielleicht getragen vom Metzger, von der Unternehmerin, vom Politiker, von der Lehrerin oder auch der Investmentbankerin. Doch in erster Linie sind wir alle Menschen. Wir tragen innigste Träume in uns, die sich vielleicht gar nicht so sehr voneinander unterscheiden. In unseren Begegnungen dürfen wir uns ihrer wieder bewusst werden, damit wir sie gemeinsam wahr machen. So unterschiedlich wir auch auf den ersten Eindruck scheinen mögen: Wir dürfen uns als Menschen begegnen, die mit einer ähnlichen Intention unterwegs sind. Wir sehnen uns nach Glück. Nach Frieden, Geborgenheit und Liebe. Wir dürfen einander die Hände reichen und uns gegenseitig befreien, uns daran erinnern, wer wir füreinander sein können.

Ich mag Dich und mich an den denkwürdigen TED-Talk von Papst Franziskus erinnern, von dem bereits im ersten Buchteil die Rede war. Er sagte darin:

„Es reicht ein einzelnes Individuum, damit es Hoffnung gibt, und dieses Individuum kannst DU sein. Dann gibt es ein weiteres DU und ein weiteres Du, und es wird zu einem WIR. Hoffnung beginnt mit einem DU. Und wenn es zu einem WIR wird, beginnt eine Revolution. Die Revolution der Zärtlichkeit."[4]

» **Lass uns ein Teil davon sein und so die Wunder in die Welt bringen. Die Wunder, die wir brauchen.**

Quintessenz

NACHWORT

QUINTESSENZ
FÜNF ELEMENTE FÜR EIN GUTES LEBEN VOLLER WUNDER

Die Wunder in Dir und mir …

» 1. Selbstliebe und Achtsamkeit kultivieren.
Eine gesunde Liebe zu Dir selbst ist kein Egoismus, sondern lässt Dich Deiner selbst bewusst werden und für Dich einstehen – für Deine Bedürfnisse, Werte, Visionen und für Deinen Beitrag. Für Deine Wesentlichkeit, die keine Statussymbole braucht. Je klarer Du in diesen Punkten bist, desto unabhängiger wirst Du vom Außen werden, von dem, „wie es angeblich zu sein hat". Selbstliebe lässt Dich wie ein Fels in der Brandung sein.

» 2. Wahrhaftig und wertebewusst im Einklang mit der Welt leben.
So von Selbstliebe genährt, bist Du bewusster und achtsamer in der Welt unterwegs. Denn Deine Werte werden nicht vom Außen vorgegeben, sondern von Deiner „inneren Uhr" bestimmt, die zugleich verbunden ist mit dem Takt der Welt. Dein ökologischer Fußabdruck und Dein Beitrag zum Gemeinwohl sind „die äußeren Krücken" für das, was sich immer mehr in Dir entfalten und in der Welt zum Ausdruck bringen wird.

… werden zu Wundern im Wir …

» 3. Nährende Beziehungen gestalten.
Im Außen haben wir immensen technologischen Fortschritt geschaffen. Doch in der Kommunikation mit uns selbst wie auch mit anderen Menschen haben wir noch großes Potenzial. Indem wir Werkzeuge der Kooperation und Co-Kreation, wie etwa die Gewaltfreie Kommunikation, erlernen sowie integrale Perspektiven entwickeln, sie anwenden und immer weiterentwickeln, werden Wunder möglich.

… für eine Welt voller Wunder

» 4. Anerkennen, was bereits jetzt da ist, und darauf aufbauen.
Dieses Buch, viele weitere Medien wimmeln von Geschichten des Gelingens, auf denen wir aufsatteln und sie weiterschreiben können. Wir müssen das Rad nicht neu erfinden. Wir dürfen Lücken schließen, verfeinern, weiterentwickeln.

» 5. Deinen Beitrag finden und in die Welt bringen (und anderen Menschen dabei helfen).
Wir sind alle gefragt: Wir dürfen unseren Platz einnehmen und andere Menschen dabei unterstützen, den ihrigen ausfindig zu machen. Dabei ist kein Platz wichtiger. Es gibt nur richtige Plätze.

Die Zeit ist jetzt. Wir warten auf uns.

Anhang

ANHANG I
90 AKTIONEN UND INITIATIVEN FÜR DIE WELT, DIE WIR UNS WÜNSCHEN

orientiert an den globalen Nachhaltigkeitszielen

Hier sind pro globalem Nachhaltigkeitsziel jeweils fünf Aktionen und/oder Initiativen zusammengestellt, mit denen Du zu ihrem Erreichen beitragen kannst. Mit dem Beitrag jedes Einzelnen sowie entsprechenden gesetzlichen Regularien können wir es gemeinsam schaffen, diese Ziele zu erreichen. Die Links zur jeweiligen Initiative /zum jeweiligen Projekt findest Du im PDF-Dokument, das auf der Buchwebsite abgelegt ist. Über den unten stehenden QR-Code gelangst Du zum Dokument:

Übergreifende Initiativen:

1. *Global Compact* - Kompass für Globale Nachhaltigkeitsziele. Zusammenschluss von 400 Unternehmen und 60 zivilgesellschaftlichen Initiativen zum Erreichen zentraler Menschenrechte und der globalen Nachhaltigkeitsziele

2. *Deutsche Nachhaltigkeitsstrategie* - Die glorreichen 17 (Plattform der deutschen Bundesregierung)

3. *17 Ziele* - Projekt von Engagement Global zu den globalen Nachhaltigkeitszielen, insbesondere für jüngere Zielgruppen

4. *2030 Agenda* - Kritische Reflexion der Umsetzung der globalen Nachhaltigkeitsziele in Deutschland (herausgegeben vom Global Policy Forum und dem Forum Umwelt und Entwicklung)

5. *SDG-Portal* - zur Umsetzung der globalen Nachhaltigkeitsziele auf kommunaler Ebene

90 Aktionen und Initiativen für die Welt, die wir uns wünschen

Ziel 1 * Armut beenden

6. Unterstütze die klassischen Hilfsorganisationen für den globalen Süden (bspw. *Brot für die Welt, Miserior, Kindernothilfe, Menschen für Menschen*).

7. Unterstütze das Projekt „*Mein Grundeinkommen*", werde zum Crowdhörnchen und unterstütze weitere Initiativen zur Einführung eines Grundeinkommens.

8. Kaufe bei lokalen Ladengeschäften ein und unterstütze die Einführung einer lokalen Währung.

9. Um Armut im globalen Süden abzumildern:
- Kaufe *Fair-Trade-Produkte* (achte dabei auf die entsprechenden Siegel).
- Unterstütze die Einführung eines Lieferkettengesetzes.
- Setze Dich für die Verbreitung eines globalen Trinkgeldes bspw. *Tipme* ein.
- Unterstütze die Arbeit von *Transparency International* zur Korruptionsbekämpfung.

10. Um Armut in Deutschland zu verringern:
- Unterstütze Tafeln und Obdachloseneinrichtungen.
- Kaufe in Sozialkaufhäusern ein.
- Kaufe regelmäßig eine Straßenzeitung.
- Spendiere einen aufgeschobenen Kaffee oder ein aufgeschobenes Gericht.

Ziel 2 * Gesunde Ernährung für alle ermöglichen

11. Reduziere Deinen Fleischkonsum, beispielsweise mit *einem fleischfreien Tag pro Woche* (für Deinen ökologischen Fußabdruck sind sogar bis zu 350 g Biofleisch pro Woche okay).

12. Reduziere Lebensmittelverschwendung oder engagiere Dich bei *Foodsharing* oder kaufe im Supermarkt für gerettete Lebensmittel SIRPLUS ein.

13. *Kaufe Bioprodukte* (achte hierbei auf entsprechende Siegel) sowie regionale und saisonale Lebensmittel (möglichst ökologisch produziert).

14. Werde Mitglied einer *SoLaWi (Solidarischen Landwirtschaft)* oder beziehe eine Gemüsekiste.

15. Unterstütze die *Ernährungsrat-Bewegung* und die Bewegung der *essbaren Städte*.

Anhang

Ziel 3 * Gesundheit und Heilung in vielen Facetten

16. Kultiviere einen *eigenen, gesunden Lebensstil* mit gesunder Ernährung, ausreichend Bewegung und Erholung und nimm Präventionsuntersuchungen wahr.

17. Gehe zum *Blutspenden* und lass Dich für die *Knochenmarkspenderdatei* typisieren.

18. Setze Dich dafür ein, dass psychologische Therapien wie auch alternative Heilmethoden anerkannt und gefördert werden.

19. Unterstütze Organisationen wie bspw. die *Clinical Clowns* oder konstruktive therapeutische Arbeit.

20. *Ermögliche Schutzimpfungen* und Therapien von Menschen im globalen Süden.

Ziel 4 * Lebenslang begeistert lernen

21. Unterstütze alternative Schulbewegungen, fördere die Vernetzung untereinander (wie bspw. *Schule im Aufbruch sowie auch Waldorf, Montessori und freie Schulen*).

22. Als Eltern: bewusste Kindergarten- und Schulwahl wie auch konstruktiver, unterstützender Austausch mit den Lehrer*innen, Schaffen einer lustvollen Lernumgebung für Deine Kinder.

23. Als Lehrkraft:
- Das Allerwichtigste: Sorge gut für Dich.
- Setze Dich mit Deinen Möglichkeiten, Lehrstoff integral zu vermitteln, auseinander, sodass es Dir selbst und Deinen Schüler*innen Freude macht.
- Beschäftige Dich mit den alternativen Schulbewegungen und schließe Dich an, wo Du Dich wohlfühlst.
- Beschäftige Dich mit den Möglichkeiten des Programms BNE - Bildung für nachhaltige Entwicklung.
- Finde Verbündete.
- Setze Dich für neue plurale Lehrpläne und integrale Lernorte ein.

24. Als Mensch:
- Was macht Dir persönlich Freude? Was weckt Deine Lernlust? Wie kannst Du das für Dich und andere Menschen wieder erlebbar machen?
- Kultiviere Selbstliebe.
- Beschäftige Dich mit Themen der Persönlichkeitsentwicklung und verbreite die Themen weiter.

25. Informiere Dich integral bspw. auch über konstruktive Medien.

90 Aktionen und Initiativen für die Welt, die wir uns wünschen

Ziel 5 * Unsere menschliche Vielfalt feiern

26. *Kultiviere Selbstliebe.* Werde Dir Deiner eigenen, einzigartigen Individualität, Deiner sexuellen Orientierung, Deines kulturellen und sozialen Hintergrunds bewusst. Finde Deinen eigenen Platz. Steh für Dich ein.

27. Sei Dir bewusst, dass Geschlechtergerechtigkeit, Inklusion und Integration noch bei Weitem nicht erreicht sind. Deswegen sei im Hinblick auf diese Themen besonders sensibel unterwegs. Informiere Dich bei feministischen Organisationen, bei der #BlackLivesMatter-Bewegung, in der LGBT*-Szene, bei Menschen mit Handicaps. Höre zu, lerne, hinterfrage, komm ins Gespräch. Gemeinsam bringen wir diese Themen voran.

28. Informiere Dich und lerne, wie Du im Hinblick auf diese Themen bewusst und konstruktiv kommunizierst (bspw. Rassismus: „*Exit Racism*" von Tupoka Ogette, Menschen mit Behinderungen: Leidmedien.de, Feminismus: „*Alte weiße Herren*" von Sophie Passmann).

29. Unterstütze Organisationen, die sich für Diversität (Geschlechtergerechtigkeit, Inklusion und Integration, alternative sexuelle Orientierungen und Beziehungsformen usw.) einsetzen.

30. Setze Dich für Geschlechtergerechtigkeit in Ländern des globalen Südens ein: Unterstütze dahingehende Projekte bspw., um nur einen zu nennen, den von Rüdiger Nehberg gegründeten Verein *TARGET e. V.*, der sich für das Ende weiblicher Genitalverstümmelung einsetzt.

Ziel 6 * Das Lebenselement Wasser schützen

31. *Trinke Leitungswasser.* Habe immer eine eigene Trinkflasche dabei.

32. Sei achtsam im Umgang mit Wasser. Vermeide Produkte, die in ihrer Herstellung viel Wasser benötigen.

33. *Viva con agua* ist im deutschsprachigen Raum die wohl bekannteste Initiative, die sich für sauberes Trinkwasser in der ganzen Welt einsetzt. Unterstütze Viva con agua und seine Projekte.

34. Beteilige Dich an Petitionen (nachdem Du vorab ihre Relevanz gecheckt hast), die sich dafür einsetzen, dass Trinkwasser Gemeingut bleibt und nicht privatisiert werden darf.

35. Unterstütze Baumpflanzaktionen, gerade in Ländern des globalen Südens, da Bäume Wasserspeicher sind.

Anhang

Ziel 7 * Positive Energie gewinnen

36. Die einfachste Handlung: Wechsele auf *LED-Beleuchtung*, wenn Du es nicht schon getan hast.

37. Beteilige Dich an Aktionen wie bspw. der jährlichen *Earth Hour*, um ein Zeichen zu setzen.

38. Gute Nachrichten: Der Trend geht zum *Ökostrom*. Drei von vier Verbraucher*innen haben nach Fukushima einen Ökostromanbieter gewählt. Wechsele auch Du Deinen Stromanbieter.

39. Gehe achtsam mit Deinem Stromverbrauch um.
- Nimm eine *Energie- und Stromsparberatung* wahr.
- Wie wäre es mit mindestens einem Tag Digital Detox in der Woche?
- Setze Dich mit den (Förder-)Möglichkeiten der Umrüstung Eurer Energieversorgung auseinander und setze Dich für eine Umrüstung ein.

» **40.** Setze Dich mit Demos, Bürgerbegehren und Petitionen für eine Energiewende ein.

Ziel 8 * Eine Wirtschaft, die dem Leben dient

41. Setze Dich mit den Ansätzen der *Postwachstumsökonomie* auseinander und prüfe, ob Du Teile Deines Lebensunterhalts auf andere Weise als durch Deine herkömmliche Erwerbsarbeit erwirtschaften kannst.

42. Kaufe bei lokalen Unternehmen ein.

43. Unterstütze gemeinwohlorientierte Unternehmen und kaufe bei ihnen ein (bspw. Unternehmen, die eine *Gemeinwohl-Bilanz* erstellt haben oder sich alternativen Unternehmensverbänden wie bspw. Unternehmensgrün angeschlossen haben).

44. Als Unternehmer*in:
Setze sich mit den Ansätzen der alternativ-ökonomischen Strömungen auseinander und finde positive nachahmenswerte Beispiele, vielleicht sogar in Deiner Branche, finde Verbündete. Und dann lege selbst los!

45. Als Arbeitnehmer*in:
Bist Du zufrieden mit dem Unternehmen, in dem Du arbeitest? Welche Veränderungen wünschst Du Dir? Hast Du sie bereits konstruktiv artikuliert? Finde Wege dafür, finde Gleichgesinnte. Handele nach dem „Love it, change it or leave it"-Prinzip (Erläuterungen dazu im PDF-Dokument).

90 Aktionen und Initiativen für die Welt, die wir uns wünschen

Ziel 9 * Achtsame Innovationen und Infrastrukturen

46. Informiere Dich über die Hightech-Strategie 2025 der Bundesregierung wie auch alternative Bewegungen (wie bspw. die alternative digitale Bewegung wie Bits & Bäume).

47. Für eine *Verkehrswende*:
- Nutze selbst verstärkt ÖPNV, Bahn, Fahrrad, geh zu Fuß, nutze Carsharing etc.
- Beteilige Dich an *Radentscheiden*, *Critical Mass*, *Parking Days* und weiteren lokalen und überregionalen Aktionen zum Einläuten einer Verkehrswende.

48. Für förderliche digitale Infrastrukturen:
- Setze Dich mit Kommunikationsformen digitaler Netzwerke auseinander, bleib am Ball.
- Sei fundiert präsent in den etablierten sozialen Netzwerken.
- Werde auch aktiv in alternativen sozialen Netzwerken wie Wechange oder HumanConnection, denn Du förderst sie damit und findest Verbündete.

49. Für förderliche Arbeitsumgebungen
- Schaffe dir ein interdisziplinäres Umfeld.
- Arbeite mal im *Co-Workingspace*, nimm an Makerlabs teil, nutze die Möglichkeiten von Reparaturcafés und offenen Werkstätten.

50. Lerne alternative Live-Formate wie Design Thinking, Gewaltfreie Kommunikation, Art of Hosting etc. sowie neue digitale Formate kennen und nutzen. Frequentiere Online-Kongresse. (Mehr zu diesem Punkt im PDF-Dokument - siehe QR-Code.)

Ziel 10 * Gerechtes Teilen macht Freude

51. Unterstütze und informiere Dich bei Organisationen wie *Urgewald* oder *350.org*, die sich für Divestment einsetzen.

52. Unterstütze und informiere Dich bei Organisationen wie *Oxfam*, die sich für das Themenfeld Entwicklungszusammenarbeit und Reduktion sozialer Ungleichheiten einsetzen.

53. *Wechsele Dein Bankkonto* zu einer Bank, die ihre Geldgeschäfte fair, ethisch und nachhaltig abwickelt.

54. Unterstütze Inklusion und setze Dich für den Ausbau von Barrierefreiheit ein.

55. Ermögliche alternative Gründungen durch *Crowdfunding* und unterstütze die *Grundeinkommensbewegung*.

Anhang

Ziel 11 * In guter Nachbarschaft

56. Komme immer mal wieder mit Deinen Nachbarn ins Gespräch, stelle ihnen Kuchen vor die Tür, mache Aushänge, sei aufmerksam. Was kannst Du in Deiner Nachbarschaft Gutes tun?

57. Schließ Dich der *Transition Town-Bewegung* oder einem weiteren alternativen Stadtteilprojekt an, das einfach selbst loslegt und für ein gutes, gemeinschaftliches Leben einsteht.

58. Besuche ein *Ökodorf-Projekt* (viele haben regelmäßige Tage der offenen Tür), lerne eine alternative Lebensgemeinschaft kennen, informiere Dich über GEN Global Ecovillage Network Deutschland und dann werde selbst aktiv.

59. Unterstütze die Arbeit des *Mietshäuser-Syndikats* oder weiterer vergleichbarer Organisationen, die sich gegen Gentrifizierung einsetzen.

60. Bleib auf dem Laufenden über die Nationale Stadtentwicklungspolitik der Bundesregierung.

Ziel 12 * Der Kreislauf von Geben und Nehmen

61. Es muss nicht immer alles neu sein: Konsumiere bewusster nach dem Prinzip des *Reduce - Repair - Reuse - Recycle*. Informiere Dich über die Minimalismus-Bewegung.

62. Kaufe mal in einem *Unverpackt-Laden*.

63. Verzichte auf Plastik, soweit es geht.

64. Schließe Dich einem *Tauschtreff* an, kaufe in einem Sozialkaufhaus.

65. Setze Dich mit dem Prinzip des *Cradle to Cradle* und weiteren Ansätze zur Kreislaufwirtschaft auseinander und kaufe solche Produkte.

90 Aktionen und Initiativen für die Welt, die wir uns wünschen

Ziel 13 * Frischer Wind für gutes Klima

66. Ermittle Deinen *ökologischen Fußabdruck* und arbeite entspannt an seiner Reduktion.

67. Unterstütze die *„Fridays for Future"-Bewegung* und ihre Forderungen, engagiere Dich in einer der „For Futures"-Bewegungen und beteilige Dich an ihren Aktionen.

68. Unterstütze Initiativen wie bspw. *GermanZero*, die *Stiftung 2 Grad* oder *Die Gerechte 1 Komma 5*, die jeweils Lösungsvorschläge für eine Klimawende von unten entwickelt haben.

69. Vermeide Flugreisen. Wenn Du fliegst, kompensiere Deine Flüge.

70. Verfolge aufmerksam die Beschlüsse der Bundesregierung - ob sie damit die Beschlüsse des Pariser Weltklimagipfels 2015 einhält und die Entwicklungen zum Grünen Klimafonds.

Ziel 14 * Die Meere schützen

71. Vermeide Plastik und Produkte, die Mikroplastik enthalten.

72. Beteilige Dich an Strandaufräumaktionen, Veranstalte einen *Green Water Day*.

73. Unterstütze Organisationen, die Meerestiere schützen, wie die *Sea Shephards, Ocean Care* sowie die Meeresschutzkampagnen der Umwelt- und Tierschutzinitiativen wie Greenpeace, WWF und Co.

74. Unterstütze Projekte wie *The Ocean Cleanup* und das *Pacific Garbage Screening*.

75. Wenn Du Meerestiere kaufst, dann nur jene, die nicht von Überfischung bedroht sind und möglichst lokal vom Kutter kommen.

Anhang

Ziel 15 * Die Erde heiligen

76. Beteilige Dich an Petitionen und Bürgerbegehren, die die Artenvielfalt fördern, und Natur- und Tierschutzorganisationen wie bspw. *Greenpeace*, *WWF*, *PETA*, *NaBu*, *die Naturfreunde* und *BUND*.

77. *Go Urban Gardening*: Unterstütze Projekte wie die essbare Stadt, lerne selbst wieder zu gärtnern

78. Gärtnere alternativ:
- *Pflanze samenfeste Sorten.*
- Studiere und praktiziere *Permakultur* und *Terra Preta.*

79. *Stelle Nistkästen und Insektenhotels auf*. Versorge Tiere, Pflanzen und Bäume an heißen Tagen mit Wasser.

80. Unterstütze Initiativen wie *Plant for the Planet* & weitere Baumpflanzprojekte, übernimm eine Patenschaft für einen Baum in Deiner Straße.

Ziel 16 * Give peace a chance

81. Lerne Werkzeuge der konstruktiven Kommunikation wie *Gewaltfreie Kommunikation*, *Tiefenökologie und Art of Hosting* und wende sie an.

82. Erlerne eine *Achtsamkeitspraxis* und wende sie regelmäßig an.

83. Unterstütze Menschenrechtsorganisationen wie *Amnesty International*, das *Internationale Rote Kreuz*, *Initiativen aus der Friedensbewegung*, Organisationen wie *Sea Watch*, die flüchtende Menschen aus dem Meer fischen und vor dem Tod bewahren, oder auch *Transparency International*, die sich gegen Korruption einsetzt.

84. Unterstütze Projekte wie die Refugee Law Clinic, die geflüchteten Menschen den Einstieg in einem fremden Land erleichtert - bspw. durch Begleitung von Behördengängen.

85. Informiere Dich über andere Religionen und suche den Austausch mit Menschen anderer Glaubensrichtungen. Unterstütze den Aufbau interreligiöser Einrichtungen wie bspw. des Vielrespektzentrums oder auch Projekte, die die Auseinandersetzungen mit Religionen ermöglichen.

90 Aktionen und Initiativen für die Welt, die wir uns wünschen

NACHWORT

Ziel 17 * We are the world

86. Informiere Dich über die Ideen von *Buen vivir* und *Ubuntu*.

87. Unterstütze übergreifende Organisationen wie die *Pachamama Alliance*.

88. Nimm vernetzende (Online-)Angebote wie die der *Pioneers of Change* und der *Be the Change Stiftung* für kulturellen Wandel wahr.

89. Unterstütze Organisationen wie *Mehr Demokratie e. V.* und *Offene Gesellschaft* und setze Dich für Elemente der direkten Demokratie ein. Nimmt Dein Recht auf Mitgestaltung aktiver wahr. Du bist wichtig. Setze Dich für die Erhaltung und Belebung der Demokratie ein.

90. Setze Dich für die Völkerverständigung ein, indem Du bewusst den Austausch mit Menschen vielfältigster Hintergründe suchst.

ANHANG II
WEITERE MATERIALIEN ZU
MAKE WORLD WONDER

Wenn Du auf den unten stehenden QR-Code klickst, gelangst Du zu weiteren Materialien zum Buch. Hier bekommst Du einen Überblick:

» Fußnoten und Medientipps

Insgesamt 484 Fußnoten enthält dieses Buch. Da viele von ihnen auf Webinhalte verweisen, stelle ich Dir die Fußnoten digital zur Verfügung. Außerdem habe ich zu allen Buchabschnitten weitere Literatur- und Medientipps zusammengestellt.

» Glossar des Wandels

» Playlist des Wandels mit Songs, die Dich inspirieren und ermutigen

» Materialien zu Buchteil 2: Realitätscheck

» Materialen zu Buchteil 4: Vision für eine bessere Welt entwickeln

Anhang

VON GANZEM HERZEN DANKE!

* Dreamteam

Ohne das fantastische Schaffen und den leidenschaftlichen Einsatz von Christina Pauls (Gestaltung), Joy Lohmann (Illustration), Hongmei Zou (Coverbild) hätte MAKE WORLD WONDER nicht diese Form. Danke, dass Ihr diesen Weg mit mir gegangen seid. Ich bin Euch mehr als dankbar. Es fehlen mir echt die Worte dafür, was mir das bedeutet.

Danke von Herzen auch an Michael Bresser für liebevolle Durchsicht und fortwährendes Feedback, Susanne Hülsenbeck und Bobby Langer fürs Lektorat, an Bettina Schwidder für Websitegestaltung sowie an Andreas Barthel für den Crowdfunding-Trailer und vieles weitere

* Weltwunder-Projekt

Herzlichen Dank ganz besonders auch an Christian Cray, der mich vor vier Jahren als Redakteurin für das Projekt des Verbandes Entwicklungspolitik Niedersachsen „Weltwunder - Wandel statt Wachstum" beauftragt hat. Ohne diese Arbeit hätte ich mich vielleicht nie in dieser Tiefe mit den globalen Nachhaltigkeitszielen beschäftigt, und das Buch würde auch nicht diesen Titel tragen.

* Danke allen Held*innen in Buchteil 3 für ihre Geschichten

Ali Can, Christian Felber, Fearless Girl, Greta Thunberg, Harriet Bruce-Annan, Milena Glimbovski, Raphael Fellmer, Richard Brox, Stephanie Oppitz, Tobi Rosswog, Vivian Dittmar sowie allen Interviewpartner*innen während des Crowdfundings und für meinen Podcast DreamCatcher

* Danke allen Künstler*innen, die mir Sequenzen aus ihren Songs zur Verfügung stellten

berge, Bodo Wartke, Die Fantastischen Vier, Die Toten Hosen, Eva Croissant, Fury in the Slaughterhouse (für den Crowdfunding-Trailer), Revolverheld, SEOM, Thomas D, Thomas Godoj, Ton Steine Scherben, Ute Ullrich

* Potenzialentfaltung

Danke von Herzen an Andrea und Veit Lindau und an alle Menschen, die mit der homodea-Community verbunden sind. Danke für die Möglichkeit einer wöchentlichen Kolumne im Onlinemagazin Compassioner und die Chance, über 1,5 Jahre den Freitagsimpuls für den humantrust zu verfassen. Dieser Schreibraum hat MAKE WORLD WONDER die Türen weit geöffnet. Danke auch für alle Lektionen in Euren Kursen und Ausbildungen. Danke an Gerald Hüther, ohne dessen Inspirationen zum Thema „Gemeinsames Anliegen" ich mich niemals in der Tiefe mit dieser Thematik beschäftigt hätte. Danke an alle weiteren Lehrer*innen aus der Szenerie der Persönlichkeitsentwicklung

* Anliegenteam

Danke für UNS: Andrea Rindle, Christine Giegerich, Christine Malchow, Ellen Uloth, Kerstin Jermis, Lidia Stein, René Stein, Dr. Xenia Stolzenburg sowie Freya Reiner Wille (und Lena Andrea Paulus für unsere Fahrt zur Baumpflanzaktion, das war ein sehr besonderer Tag für mich)

* Bewegungen

Danke für unser Schaffen, den Austausch, den gemeinsamen Lernprozess:

* **Transition Towns** (Anaim Gräff, Andreas Sallam, Andrea Steckert, Andreas Teuchert, Farid Melko, Felix Kostrzewa, Frank Braun, Franz Nahrada, Gerd Wessling, Dr. Gesa Maschkowski, Ingo Frost, Joy Lohmann, Karin Schulze, Markus Kampmeier, Matthias Wanner, Michael Schem, Norbert Rost, Rob Hopkins, Prof. Dr. Silke Ötsch, Silvia Hable, Dr. Thomas Köhler)

Danke

NACHWORT

* **Gemeinwohl-Ökonomie** (Andreas Gieselbrecht, Christian Felber, Christian Kozina, Franz Ryznar, Gert Schmidt, Knut Jung, Ilse Lang, Lisa Muhr, Manfred Kofranek, Maren Coldewey, Wolfgang Füreder)

* **LeineHeldenJam** (Anja Weiß, Cathérine Bartholomé, Chris Batke, Eva Ramuschkat, Franziska Riedmüller, Hans Grimmelmann (ich werde Dich nie vergessen, Du bist mein Vorbild in Sachen Co-Kreation), Jan-Felix Woge, Jens Hansen, Joy Lohmann, Olga Heydrich, Peter Wesche, René Salmon, Tanja Wehr)

* **Nürnberg Netz** (jetzt: NOW Netzwerk Ökonomischer Wandel) & **Konzeptwerk Neue Ökonomie** (Christian Felber, Dagmar Embshoff, Friederike Habermann, Nina Treu, Dr. Silke Helfrich, Thomas Dönnebrink)

* **makers4humanity** (insbesondere Joy Lohmann) und der **Karte von Morgen** (Helmut Wolman) sowie den vielfältigen Initiativen in Hannover und der Region insbesondere der „For Futures"-Vernetzungsgruppe Hannover

* Mastermind
Ganz besonders DANKE an Ellen Uloth für die tägliche Wegbegleitung sowie René Längert, Phoenix-Bruder, an mein Holon Hiltrud Wöpking, Kerstin Heins, Hongmei Zou, an die Mitglieder meiner Gruppen für unser gemeinsames Lernen: Annette Fritz, Biggi Hennig, Doris Schröder, Elke Göhler, Farina Schnell, Harriet Ziegler, Karin Cirkel, Martin Stadie, Nika Wickboldt, Susanne Allgeier, Tina Schurz, dem Teamleaderrat und Teamleader*innen Hannover: Andreas Schmitz, Anke Baumgart, Claudia Nickel, Jörn Kießig, Jutta von der Decken, Maximilian Schultze, Michael Lukas, Sabine Hohnfeld, Sabine Poguntke, Susanne Schneider, Uwe Schewe

* **Wesentliche Wegmarken**
Allen Menschen und Initiativen, die diesen Buchweg auf besondere Art und Weise bereichert und begleitet haben:

* Silke Hohmuth vom Verein **MenschBank e. V.** für die Frankfurter Buchmessen und das Fearless Girl

* **Sparda-Bank München eG** für die Unterstützung bei der Produktion der Leseprobe

* Dunja Burghardt, **Cosmic Cine-Festival** und Verein **Born2Life**, die die von uns entwickelten „Visions-SDGs" neu interpretiert und Perspective Development Goals getauft hat

* **project together** für die ClimateActionChallenge

* **Pioneers of Change** für ihre Onlinekongresse und den Be.Come-Kurs (insbesondere an meine Weggemeinschaft, meine Buddygruppe sowie Kewin Comploi, Maria Oberwinkler, Martin Kirchner, Stephanie Steyrer)

* Joachim Kamphausen und Cornelia Linder für ihr Interesse am Buch, dem Team des **oekom-Verlags** für die Verlagsheimat, insbesondere Clemens Hermann

* allen **CROWDFUNDER*INNEN**, die die erste Auflage dieses Buch wesentlich mitermöglicht haben und schließlich

*Familie
Insbesondere Mama und Papa, Marten (ohne seine klugen Fragen hätte ich dieses Buch nie geschrieben), Michael und Opa Otto (ohne den ich diesen Planeten niemals so sehr lieben würde).

315

Anhang

VORSTELLUNG DES PROJEKTTEAMS

STEPHANIE RISTIG-BRESSER

Stephanie Ristig-Bresser ist Kulturwissenschaftlerin und wirkt als Autorin, Projektentwicklerin, Prozessbegleiterin und Coach im Themenfeld der individuellen und gesellschaftlichen Transformation. Nach einer klassischen Konzernkarriere und einer freiberuflichen Tätigkeit im Bereich der Public Relations wandte sie sich seit 2013 immer mehr den Themen der gesellschaftlichen Transformation zu. Als Aktivistin engagierte sie sich sowohl für die Transition Town- als auch für die Gemeinwohl-Ökonomie-Bewegung. Dabei war Stephanie für Transition Town als Koordinatorin für das Projekt des Umweltbundesamtes „Aufbau eines lernenden Transition-Netzwerkes" tätig, für die Gemeinwohl-Ökonomie als Online-Redakteurin für den deutschsprachigen Raum. Parallel beschäftigte sie sich zunehmend mit Aspekten des inneren Wandels und der Persönlichkeitsentwicklung.

Seit 2016 ist Stephanie zudem als Redakteurin und Kolumnistin für Themen der gesellschaftlichen Transformation tätig. Seitdem sie in diesem Rahmen ein Medium zu den globalen Nachhaltigkeitszielen umsetzte, lässt sie dieses Thema nicht mehr los. So reifte das Projekt MAKE WORLD WONDER in den vergangenen Jahren heran. Aktuell ist Stephanie Ristig-Bresser als Koordinatorin und Redakteurin im Projekt MehrWert-Laden im Rahmen des NKI Nationale Klimaschutz-Initiative des Bundesumweltministeriums beschäftigt.

Weiter geht's mit MAKE WORLD WONDER
Dieses Buch mit seinen Materialien auf der Website ist erst der Anfang. Begleitend und bereichernd dazu entstehen weitere Medien, die inspirieren und aktivieren - beispielsweise:
» der DreamCatcher-Podcast und -Newsletter für Menschen, die ihre Träume auf die Erde holen und damit die Welt zu einem besseren Ort machen,
» die interaktive „Dauerwerbelesung für eine bessere Welt",
» ein traumhafter Workshop, der Dich und mich inspirieren und motivieren mag, für die Welt, die wir uns wünschen, aktiv zu werden,
» der Onlinekurs DreamCatcher, der die Themen des Buchs in die Praxis bringt - voraussichtlicher Start Anfang 2021.

Weitere Infos zum Buch & Newsletter-Abonnement hier:
www.make-world-wonder.net

Das Projektteam

NACHWORT

JOY LOHMANN

Der Künstler, Designer und Aktivist Joy Lohmann ist nicht nur ein begnadeter Illustrator und Graphic Recorder für sozialökologische Themen, sondern er arbeitet in vielfältigen Kunst- und Kommunikationsformen an den Themen Klimaschutz und Kultur-Wandel. Für ihn ist die Kunst ein mächtiges Transportmittel zur gesellschaftlichen Transformation. Vor allem in der Kunstform der sozialen Plastik nach Joseph Beuys sieht er großes Potenzial, die Klimakrise auf eindrückliche und konstruktive Weise zu verdeutlichen. Dazu hat Joy sein Projekt schwimmender Recyclinginseln „Open Island" seit der Expo 2000 kontinuierlich weiterentwickelt - oft in Form von kollaborativen, interdisziplinären MakerCamps. Daraus entstand das Netzwerk makers4humanity, das interdisziplinäre Maker im gesellschaftlichen Wandel verbindet.

www.joy-art.de

CHRISTINA PAULS

„Schönheit rettet die Welt", stimmt Christina Pauls mit Dostojewski überein und mischte in diesem Sinne bei MAKE WORLD WONDER kräftig in den realen und digitalen Farbtöpfen. Die Gestaltung des Buchs stammt von ihr.
Christina liebt es, kreative Projekte zum Leben zu erwecken und damit Ästhetik, Klarheit und Sinn in die Welt zu bringen. Das Malen und Collagieren, insbesondere Aquarelle zu malen, ist neben ihrer Tätigkeit als Designerin eine von Christinas Leidenschaften. So entstand die Farbtupfer-Idee, die einige Teile des Buchs beleben. Außerdem gibt Christina Kreativworkshop, in denen sie ihre Erfahrungen als integraler Coach gut einsetzen kann. Dabei ist eines ihrer Herzensthemen, mit Visionscollagen zu motivieren und zu inspirieren, seinen Sinn zu finden und seinen Beitrag für eine bessere Welt zu leisten.

www.fraupauls.com

HONGMEI ZOU

„La vie" - so taufte die chinesische Künstlerin Hongmei Zou das Bild, das - gepaart mit dem MAKE WORLD WONDER-Signet von Christina Pauls - diesem Buch sein Cover schenkt. Kraftvolle und doch zugleich zarte Farben mit pulsierenden, essenziellen Motiven miteinander zu vereinen - diese ganz eigene Handschrift hat Hongmei für ihre Kunstwerke gefunden. Die Geschichte von „La vie" ist auf wundersame Weise mit diesem Buch verwoben. Doch diese Geschichte wird ein anderes Mal erzählt. Fest steht: Wohl kaum ein anderes Bild vermag das MAKE WORLD WONDER-Thema so zu transportieren wie dieses. Hongmei Zou ist neben ihrem künstlerischen Schaffen als integraler Coach tätig. Gemeinsam mit ihrem Partner, dem Ayurveda-Experten Uwe Schewe, gibt sie außerdem Workshops, die die Intuition, die „Sprache des Herzens" und die Selbstliebe stärken.

Anhang

BILD- UND TEXT- NACHWEISE

Bildnachweise

S. 20 - 23 Annie Spratt / Unsplash
S. 24 Anton Repponen, Annie Spratt / Unsplash
S. 25 Annie Spratt / Unsplash
S. 30 Wim van 't Einde / Unsplash
S. 39 François Genon / Unsplash
S. 41 Photo Boards / Unsplash
S. 43 NOAA / Unsplash
S. 44 ThisIsEngineering, NOAA / Unsplash
S. 48 Miguel Bruna / Unsplash
S. 49 NEOSiAM 2020, Suzy Hazelwood / Pexels
S. 50 Dom J / Pexels
S. 51 Dawid Zawila / Unsplash
S. 52 Christina Pauls
S. 55 Mirja Mack, Christina Pauls
S. 57 Amaury Gutierrez / Unsplash
S. 58 David Brooke Martin / Unsplash
S. 60 Eternal Happiness / Pexels
S. 64 Conner Baker / Unsplash
S. 66 Chris Slupski / Unsplash
S. 69 Christina Pauls
S. 73 DESIGNECOLOGIST / Unsplash
S. 84 Priscilla Du Preez / Unsplash
S. 87 Thought Catalog / Unsplash
S. 91 Simon Matzinger / Unsplash
S. 103 Lina Trochez / Unsplash
S. 107 Jim Kalligas / Unsplash
S. 110 Adam Nieścioruk / Unsplash
S. 115 Martin Adams / Unsplash
S. 119 Gaelle Marcel / Unsplash
S. 123 Alina Grubnyak / Unsplash

S. 127 Marco Amatulli / Unsplash
S. 129 Markus Spiske / Unsplash
S. 133 James Coleman / Unsplash
S. 134 Kasia Serbin / Unsplash
S. 138 Jon Tyson / Unsplash
S. 143 Julie Molliver / Unsplash
S. 147 Markus Spiske / Unsplash
S. 152 Zetong Li / Pexels
S. 156 Alex Guillaume / Unsplash
S. 158 / 159 Nina Weymann-Schulz
S. 160 / 161 Pablo Heimplatz / Unsplash
S. 163 www.unitednations/globalsgoals.org
S. 167 Colorful life - holi party, Jürgen Fälchle / Adobe Stock
S. 168 Megan Hodges / Unsplash
S. 169 Greg Rakozy / Unsplash
S. 170 Nina Weymann-Schulz
S. 195 Cameron Venti / Unsplash
S. 197 Matthew T Rader / Unsplash
S. 199 Steve Halama / Unsplash
S. 203 Silje Roseneng / Unsplash
S. 205 King Lip / Unsplash
S. 207 Gwen Ong / Unsplash
S. 208 Denise Jans / Unsplash
S. 238 James Wainscoat / Unsplash
S. 241 Markus Spiske / Unsplash
S. 245 James Wainscoat / Unsplash
S. 257 Alexander Krivitskiy / Unsplash
S. 259 Hannah Olinger / Unsplash
S. 262 Mitchell Hartley / Unsplash
S. 264 Stephanie Greene, Cathryn Lavery / Unsplash
S. 267 Reuben Hustler / Unsplash
S. 268 zoo_monkey / Unsplash
S. 272 Andre A. Xavier / Unsplash
S. 296 - 299 Annie Spratt / Unsplash
S. 316 Nina Weymann-Schulz

Bild- und Textnachweise

NACHWORT

Textnachweise

Die jeweils zitierten Songpassagen dürfen mit freundlicher Genehmigung der Künstler*innen zitiert werden. Herzlichen Dank!

- S. 7 Das Gedicht von Rainer Maria Rilke stammt aus dem Buch „Das dichterische Werk von Rainer Maria Rilke" aus dem Jahr 2005 bei Zweitausend, das buchstaben- und zeichengenau der ersten Rilke-Werkausgabe aus dem Jahr 1927 folgt.
- S. 21 Auszug aus dem Song „Gebet an den Planet" von Thomas D
- S. 37 Auszug aus dem Song „Neue Welt" von SEOM
- S. 49 Auszug aus dem Song „Spinner" von Revolverheld
- S. 59 Auszug aus dem Song „Lass uns ein Wunder sein" von Ton Steine Scherben
- S. 76 Auszug aus dem Song „Mein Lied" von berge
- S. 89 Auszug aus dem Song „10.000 Tränen" von berge
- S. 97 Auszug aus dem Song „Lass uns gehen" von Revolverheld
- S. 111 Auszug aus dem Song „Das Land, in dem ich leben will" von Bodo Wartke
- S. 121 Auszug aus dem Song „Ein neues Schulsystem" von Ute Ullrich
- S. 133 Auszug aus dem Song „Mensch sein" von Thomas Godoj
- S. 143 Auszug aus dem Song „Wir werden immer mehr" von Ute Ullrich
- S. 147 Auszug aus dem Song „Der Traum ist aus" von Ton Steine Scherben
- S. 153 Auszug aus dem Song „Krieger" von Die Fantastischen Vier
- S. 160 Auszug aus dem Song „Einfach du sein" von Eva Croissant
- S. 163 Auszug aus dem Song „Tage wie diese" von Die Toten Hosen
- S. 196 Auszug aus dem Song „Hüter der Erde" von SEOM
- S. 202 Auszug aus dem Song „Helden gesucht" von Thomas Godoj
- S. 240 Die Geschichte von der Schneeflocke erzählte mir SEOM in einem Interview. Link in der Fußnote
- S. 263 Das Gedicht „Über die Geduld" von Rainer Maria Rilke stammt aus dem Buch „Das dichterische Werk von Rainer Maria Rilke" aus dem Jahr 2005 bei Zweitausend, das buchstaben- und zeichengenau der ersten Rilke-Werkausgabe aus dem Jahr 1927 folgt.
- S. 274 Die Passage aus „Handbuch der Krieger des Lichts" ist dem gleichnamigen Buch von Paulo Coelho entnommen.
- S. 286 Auszug aus dem Song „Hey Körper" von Ute Ullrich
- S. 288 Auszug aus dem Song „Achtsamkeit" von SEOM
- S. 294 Auszug aus dem Song „Wir werden immer mehr" von Ute Ullrich
- S. 302 Auszug aus dem Song „Lass uns ein Wunder sein" von Ton Steine Scherben

Die Quellenangaben für zitierte Passagen aus Artikeln und Büchern finden sich in den jeweiligen Fußnoten, die auf der Buchwebsite www.make-world-wonder.net abgelegt sind.

Der QR-Code zum Websitebereich findet sich auf den Seiten 17 und 313.

Nachhaltigkeit bei oekom: Wir unternehmen was!

Die Publikationen des oekom verlags ermutigen zu nachhaltigerem Handeln – glaubwürdig und konsequent. Auch als Unternehmen sind wir Vorreiter: Ein umweltbewusster Büroalltag sowie umweltschonende Geschäftsreisen sind für uns ebenso selbstverständlich wie eine nachhaltige Ausstattung und Produktion unserer Publikationen.

Für den Druck unserer Bücher und Zeitschriften verwenden wir fast ausschließlich Recyclingpapiere, überwiegend mit dem Blauen Engel zertifiziert, und drucken wann immer möglich mineralölfrei und lösungsmittelreduziert. Unsere Druckereien und Dienstleister wählen wir im Hinblick auf ihr Umweltmanagement und möglichst kurze Transportwege aus. Dadurch liegen unsere CO_2-Emissionen um 25 Prozent unter denen vergleichbar großer Verlage. Unvermeidbare Emissionen kompensieren wir zudem durch Investitionen in ein Gold-Standard-Projekt zum Schutz des Klimas und zur Förderung der Artenvielfalt.

Als Ideengeber beteiligt sich oekom an zahlreichen Projekten, um in der Branche und darüber hinaus einen hohen ökologischen Standard zu verankern. Über unser Nachhaltigkeitsengagement berichten wir ausführlich im Deutschen Nachhaltigkeitskodex (www.deutscher-nachhaltigkeitskodex.de).

Schritt für Schritt folgen wir so den Ideen unserer Publikationen – für eine nachhaltigere Zukunft.

Jacob Radloff
Verleger

Dr. Christoph Hirsch
Leitung Buch